Rudolf Sturany

Zoologische Ergebnisse VII.

Mollusken I.

Rudolf Sturany

Zoologische Ergebnisse VII.
Mollusken I.

ISBN/EAN: 9783743468801

Printed in Europe, USA, Canada, Australia, Japan

Cover: Foto ©berggeist007 / pixelio.de

More available books at **www.hansebooks.com**

BERICHTE DER COMMISSION FÜR TIEFSEE-FORSCHUNGEN. XVIII.

ZOOLOGISCHE ERGEBNISSE. VII.

MOLLUSKEN I.

(PROSOBRANCHIER UND OPISTHOBRANCHIER; SCAPHOPODEN; LAMELLIBRANCHIER.)

GESAMMELT VON S. M. SCHIFF »POLA« 1890—1894.

BEARBEITET VON

Dr. RUDOLF STURANY.

(Mit 2 Tafeln.)

BESONDERS ABGEDRUCKT AUS DEM LXIII. BANDE DER DENKSCHRIFTEN DER MATHEMATISCH-NATURWISSENSCHAFTLICHEN CLASSE
DER KAISERLICHEN AKADEMIE DER WISSENSCHAFTEN.

WIEN 1896.
AUS DER KAISERLICH-KÖNIGLICHEN HOF- UND STAATSDRUCKEREI.

IN COMMISSION BEI CARL GEROLD'S SOHN.
BUCHHÄNDLER DER KAISERLICHEN AKADEMIE DER WISSENSCHAFTEN.

BERICHTE DER COMMISSION FÜR TIEFSEE-FORSCHUNGEN. XVIII.

ZOOLOGISCHE ERGEBNISSE. VII.

MOLLUSKEN I.

(PROSOBRANCHIER UND OPISTHOBRANCHIER; SCAPHOPODEN; LAMELLIBRANCHIER)

GESAMMELT VON S. M. SCHIFF "POLA" 1890—1894.

BEARBEITET VON

Dr RUDOLF STURANY.

(Mit 2 Tafeln.)

BESONDERS ABGEDRUCKT AUS DEN DENKSCHRIFTEN DER MATHEMATISCH-NATURWISSENSCHAFTLICHEN CLASSE
DER KAISERLICHEN AKADEMIE DER WISSENSCHAFTEN.

WIEN 1896.
AUS DER KAISERLICH-KÖNIGLICHEN HOF- UND STAATSDRUCKEREI.

IN COMMISSION BEI CARL GEROLD'S SOHN
BUCHHÄNDLER DER KAISERLICHEN AKADEMIE DER WISSENSCHAFTEN.

ZOOLOGISCHE ERGEBNISSE. VII.

MOLLUSKEN I.

(PROSOBRANCHIER UND OPISTHOBRANCHIER; SCAPHOPODEN; LAMELLIBRANCHIER.)

GESAMMELT VON S. M. SCHIFF »POLA« 1890—1894.

Dr. RUDOLF STURANY.

(Mit 2 Tafeln.)

———

VORGELEGT IN DER SITZUNG AM 5. MÄRZ 1896.

Seit die langbestandene Meinung von dem azoischen Charakter der Mittelmeer-Tiefen durch die Resultate neuerer Forschungen widerlegt wurde und namentlich durch die Expeditionen der Schiffe »Porcupine« (1870), »Travailleur« (1880) und »Washington« (1881) aus dem westlichen Mittelmeer-Becken eine grössere Anzahl von abyssischen Mollusken bekannt geworden war, welche nicht blos in den grossen Tiefen des Atlantischen Oceans lebend sich vorfinden und dort bis nach Norden verbreitet sind sondern auch fossil im Tertiär Siciliens und Italiens beobachtet werden, hat sich nach und nach die folgende sehr plausible Ansicht über die Tiefenfauna des Mittelmeeres, beziehungsweise über den Charakter und die Entstehungsweise derselben geltend gemacht.

Fischer [1] führt nämlich — wie Jeffreys und Wyville Thomson vor ihm — die abyssalen Mediterranformen auf recente aus dem Atlantischen Ocean und auf fossile aus dem Pliocen zurück, weist aber auch auf die Wahrscheinlichkeit hin, dass die Temperatur der Tiefen des Mittelmeeres nicht immer gleichmässig und constant wie jetzt gewesen sei. Aus jener Zeit, wo auf dem Grunde des Mittelmeeres kältere Wasserschichten und mit ihnen auch boreale Mollusken vorherrschten, also aus jener Zeit, wo die von Jeffreys [2] angenommene Wasserverbindung zwischen dem Meeresbusen von Biscaya und dem Golfe von Lyon oder eine noch breitere und ausgedehntere Communication bestanden haben muss, haben sich nur solche Arten lebend erhalten, welche sich nach Abschluss des Mediterran-Beckens an die nun constant höher gewordene Temperatur desselben anzupassen imstande waren. Dieses Eintreten einer constanten, höheren Temperatur hat denn auch, wie Fischer des Weiteren ausführt, eine gleichmässigere Mollusken-Fauna für die Tiefen von 445 bis 2000m mit sich gebracht. Es ist allerdings eine Abnahme der Artenzahl von oben nach unten constatirt und ein Auftreten wahrhaft abyssischer Formen,

———

[1] Fischer: »On the Abyssal Malacological Fauna of the Mediterranean« (Comptes Rendus hebdomad. des Séances de l'Acad. d. sc. 1882, p. 1201 und Ann. and Mag. Nat. Hist. Ser. V, vol. IX, 1882, p. 477).

[2] J. Gwyn Jeffreys: »Last Report on Dredging among the Shetland Isles«, Ann. and Mag. of Nat. Hist. Ser. IV, vol. II, 1868, p. 298.

1

welche in vertikaler Verbreitung nach oben zu beschränkt sind, unleugbar, aber diese abyssischen Formen sind nur in geringer Anzahl vorhanden und mit Arten der höheren Wasserschichten derart vermischt, dass man von einer isolirten Tiefenfauna nicht sprechen kann.

Was Fischer hier für die Mollusken ausgesprochen hat, wurde in jüngster Zeit von Dr. E. v. Marenzeller[1] für die Echinodermen nachgewiesen und in einigen Schlusssätzen für die gesammte Tiefseefauna des Mittelmeeres geltend gemacht. Auch gibt v. Marenzeller die obere Grenze in der Verbreitung der Tiefseeformen mit 200 m an.

Diese Schlüsse werden aufs Neue bestätigt durch die Mollusken, welche anlässlich der Expeditionen von S. M. Schiff »Pola« im östlichen Mittelmeere und in der Adria gedredscht wurden, und über welche im Folgenden berichtet werden soll. Denn wenn ich, dem Beispiele Dr. E. v. Marenzeller's folgend, die gesammelten Arten in den drei Rubriken der litoralen, continentalen und abyssalen Zone vertheile — man vergleiche die am Schlusse des Berichtes zusammengestellte Übersicht — und nun die aus jeder Zone gewonnenen Arten abzähle, so erhalte ich die folgende Tabelle:

	Zahl der Arten, welche gedredscht wurden in der Zone			Hiervon wiederholen sich in der Zone			Es verbleibt eine Gesammtzahl von
	I (litoral, 0—300m)	II (continental, 300—1000m)	III (abyssal, über 1000m)	I u. II	II u. III	I, II u. III	
Gastropoden	49 (1 nov. spec.)	26 (1 n. sp.)	8 (2 n. sp.)	12	6	1	65
Solenoconchen	2	2	2	0	2	0	4
Lamellibranchier	32	20 (2 n. sp.)	10 (3 n. sp.)	6	5	2	51
Im Ganzen	83 (1 n. sp.)	48 (3 n. sp.)	20 (5 n. sp.)	18	13	3	120

Daraus geht zugleich hervor, dass nach Abzug der auch in der II. Zone gefundenen Arten als rein abyssische Formen, d. h. nur in Tiefen von mehr als 1000m vorkommend verbleiben: 2 Arten Gastropoden (nämlich die 2 neuen Arten), 0 Solenoconchen und 5 Arten Lamellibranchier (d. s. die 3 neuen Muscheln, eine neue Varietät von *Arinus flexuosus*, sowie *Leda (Portlandia) tenuis*, welch' letztere aber schon von anderen Expeditionen her als in allen 3 Zonen verbreitet bekannt ist). Schon diese Ergebnisse an und für sich sind geeignet, das Fehlen einer eigenen abyssischen Fauna zu bestätigen.

Wir müssen aber auch die Resultate früherer Forschungen miteinbeziehen und nicht blos, wie es bei der oben entworfenen Tabelle geschehen ist, die Dredschzüge der »Pola« im Auge behalten; dann gewinnen wir ein noch viel klareres Bild von der thatsächlich einförmig gestalteten Fauna der continentalen plus abyssalen Zone, denn nun gestaltet sich die Übersicht der gedredschten Arten so:

	Gesammtzahl	Nach dem bisherigen Stand der Wissenschaft sind hiervon gemeinsam der Zone			und verbleiben als rein		
		I u. II	II u. III	I, II u. III	litoral	continental	abyssisch
Gastropoden	65	32	10	8	28 (1 n. sp.)	1 (1 n. sp.)	2 (2 n. sp.)
Solenoconchen . . .	4	2	2	2	2	0	0
Lamellibranchier . . .	51	27	19	15	15	2 (2 n. sp.)	3 (3 n. sp.)
Zusammen	120	61	31	25	45 (1 n. sp.)	3 (3 n. sp.)	5 (5 n. sp.)

[1] v. Marenzeller: Zoologische Ergebnisse V, Echinodermen, gesammelt 1893 und 1894 (Denkschr. d. math.-naturw. Cl. d. kais. Ak. d. Wissensch. 1895; Berichte der Commiss. f. Tiefsee-Forsch. XVI).

Also nur sehr wenig Arten sind auf die III. (= abyssale) Zone beschränkt, es sind dies 5 neu zu beschreibende Formen (2 Gastropoden und 3 Muscheln), welche sich vielleicht bei künftigen Forschungen wiederfinden lassen und dann wohl in weiterer horizontaler oder verticaler Verbreitung. Auch die auf die II. Zone beschränkten Arten (1 Gastropode und 2 Muscheln) sind neu. Die relativ grosse Anzahl von rein litoralen Arten erklärt sich damit, dass hauptsächlich auf der V. Tiefsee-Expedition (Adria-Exp.) häufig in geringen Tiefen gedredscht wurde.

Jene 5 neuen Arten aus der abyssalen Zone stammen zufällig von einer und derselben Station (82) nördlich von Alexandrien und aus einer Tiefe von 2420 *m*. Obwohl sie einige systematisch sehr räthselhafte Formen vorstellen — ich sah mich veranlasst, sogar ein neues Lamellibranchiaten-Genus *(Isorropodon)* aufzustellen und die Verbreitung einer exotischen Muschelgattung *(Myrina)* als bis in das Mittelmeer reichend anzunehmen — kann man ihretwegen doch nicht von einer besonderen Tiefenfauna sprechen, da zusammen mit ihnen auch vier Arten erbeutet wurden, welche auch in der continentalen und litoralen Zone verbreitet sind.

Im Übrigen lassen sich die Resultate der Dredschzüge in folgenden Punkten zusammenfassen:

1. Die grossen Tiefen des östlichen Mittelmeeres und der Adria sind sehr arm, ärmer noch als die des westlichen Beckens. Keiner der in Tiefen von mehr als 1000 *m* vorgenommenen Netzzüge hat so viele Molluskenarten geliefert, wie beispielsweise die von »Travailleur« im westlichen Mittelmeere ausgeführten; ja in den meisten dieser Fälle war das Ergebniss gleich Null. Die Tiefen der continentalen Zone sind schon reicher bevölkert, erreichen aber doch nicht die Artzahl der im westlichen Mittelmeere erforschten analogen Tiefen. Dredschzüge in ca. 600 *m* Tiefe haben nur 20—24 Arten zu Tage gefördert.

2. Die Zahl der im östlichen Mittelmeere vorkommenden Arten wird vermehrt:

a) Durch die erbeuteten 9 neuen Arten: *Fusus bengasiensis* (continentale Z.), *Scalaria cerigottana* (litorale Z.), *Taranis alexandrina* (abyssale Z.), *Defrancia implicisculpta* (abyss. Z.), *Lyonsia cytherensis* (cont. Z.), *Pecchiolia berenicensis* (cont. Z.), *Lucina amorpha* (abyss. Z.), *Isorropodon (n. g.) perplexum* (abyss. Z.) und *Myrina modiolaeformis* (abyss. Z.).

b) Durch das Vorkommen von *Pleurotoma (Mangelia) macra* Watson, welche bisher nur von den Azoren bekannt war und sich vielleicht auch im westlichen Mittelmeere finden liesse.

c) Durch 12 Arten, von welchen bisher nur das Vorkommen in dem westlichen Becken des Mittelmeeres oder in der Adria constatirt war, und für die es nun durch die »Pola«-Expeditionen gelungen ist, eine weitere horizontale Verbreitung, nämlich das Vordringen bis ins östliche Becken nachzuweisen. Es sind dies: *Marginella occulta* Monteros., *Natica fusca* Blv., *Parthenia excavata* Phil., *Eulimella scillae* Scacchi, *Pleurotoma modiola* Jan, *Pleurotoma loprestianum* Cale., *Trochus (Zizyphinus) profugus* De Greg., *Scissurella aspera* Phil., *Chama circinata* Monteros., *Leda messanensis* Seg., *Dacrydium vitreum* Holböll und *Pecten abyssorum* Lovén.

d) Von neuen Varietäten sind zu erwähnen: *Axinus flexuosus* var. *striatus* aus der abyssalen Zone, *Raphitoma nuperrima* var. *corallinoides* und *Raphitoma nuperrima* var. *pseudacanthoides* aus der continentalen Zone. Die beiden zuletzt genannten Varietäten bilden Übergänge von dem Typus der Art zu den beiden Watson'schen Arten *Pleurotoma (Mangelia) corallina* und *Pl. (Mang.) acanthodes* von Westindien und den Azoren.

3. Für die Fauna der Adria sind neu: *Trophon barvicensis* Johnst., *Trophon vaginatus* Jan, *Natica fusca* Blv. (welche ursprünglich für adriatisch gegolten hatte, später aber wieder negirt worden war), *Trochus (Jujubinus) ignens* Mont. in coll., *Doridium membranaceum* Meckel, *Oscanius membranaceus* Mont., *Dentalium (Antalis) agile* Sars (nur südl. Adr.), *Dentalium (Ant.) panormitanum* Cheru (nur südl. Adr.) und *Cytherea mediterranea* Tib. (welche letztere vielleicht schon gesammelt, aber für *C. rudis* gehalten worden ist).

Eine ganz neue Varietät für die Adria ist *Fusus craticulatus* Brocchi var. *planosa*.

1*

Was die benützte Literatur anbelangt, so ist dieselbe wohl zu umfangreich, um hier vollständig angeführt zu werden, und ich beschränkte mich in der folgenden Aufzählung darauf, bei jeder älteren Art die zwei wohl allgemein verbreiteten Handbücher von Kobelt und Carus zu citiren. Das äusserst sorgfältig gearbeitete Werk von Dr. W. Kobelt »Prodromus Faunae Molluscorum Testaceorum maria europaea inhabitantium« (Nürnberg 1886/87) enthält für jede Art die wichtigste Synonymie und verlässliche Citate und gibt ein vollständiges Verzeichniss der bis 1886 erschienenen einschlägigen Publicationen. Das zweite Handbuch »Prodromus Faunae Mediterraneae sive descriptio animalium maris Mediterranei incolarum....« Vol. II, Pars II (Mollusca, Cephalopoda, Tunicata), Stuttgart 1890, von Julius Victor Carus, behandelt blos die Mittelmeerformen und führt für jede Art alle Localitäten an, an denen sie bisher gefunden wurde, so dass man ein vollständiges Bild über die geographische Verbreitung gewinnt. — Wo eine neuere Arbeit in Betracht zu ziehen war, habe ich dieselbe mit dem vollen Titel citirt.

Der ganze Bericht ist in 2 Theile getrennt. Der erste Theil behandelt die Dredschergebnisse im östlichen Mittelmeere (Expeditionen I—IV, 1890—1893), der zweite diejenigen in der Adria (Expedition V, 1894). In jedem Theile steht voran die Liste der Stationen, welche Mollusken geliefert haben, mit genauer Erläuterung der geographischen Lage etc., und in der darauffolgenden systematischen Besprechung der Arten sind dann statt einer neuerlichen genauen Bezeichnung der Localitäten nur die Stationsnummern citirt. Ein den lateinischen Namen im Stationsverzeichnisse oder den Stationsnummern im systematischen Abschnitte vorgesetztes * will besagen, dass die betreffende Art lebend gedredscht wurde.

I. Theil.
Dredschergebnisse im östlichen Mittelmeere.
(Expeditionen 1890, 1891, 1892, 1893.)
A. Stationen.

Nr.	Expedition und Datum	Gr. L. N. Br.	Tiefe	Operationen	Grund	Arten
	(1.)	19°48'20" 36°25" Westlich von Coifu	635m	Kleine Korre		Trophon craticulatus Fabr. Fusus rostratus Oliv. Nassa limata Chemn. Raphitoma cuspersina Tib. nov. var. pseudobimbata Rissoa cimicoides Forb. subsulata Arad. Bulla utriculus Brocchi juv. Actaeon pusillus Forb. Dentalium (Antalis) agile Sars. siphonodentalium quinquangulare Forb. Syndosmya longicallus Scacchi Kayma costellata Desh. ventrosa Spgtl. Kellielia miliaris Phil. Circe minima Mont. Arca nivea Poli. (Bittigerna) koreni Dan. Leda (Limatula) sarsi Lovén. subaurieulata Mont.
9	(1.) 21. Aug. 1890	22°4'36" 36°38'55" Vor der Bucht von Kalamata (Griechenland)	1060m	Quantendredche	Gelber Schlamm	Dentalium (Antalis) agile Sars. Siphonodentalium quinquangulare Forb. Syndosmya longicallus Scacchi Korra costellata Desh. ventrosa Spgtl. *Tectura Virginea) hispidual Forb.
10	1. Aug. 1890	22°54'50" 35°56"	1010m	Kleine Bügelkorre	Sand mit geringem Schlamm	*Pleurotoma (Mangelia) macra Watson.

Nr.	Expedition und Datum	Ö. L. N. Br.	Tiefe	Operation	Gegend	Arten
27	(I.) 31. Aug. 1890 An der afrikanischen Küste	22°22'36" 33°11'18"	476 m	grosser Bügeltrawl	Schlamm und Sand	*Antalis minor* Mke. » *cinerum* Lam. *Dentalium (Antalis) agile* Sars
39	(I.) 2. Sept. 1890 Nördlich von Benghasi an der afrikanischen Küste	19°26'30" 32°16'40"	803 m	»	Schlamm und Sand	*Fusus rostratus* v. sp. *Marginella minuta* Monts. *Natta millepunctata* Lam. *Pleurotoma nebula* Jan. » *laeviosissima* Calc.(?) *Kophinus impervius* Tib. n. var. *laevior* *Rissa cimiroides* Forb. » *nebulosa* Aradas *Leucina minuta* Mke. » *ommidata* Lam. *Trochus (Zizyphinus) profugus* De Greg. *Isttata suecia* Forb. *Syndosmya longicallis* Scacchi *Nassa incilitis* Dngb. » *exilata* Spglr. *Kelliella miliaris* Phil. *Leda messanensis* Seg. *Area scabra* Poli. » *(Bathyarca) barvus* Dac. » *pectunculoides* Scacchi *Pecten (Amussium) lucidum* Forb. *Lima (Limatula) sarsi* Loven.
57	(I.) 6. Sept. 1890 Nordwestlich von Benghasi an der afrikanischen Küste	19°49'57" 32°25'14"	709 m	»	Schlamm und anhäende Krustenstine	*Trochus (Zizyphinus) profugus* De Greg. *Pecten incomensis* v. sp. *Kelliella miliaris* Phil. *Leda messanensis* Seg. *Area scabra* Poli. » *(Bathyarca) barvus* Dac. *Pecten (Amussium) lucidum* Forb. *Lima (Limatula) sarsi* Loven. » *subauriculata* Monts.
62	(II.) 30. Juli 1891 Am Norden der Westküste von Creta	23°34' 35°18'	735 m	kleine Kurte	Schlamm und Sand	*Fusus rostratus* Oliv. *Pleurotoma (Mangelia) anceps* Wats. *Rissa cimiroides* Forb. *Trochus (Zizyphinus) profugus* De Greg. *Dentalium (Antalis) agile* Sars. *Siphonodentalium quinquangulare* Forb. *Syndosmya longicallis* Scacchi *Area scabra* Poli. » *(Bathyarca) barvus* Dac. *Lima (Limatula) subauriculata* Monts.
64	(II.) 31. Juli 1891 Südwestlich von der Insel Cerigo	22°56' 35°59'	660 m	»	Schlamm und Sand	*Defrancia clathrata* M. d. Serres var. *Rissa cimiroides* Forb. *Trochus (Zizyphinus) profugus* De Greg. *Kelliella miliaris* Phil. *Area scabra* Poli. » *(Bathyarca) barvus* Dac. *Lima (Limatula) sarsi* Loven. » *subauriculata* Monts.
70	(II.) 2. Aug. 1891 Vor der Plaka-B. von Creta (Candia)	24°23' 35°39'	805 m	»	Gelber Schlamm mit Krustensteinen	*Spindelus grisouti* Costa.

92	17. Aug. 1891	(II.) 29° 8' 32°26' Nördlich von Alexandrien	242 m	Gelber und blau-grauer Schlamm	*Tacanis alexandrina* n. sp. *Defrancia amplicisculpta* n. sp. *Trochus (Zizyphinus) profugus* De Greg. *Textura unicolor* Forb. *Lucina amorpha* n. sp. *Axinus flexuosus* Mont. n. var. *striatus* *baeeropsidus* (n. g.) *perplexum* n. sp. *Leda (Portlandia) tenuis* Phil. *Myrina modiolaeformis* n. sp.
103	19. Aug. 1892	(III.) 18°44' 39°54' Südlich vom Cap St. Maria di Leuca (Jon. Meer)	134 m	Sandiger, gelber Schlamm	*Rissoa cimicoides* Forb. *Trochus nitida* Pennt. *Kellicllia miliaris* Phil. *Cardita aculeata* Poli. *Astarte triangularis* Mont. *Leda commutata* Phil. *Arca (Bathyarca) koreni* Dan. *pectunculoides* Scacchi. *Pecten similis* Laskey
194	22. Juli 1893	(IV.) 23°6' 36°3' Zwischen Cerigo und Cerigotto	160 m	Kurre	*Marginella occulta* Monter. var. *minor* = *obtusa* Monter. in coll. *Scalaria cerigottana* n. sp. *Parthenia excavata* Phil. *Eulimella scillae* Scacchi. » *ventricosa* Forb. *Pleurotoma leprestianum* Calc. *Defrancia clathrata* M. d. Serres var. *Rissoa cimicoides* Forb. *Trochus (Zizyphinus) millegranus* Phil. *Crasped tus tinei* Calc. *Scrobinella aspera* Phil. » *costata* d'Orb. *Emarginula conica* Schum. *Cadulus jeffreysi* Monter. *Kellicllia miliaris* Phil. *Cardita aculeata* Poli. *Chama circinnata* Monter. *Astarte triangularis* Mont. *Arca (Bathyarca) koreni* Dan. » *pectunculoides* Scacchi. *Modiola phaseolina* Phil. *Dacrydium vitreum* Holb. *Pecten opercularis* L. » *similis* Laskey. *Lima (Limatula) sarsi* Loven. *Anomia ephippium* L.
195	26. Juli 1893	(IV.) 23°14' 35°45' Zwischen Cerigo und Candia (Creta)	608 m	Gelber Schlamm, etwas grober Sand	*Dentalium (Antalis) agile* Sars. *Sendenarus longicallis* Scacchi. *Arca nobra* Poli.
196	27. Juli 1893	(IV.) 23°50' 36° 9' Nördadriatisches Meer von Candia	875 m	Schlamm und Muschelbruchstücke, viele Pteropoden	*Dentalium (Antalis) agile* Sars. *Sendenarus longicallis* Scacchi. *Lyonsia aegeensis* n. sp.

Nr.	Exposition und Datum	O. L. N. Br.	Tiefe	Oberfläche	Grund	Arten
200	(IV.) 27. Juli 1893	24°11′ 36°29′ Mitten zwischen Cap Malea und Santorin (Meer von Candia)	Seilag	Klare	Gelber Schlamm, Krustensteine, kleine Bimssteinstücke	*Spondylus gussurii* Costa
204	(IV.) 28. Juli 1893	24° 2′ 36°25′ Zwischen Cap Malea und Milo (Meer von Candia)	592 m		Gelber Schlamm und Lehm, Krustensteine	*Spondylus sericanus* Mich. *Siedlemus longiallis* Seacchi ...
208	(IV.) 31. Juli 1893	24°28′ 37° 0′ Mitten zwischen Milo und Serpho (Cykladen)	414 m	,	Gelber Schlamm mit feinem Sand	*Siedlemus longiallis* Seacchi *Nuoea costata* Sgdr. *Arca (Fristerire) kovai* Dan.
209	(IV.) 31. Juli 1893	24°29′ 36°59′ (Ebenda)	414 m	,		*Siedlemus longiallis* Seacchi *Nuoea costata* Sgdr. *Nucula asperata* Forb. *Arca (Fristerire) kovai* Forb. *Fusus (Noationa) kalkuni* Forb.
210	(IV.) 1. Aug. 1893	24° 0′ 37°12′ Östlich von Serpho (Cykladen)	597 m		Lichtgelber Schlamm mit etwas Sand, etwas Lehm	*Siedlemus longiallis* Seacchi *Nuoea costata* Sgdr. *Nucula solida* Brono *Cassana syiegarum* L.
213	(IV.) 12. Aug. 1893	26°29′ 36°47′ Nördlich von Stampaglia (Astropahá), Sporaden	597 m		Feiner Sand und Schlamm	*Trophon naginatus* Jan. „ *muricatus* Mont. *Pleurotoma loprestianum* Cale. *Defrancia anceps* Eichw. *Raphitoma superrima* Tib. typ. et n. var. *pseudacanthodes*. *Pleurotoma (Mangelia) mitra* Wats. *Rissoa cimicoides* Forb. *Scissurella crispa* Phil. *Trochus undatus* Forb. *Acmaea pusilla* Forb. *Pendelosa (Antulis) agilis* Sars. *Siphonidentium quinquangulatum* Forb. *Siedlemus longiallis* Seacchi *Limopsis aggrinus* n. sp. *Leuena abbreviata* Forb. „ *concava* Sgdr. *Kellyella miliaris* Phil. *Area nodae* Poli. „ *Radiovaris borea* Dall. „ „ *pennatulaide* Seacchi *Pecten abyssoum* Locard. „ *dominini kovaini* Forb. *Lima (Lunulata) mitra* Locard. „ „ *subauriculata* Mont.
214	(IV.) 12. Aug. 1893	26°29′ 36°47′ Östlich von Stampaglia, Sporaden	533 m	,	Gelbgrauer Schlamm	*Nuoea liulia* Chenu. *Pendelosa (Antulis) agilis* Sars. *Siedlemus longiallis* Seacchi *Nuoea costata* Sgdr. *Pecten champestum kovaini* Forb.
227	(IV.) 22. Aug. 1893	26°55′ 37°37′ (Ebenda)	92 m		Gelbgrauer und grauer Schlamm	*Fusus pulchlius* Phil. *Spondylus sericanus* Mich. *Pectuncla triplioati* Brocchi. *Corbula gibbi* Oliv. *Corbula arcuinum* Phil. *Nuoea salcata* Bronn. *Venus operularis* L. *Venus fasiae* Biv.

Nr.	Expedition und Datum	Ö. L. N. Br.	Tiefe	Opera-tion	Grund	Arten
229	IV. 24. Aug. 1893 Nördlich von Samos	26°43' 37°51'	580 m	Kurre	Gelbgrauer Schlamm, grauer Lehm	*Sadonaya longicauda* Scacchi.
237	IV. 31. Aug. 1893 Südwestlich von Samotraki (Äg. M.)	25°13' 40°17'	588 m		Gelbgrauer Schlamm, grauer Lehm und etwas Sand	*Natica fusca* Blainv. *Sadonaya longicauda* Scacchi. *Leucaris aegeensis* n. sp. *Neaera rostrata* Spglr.

B. Systematische Aufzählung und Besprechung der gedredschten Arten.

a) GASTROPODA.

α) PROSOBRANCHIA.

1. **Trophon vaginatus** Jan. — Kobelt Prodr. p. 9; Carus Prodr. p. 384.

Von den Stationen 1 und 213 (597—615 m).

Diese eben so schöne als seltene Schnecke liegt aus dem Mittelmeere nur in leeren Gehäusen vor, theils jung und fragmentarisch (Stat. 213), theils erwachsen (Stat. 1). Exemplare von 15 mm Gehäusehöhe zeigen deutlich 7 Umgänge und einen 5½ mm langen Stiel.

2. **Trophon muricatus** Montagu. — Kobelt Prodr. p. 10; Carus Prodr. p. 384.

Von Station 213 (597 m); 3 junge Exemplare.

Höhe der Gehäuse zwischen 9 und 6 mm. Auf dem letzten Umgang 15—18 Querfalten (Krausen, varices), scharf und schuppig hervortretend, durchkreuzt von einer Anzahl Spiralstreifen.

3. **Fusus rostratus** Oliv. — Kobelt Prodr. p. 16; Carus Prodr. p. 404.

Von den Stationen 1 und 62 (615—755 m). Einige Exemplare.

4. **Fusus pulchellus** Phil. — Kobelt Prodr. p. 17; Carus Prodr. p. 405.

Von Station 227 (92 m). Eine Anzahl typischer Exemplare.

5. **Fusus bengasiensis** n. sp. — Taf. I, Fig. 1 u. 2.

Von Station 36 (680 m); subfossil.

1 Exemplar von 45½ mm Länge und 18½ mm grösster Breite; die Länge der Mündung beträgt 28 mm, wovon etwa 15 mm auf den oben offenen Stiel kommen, die Breite derselben 9 mm.

Die Spitze des Gehäuses fehlt und nur mehr 6 Windungen sind erhalten. Ein besonders an den untersten Windungen stark hervortretender Kiel verläuft etwas unter der Mitte und bildet überall da, wo er die spärlich vertretenen Querwülste durchkreuzt, von oben nach unten abgeflachte Fortsätze. Die Anzahl derselben richtet sich also nach derjenigen der Querwülste, dies sind 6 auf der letzten Windung und 8—9 auf den übrigen. Ober- und unterhalb des Kieles verlaufen in grösserer Anzahl Spiralreifen, ganz wie bei *Fusus rostratus* in der Dicke (Stärke) etwas variabel, aber nicht geschuppt, sondern nur verwischt quergestreift. Die Naht schneidet tief ein. Der Innenrand der Mündung ist über dem Spindelrande in einer zur letzten Windung senkrecht stehenden, wellenförmig geschwungenen Platte losgelöst. Der Stiel ist ein wenig um seine Axe gedreht.

Auf den ersten Blick möchte man die eben beschriebene Form wohl für eine Varietät von *Fusus rostratus* Oliv. halten, doch wäre diese Deutung im Hinblicke auf den unter die Mitte gerückten, exorbitant scharf vortretenden Kiel nicht gerechtfertigt.

6. **Nassa limata** Chemn. — Kobelt Prodr. p. 15; Carus Prodr. p. 393.

Von den Stationen 1 und 214 (586—615 m); junge abgestorbene Gehäuse.

7. Marginella **occulta** Monter. — Kobelt Prodr. p. 56; Carus Prodr. p. 411.

Von den Stationen 36 (680 *m*) und 194 (160 *m*).

Es liegen von Station 194 zwei Exemplare von 2·3 *mm* Höhe und 1·7 *mm* Breite vor, von Station 36 ein grösseres mit den Massen 3·1 : 2·1 *mm*. Nur letzteres stimmt mit dem Typus der Art überein, der sich in der Monterosato-Collection des naturhistorischen Hofmuseums befindet, und den dasselbe nur noch in der Grösse übertrifft. (Exemplare von March. Monterosato messen 2·7 *mm* in der Höhe und 1·7 *mm* in der Breite.)

Die kleinen Stücke von Station 194 aber dürften zu der bisher mir in coll. bekannt gewordenen *M. (Gibberulina) obtusa* Monter. gehören, mit der sie sich in Form und Ausmass ziemlich decken. (Exemplare von Monterosato sind 2·1—2·2 *mm* hoch und 1·6—1·7 *mm* breit.) Doch erscheint es mir nicht empfehlenswerth, eine Species-Trennung vorzunehmen, da die *M. (Gibberulina) obtusa* Monter. schwerlich etwas anderes als eine kleine Varietät der *M. occulta* Monter. ist. (Etwa *M. occulta* Monter. var. minor = *M. (Gibberulina) obtusa* Monter. in coll.)

8. Natica **millepunctata** Lam. — Kobelt Prodr. p. 64; Carus Prodr. p. 300.

Von Station 36 (680 *m*).

9. Natica **fusca** Blainv. — Kobelt Prodr. p. 68; Carus Prodr. p. 304.

Von Station *237 (588 *m*); 2 Exemplare.

10. Scalaria **cerigottana** n. sp. — Taf. I, Fig. 3 u. 4.

Von Station 194 (160 *m*).

Das einzige Exemplar dieser neuen Art besitzt nur 5½ Umgänge, indem der Apex des Gehäuses fehlt. Auf jedem Umgange stehen 10 mächtige Querrippen. Diese sind aber nicht gleichmässig stark entwickelt, sondern es tritt hier und dort eine besonders dicke und hohe Rippe auffallend hervor, und gleich darauf folgt wieder eine solche unter dem Mittelmasse. Zwischen den einzelnen Rippen und über sie selbst hinweg ziehen zahlreiche (mehr als 20) Spiralstreifen, welche sich, mit dem Mikroskope betrachtet, als feine Furchen repräsentiren. (Fig. 4.) In diesen Furchen reihen sich kleine Grübchen aneinander, welche die Kreuzungspunkte von ursprünglich vorhandenen, bei unserem Exemplare aber nicht mehr sichtbaren Querfurchen mit den noch deutlich vorhandenen Spiralfurchen vorzustellen scheinen. (Man vergleiche diesbezüglich die mikroskopische Sculptur von *Scalaria funiculata* Watson.)

Die Rippen senken sich oben wie unten bogenförmig, also nicht winkelig, wie bei den nächstverwandten Arten, in die tiefe Naht; rings um den Nabel aber bilden sie durch wulstige Querverbindungen ihrer unteren Enden einen förmlichen Kiel. Dem kreisrunden Mundrand sieht aussen eine mächtige Rippe so nahe an, dass er wie verdoppelt aussieht.

Höhe des Gehäuses 5 *mm*, Breite 2·2 *mm*; Durchmesser der Mündung 1 *mm*.

Die Art ist am nächsten verwandt mit *Scalaria funiculata* Wats. von Pernambuco (Report on the scient. Res. of the Voyage of H. M. S. Challenger, Zool. Vol. XV, p. 141, pl. IX, fig. 4) und unterscheidet sich von dieser hauptsächlich durch das weniger zugespitzte Gehäuse und die ungleichmässige Berippung. Ferner stehen ihr nahe *Scalaria longissima* Seg. (Kobelt Prodr. p. 77) und die fossilen Formen *Turbo torulosus* Brocchi (Conch. foss. subapp. 2. ed., vol. II, p. 163, pl. VII, fig. 4), *Scalaria plicosa* Phil. (Enum. Moll. Sicil. vol. II, p. 140, tab. XXIV, fig. 25), *Nodiscala canata* de Boury (Bull. Soc. Mal. Ital. XIV, 1889, p. 173, tab. IV, fig. 13).

11. Parthenia **excavata** Phil. — Kobelt Prodr. p. 99; Carus Prodr. p. 276.

Von Station 194 (160 *m*); 1 typisches Exemplar.

12. Eulimella **scillae** Scacchi. — Kobelt Prodr. p. 111; Carus Prodr. p. 267.

Von Station 194 (160 *m*); 1 typisches Exemplar.

13. Eulimella **ventricosa** Forbes. — Kobelt Prodr. p. 111; Carus Prodr. p. 266.

Von Station 194 (160 *m*).

Zwei kaum ausgewachsene Exemplare mit mässig convexen Umgängen, eines davon mit schwacher Andeutung eines Kieles in der unteren Hälfte einer jeden Windung. (Var.)

14. **Pleurotoma modiola** Jan. — Kobelt Prodr. p. 127; Carus Prodr. p. 413.

Von Station 36 (680 m).

Die zwei erbeuteten Exemplare dieser ausgezeichneten und schönen, durch ihr fossiles Vorkommen sehr interessanten Art sind von relativ geringer Grösse. Höhe 10·5, resp. 10·7 mm, Breite 4·5, resp. 4·3 mm, Mündungshöhe 4·5, resp. 5·0 mm (gegen 18 mm Höhe in der Literatur!).

15. **Pleurotoma loprestianum** Calcara. — Kobelt Prodr. p. 128; Carus Prodr. p. 413.

Von den Stationen 36, 194, 213 (160—680 m); je 1 Exemplar.

Alle 3 Stücke sind von geringeren Dimensionen, als in der Literatur für diese Art angegeben wird (8 : 4 mm), im Übrigen passen sie aber vollständig zu der Beschreibung, die namentlich Weinkauff im Conch. Cab. Mart. Chem. II, p. 63 gibt.

16. **Defrancia anceps** Eichw. — Kobelt Prodr. p. 142; Carus Prodr. p. 427.

Von Station 213 (597 m).

Ein paar kleine, sonst aber typische Exemplare. (6 und 4¹/₄ mm Höhe.)

17. **Defrancia clathrata** M. de Serres. — Kobelt Prodr. p. 142; Carus Prodr. p. 423.

Von den Stationen 64 (600 m) und 194 (160 m).

Es liegen im Ganzen 5 Exemplare vor, die sich alle vom Typus der Art hinreichend unterscheiden, um sie hier mindestens als eine Varietät zu isoliren. Sie sind alle kleiner als jener, nämlich 3¹/₂ mm hoch und 2 mm breit, und besitzen eine grössere Anzahl Querrippen (10—12). Diese sind aber zarter als bei typischen Exemplaren und treten weniger heraus, so dass sie zusammen mit den Spiralreifen eine minder scharf ausgeprägte Gitterung bilden. Ferner fehlt die Bezahnung des äusseren Mundrandes, was sich allerdings dadurch erklären lässt, dass die Exemplare nicht ganz ausgewachsen sind. In der Monterosato-Collection des Hofmuseums, wo diese variable Art als *Clathromangilia granum* Phil. bezettelt ist, sind eine grössere Stückzahl und mehrere Varietäten vorräthig, so dass ich ein willkommenes Vergleichsmaterial vor mir hatte, und hier sind es besonders die als var. *minor* (an sp.?) bezeichneten Exemplare (Nr. 1244), denen die eben besprochenen der Pola-Expedition am nächsten stehen.

18. **Raphitoma nuperrima** Tib. — Kobelt Prodr. p. 150; Carus Prodr. p. 422. — Taf. I, Fig. 5, 6, 7.

Von den Stationen 1, 36, 213 (597—680 m), und zwar von den ersteren je 1 Exemplar, von der letzteren eine grössere Anzahl.

Auf die Beschreibungen, welche von dieser Art in der Literatur zu finden sind, passen die Exemplare der österreichischen Tiefsee-Expeditionen recht gut, mit den bis jetzt vorhandenen Abbildungen harmoniren sie weniger.

Es soll gezeigt werden, dass nicht alle der vorliegenden Exemplare dem Typus angehören, und deshalb ist es zunächst nothwendig, einige Beispiele über Massverhältnisse anzuführen.

	Höhe des Gehäuses	Breite desselben	Höhe der Mündung	
Exemplar von Station 1	11·0 mm	4·1 mm	5·1 mm	nov. var. *pseudoaniles*
36	7·3	3·2	3·4	nov. var. *corallinoides*
213	8·5	3·7	4·4	nov. var. *pseudoaniles*
213	8·1	3·4	4·6	Typus der Art.
213	8·4	3·3	3·9	
213	7·4	3·2	4·0	nov. var. *pseudoaniles*.
213	7·3	3·0	3·8	

Also nur 1 Exemplar erreicht annähernd die in der Literatur als typisch angegebene Höhe von 12 *mm*, alle übrigen sind von weit kleineren Dimensionen. Ferner zeigen sie mit Ausnahme von 2 Exemplaren, auf die ich unten als Typen noch zurückkomme, alle eine nicht blos absolut, sondern auch relativ geringere Gehäusebreite als der Typus, der mir in einem leider zerbrochenen ausgewachsenen und einem unfertigen Exemplare aus der Monterosato-Sammlung zum Vergleiche vorliegt. Dieser Typus weist auch eine viel grössere Anzahl von Spiralrippen und Spiralstreifen, welche auf allen Windungen markant hervortreten, auf, während bei unseren Exemplaren die Rippen von der vorletzten Windung bis hinauf zum Embryonalgewinde nur in der Zweizahl vorhanden sind und eine schwache Kante bilden, wie dies bei *Pleurotoma (Mangelia) acanthodes* Wats.[1] der Fall ist. Mit dieser von den Bermudas-Inseln und den Azoren stammenden Art haben unsere Exemplare auch die Dimensionen vollständig übereinstimmend, ferner die Sculptur des Embryonalgewindes, und strenggenommen besteht eine Verschiedenheit unserer Exemplare von *acanthodes* Wats. eigentlich nur in ihrer reichlicheren Körnchensculptur, d. h. zwischen den Spiralrippen der letzten Windung stehen weit mehr Reihen von Punkten oder Körnchen als bei *acanthodes*, und ober der ersten Rippe des letzten Umganges, also zwischen ihr und der Naht, 10 bis 12 solcher Reihen. Wegen dieser grossen Ähnlichkeit der Mehrzahl der gesammelten Exemplare mit der Watson'schen Art möchte ich sie von *Raphitoma nuperrima* Tib. als nov. var. *pseudacanthodes* trennen, und dazu das grosse Exemplar von Station 1 (Fig. 6), sowie von Station 213 alle mit Ausnahme jener zwei Exemplare rechnen, welche ich gleich bei der Besprechung der Gehäusebreite ausgenommen habe. Diese muss ich, da sie, wie gesagt, relativ breiter sind, und da sie ferner mehr Spiralrippen besitzen (nämlich circa eben so viel wie die echte *nuperrima* in der Monterosato-Collection des Hofmuseums) als *Raphitoma nuperrima* Tib. typ. isoliren (Fig. 5). Leider sind sie nicht erwachsen.

Schliesslich ist aber auch das Exemplar von Station 36, welches sich dadurch auszeichnet, dass zwischen den Spiralrippen 1 und 2 auf dem letzten Umgang ein grösserer Zwischenraum ist, als eine besondere Varietät zu bezeichnen, und zwar mit einer zweiten Watson'schen Art, mit *Pleurotoma (Mangelia) corallina*[2] von Westindien zu vergleichen, weshalb ich sie als nov. var. *corallinoides* aufführe (Fig. 7).

19. **Pleurotoma (Mangelia) macra** Watson. — Challenger Report. Gastropoden, p. 345, pl. XXIII, fig. 6.

Von den Stationen 19 (1010 *m*, 1 Ex.), 62 (755 *m*, 1 Ex.) und 213 (597 *m*, 3 Ex.).

Die ausführliche Beschreibung dieser Art durch Watson, der sie von den Azoren aus einer Tiefe von 1000 Faden anführt, sowie deren vorzügliche Abbildung passt sehr gut auf die wenigen hier in Betracht kommenden Exemplare, deren Dimensionen die folgenden sind:

Das Exemplar von Station 19 ist 6·4 *mm* hoch und 2·8 *mm* breit

| » | » | » | 62 | » | 5·4 | » | » | 2·5 | » | » |
| » | » | » | 213 | » | 6·4 | » | » | 2·6 | » | » |

Die Breite des Gehäuses ist demnach etwas variabel und nicht proportionirt zu der Höhe, ist überhaupt ein wenig grösser als Watson angibt; dies ist aber auch der einzige Unterschied, der sich ergibt, wenn man die Originalbeschreibung auf die vorliegenden Exemplare anzuwenden versucht. Ich kann mich daher nicht entschliessen, eine specifische Trennung vorzunehmen, sondern muss annehmen, dass *Pleurotoma (Mangelia) macra* Wats. von den Azoren bis in die Tiefen des östlichen Mittelmeeres verbreitet ist.

20. **Taranis alexandrina** n. sp. — Taf. I, Fig. 8 u. 9.

Von Station 82 (2420 *m*); 1 Schale mit unfertiger Mündung.

Gehäuse hellbraun, ziemlich dickschalig, aus 5 Umgängen bestehend. Das Embryonalgewinde (1½ Windungen) hat eine etwas rauhe Oberfläche, aber keine deutliche Sculptur. Ziemlich unvermittelt beginnt auf der zweiten Umdrehung die von da ab bis zur Mündung scharf ausgeprägte Querrippen-

---

[1] Challenger Report. Zool. Vol. XV, p. 342, pl. XXIII, fig. 3.
[2] Challenger Report. Zool. Vol. XV, p. 343, pl. XXIII, fig. 4.

Die Querrippen sind eng aneinander gelagert, durch einen ober der Mitte verlaufenden Spiralkiel gewinkelt und ausserdem von einigen Spiralreifen durchkreuzt. Ein solcher, allerdings nur schwach ausgeprägter Spiralreifen zieht gleich unter der Naht dahin; er ist aber nur auf den letzten zwei Umgängen gut kenntlich. Ferner verlaufen auf dem vorletzten Umgange 2 Spiralreifen unter dem Kiele und auf dem letzten Umgang zwischen Kiel und Nabel deren 6 bis 7. Hier entsteht durch die Querrippung und Spiralstreifung ein Maschenwerk aus schiefgestellten Vierecken oder Quadraten, in denen da und dort eine Körnchensculptur angedeutet ist, was sich aber nur bei stärkerer Lupenvergrösserung sehen lässt.

Von den erwähnten Querrippen kommen auf je einen Umgang 22 bis 26 zu stehen.

Die Mündung, leider schadhaft, hat eine birnförmige Gestalt, einen nach links gedrehten, kurzen, ausgussartigen Stiel und einen vermuthlich auch im ausgewachsenen Zustande scharfen, äusseren Rand. Der Spindelrand ist breit nach links ausgeschlagen und bedeckt einen ritzförmigen Nabel fast ganz.

Höhe des Gehäuses 3·5, Breite 2, Höhe der Mündung 1·7 *mm*. Dass das vorliegende Exemplar mit *Taranis cirrata* Brugn. (Kobelt Prodr., p. 137) verwandt und in das seinem Ursprunge nach nordatlantische Genus *Taranis* zu stellen ist, davon bin ich nicht vollständig überzeugt; darüber wird sich wohl noch streiten lassen. Es ist kleiner als *Taranis cirrata* und hat um eine Umdrehung weniger; ferner tritt ein Spiralreifen deutlich als Kiel hervor, während die anderen schwächeren zurücktreten. Im Ganzen stimmt wohl die Anzahl der Spirallinien, ob sie nun kielartig oder nur reifenförmig auftreten, bei beiden Formen überein, und auch die Anzahl der Querrippen dürfte dieselbe sein wie bei *Taranis cirrata*, aber wir sehen in den genannten abweichenden Merkmalen und besonders in der Gestaltung der Spindel wichtige Unterschiede.

21. **Defrancia impliciscuipta** n. sp. — Taf. I, Fig. 10, 11, 12.

Von Station 82 (2420 *m*); 1 Exemplar.

Das Gehäuse ist spindelförmig, von graubrauner Farbe und besitzt 6½ Umgänge, wovon beinahe 4 auf das sogenannte Embryonalgewinde entfallen. Dieses zeigt, allerdings nur stellenweise, ein fein gegittertes Netzwerk (Fig. 12), während auf den 2½ unteren Windungen eine hiervon ganz verschiedene Sculptur (Fig. 11) auftritt. Unterhalb der Naht nämlich liegt ein schmaler, concaver Theil mit vielen ausgebogenförmigen Querstrichen, und auf diesen folgt, durch 1 oder 2 Spirallinien gleichsam abgetrennt, der übrige Theil der Umgangsbreite. Dieser ist convex und trägt derbe Querrippen oder Querwülste (10 auf dem vorletzten, 12 auf dem letzten Umgange), durchkreuzt von ziemlich starken Spiralreifen (3 auf dem vorletzten und 6 auf dem letzten Umgange). Die Mündung ist birnförmig, hat oben am Aussenrande einen kleinen Ausschnitt und ist unten in den Stiel ausgezogen, um welchen ebenfalls einige Spiralreifen verlaufen.

Höhe des Gehäuses 3·5, Breite desselben 2·0 *mm*; Höhe der Mündung sammt Stiel 2 *mm*.

In der Gestalt ist diese neue Art ähnlich der *Defrancia cordieri* Payr. (Kobelt Prodr. p. 143) und deren verwandten Formen, für welche Monterosato die Gattung *Cordieria* aufstellt, und auch mit einer noch nicht publicirten Art, mit *Cordieria hispida* Mont. in coll., welche mir aus der Sammlung des Hofmuseums zum Vergleiche vorliegt, zeigt sie vielfach Ähnlichkeit, doch scheint sie schon durch ihre geringen Dimensionen genügend charakterisirt und unterschieden zu sein.

22. **Aporrhais serresianus** Mich. — Kobelt Prodr. p. 154; Carus Prodr. p. 367.

Von den Stationen 204 (808 *m*) und 227 (92 *m*).

23. **Rissoa cimicoides** Forbes. — Kobelt Prodr. p. 180; Carus Prodr. p. 331.

Von den Stationen 4, 36, 62, 64, 166, 194, 213 (134—775 *m*), ziemlich häufig.

24. **Rissoa subsoluta** Aradas. — Kobelt Prodr. p. 200; Carus Prodr. p. 336.

Von den Stationen 4 und 36 (615—680 *m*).

Die wenigen Exemplare, welche gedredscht wurden, sind 2½ bis 3 *mm* hoch, während die Art in der Literatur mit 2 *mm* bemessen wird; ferner hat das Gewinde um einen halben Umgang mehr als gewöhnlich, also im Ganzen 5½ mm, und die Spiralreifen sind in der ganzen Breite der Umgänge deutlich sichtbar. Demnach scheint die von Sars[1] beschriebene und abgebildete *Rissoa abyssicola* wirklich in die Synonymie von *Rissoa subsoluta* zu gehören (vide Kobelt u. A), denn die Sars'sche Figur (Taf. 10, Fig. 5) zeigt die Sculptur genau so, und die dort angegebene Grösse von 4 mm erscheint im Hinblicke auf unsere gleichsam eine Mittelform vorstellenden Exemplare nicht mehr so exceptionell.

Die von Monterosato determinirten Exemplare, welche sich im Besitze des Hofmuseums befinden, sind zwar kleiner und haben die vorgeschriebene Windungszahl, weisen aber eine ebenso deutliche Spiralreifung auf wie die von der "Pola" gedredschten Exemplare.

25. **Turritella triplicata** Brocchi. — Kobelt Prodr. p. 211; Carus Prodr. p. 351.

Von Station 227 (92 m); 3 junge Exemplare.

26. **Janthina nitens** Mke. — Kobelt Prodr. p. 224; Carus Prodr. p. 298.

Von Station 27 (1765 m) und 36 (680 m).

27. **Janthina communis** Lam. — Kobelt Prodr. p. 221; Carus Prodr. p. 298.

Von Station 27 (1765 m) und 36 (680 m).

28. **Trochus (Zizyphinus) profugus** De Greg. — De Gregorio, "Esame di taluni molluschi viventi e terziari del bacino mediterraneo", Il Naturalista Siciliano VIII. 1888, 89, p. 283, tav. V, fig. 12 a—c.

Von den Stationen 36, 37, 62, 64 (600—755 m) und 82 (2420 m).

Die gelblichbraunen bis grauen Exemplare, von den erstgenannten Stationen vereinzelt und nur aus der Tiefe von 2420 m etwas zahlreicher vorliegend, weichen in ihrer Sculptur so unbedeutend von der De Gregorio'schen Art, welche bei Palermo gedredscht wurde, ab, dass ich nicht zweifle, den echten *Tr. profugus* vor mir zu haben. Die Höhe des grössten Exemplares ist 5½ mm, dessen Breite 1½ mm. Stellt man das Gehäuse auf die Spitze, so lassen sich auf dem letzten Umgange 5 Spiralstreifen abzählen, welche concentrisch um den hin und wieder noch etwas ritzförmig offenen, meist aber vollständig bedeckten Nabel gestellt sind. Im Ganzen aber verlaufen hier zwischen Nabel und Naht 10 solche Spiralreifen, auf dem vorletzten Umgange deren nur 3—4. Nach den Abbildungen De Gregorio's und zwar besonders nach der Ansicht der Schale von unten zu urtheilen, dürften die Exemplare dieses Autors eine geringere Anzahl jener Querrippen besitzen, welche mit den Spiralreifen (oder Spiralkielen) die charakteristische quergestellte Gitterung bildet.

Trotz dieser kleinen Abweichungen halte ich, wie gesagt, die Exemplare der österreichischen Expeditionen für den *Tr. profugus* De Greg. Einigermassen in Betracht zu ziehen wäre nur *Tr. gemmulatus* Phil., mit welchem auch De Gregorio seine Art verglichen hat und der mit *Tr. crispulus* Phil. jene beiden Extreme vorstellt, zwischen denen *Tr. profugus* De Greg. als Mittelform sich bewegt.

29. **Trochus (Zizyphinus) millegranus** Phil. — Kobelt Prodr. p. 241; Carus Prodr. p. 260.

Von Station 194 (160 m).

30. **Craspedotus tinei** Calc. — Kobelt Prodr. p. 249; Carus Prodr. p. 247.

Von Station 194 (160 m); 2 junge Exemplare.

31. **Scissurella aspera** Phil. — Kobelt Prodr. p. 258; Carus Prodr. p. 237.

Von den Stationen 194 und 213 (160—597 m); je 3 Exemplare.

32. **Scissurella costata** d'Orb. — Kobelt Prodr. p. 258; Carus Prodr. p. 238.

Von Station 194 (160 m); 1 Exemplar.

33. **Emarginula conica** Schumacher. — Kobelt Prodr. p. 263; Carus Prodr. p. 251.

Von Station 194 (160 m); 1 Exemplar.

[1] G. O. Sars "Mollusca regionis arcticae Norvegiae" 1878

34. **Tectura unicolor** Forbes. — Kobelt Prodr. p. 269; Carus Prodr. p. 233.

Von den Stationen 36 (680 m), 82 (2420 m) und 213 (597 m); je 1 Exemplar.

Da die vorliegenden Schalen von jungen Thieren herrühren und sehr klein sind, bin ich hier einer richtigen Determination nicht ganz sicher. Alle 3 Schalen haben einen central gelegenen Apex und sind ziemlich glatt, nur bei dem Exemplar von Station 82, also aus 2420 m sind ganz schwache Spuren von Radialstreifen sichtbar, was allerdings zu der Diagnose für *Tr. unicolor* nicht passt.

5) OPISTHOBRANCHIA.

35. **Bulla utriculus** Brocchi. — Kobelt Prodr. p. 286; Carus Prodr. p. 180.

Von Station 1 (615 m); 1 Exemplar.

36. **Actaeon pusillus** Forbes. — Taf. I, Fig. 13. — Kobelt Prodr. p. 291; Carus Prodr. p. 183; Tryon Manual, vol. XV, p. 156.

Von den Stationen 1 und 213 (597—615 m); je ein Exemplar.

Das grösste Exemplar von Station 1 ist 7·5 mm hoch, 4·5 mm breit und besitzt eine 4·6 mm hohe Mündung. Die Embryonalwindungen sind angefressen und deshalb nicht mit Sicherheit abzuzahlen, doch dürften im Gegensatz zu der für *Act. pusillus* Forb. bisher angegebenen Vierzahl hier im Ganzen 6 bis 7 Windungen vorhanden sein. Die Sculptur besteht aus zahlreichen dicht stehenden Spiralreihen von kreisrunden Grübchen; dazwischen ist das Gehäuse glatt. Zwischen der 2. und 3. oder 3. und 4. Grubenreihe (von der Naht abwärts gezählt) liegt ein im Vergleich zu den übrigen viel breiterer Zwischenraum von etwas bräunlicher Färbung, der sich nur kurz vor der Mündung durch eine vertiefte Spirallinie halbirt, im Übrigen aber bis zur Embryonalwindung hinauf sich verfolgen lässt. Er ist wie die übrigen Zwischenräume glatt, jedoch zweimal so breit wie diese.

Auch an dem 2. Exemplar (Stat. 213) lassen sich diese Verhältnisse wahrnehmen, doch ist dasselbe etwas kugeliger in der Form und überhaupt kleiner (Höhe der Schale 5·1 mm, Breite 3·3 mm; Mündungshöhe 3·5 mm).

Die Beschreibung, welche für *Actaeon pusillus* in der Literatur zu finden ist, passt allerdings nicht gut auf die hier besprochenen Exemplare, die Anzahl der Windungen (4) ist, wie gesagt, zu gering angegeben und ebenso die Grösse (4 mm). Wenn ich trotz Alledem die 2 Exemplare mit dieser Art identificire, so geschieht dies im Hinblicke auf die von March. Monterosato determinirten, leider zum Theil zerbrochenen Stücke in der Sammlung des hiesigen Hofmuseums, mit denen sie vollständig übereinstimmen. Erweist sich meine Bestimmung als richtig, so ist die Art durch die beigegebene Abbildung (Fig. 13), da eine solche bisher fehlte, nun hoffentlich genügend fixirt.

b) SOLENOCONCHIA.

37. **Dentalium (Antalis) agile** Sars. — Kobelt Prodr. p. 292; Carus Prodr. p. 174.

Von den Stationen 1, 9, 27, 62, 197, 198, 213, 214 (583—1765 m).

Diese Art, welche ursprünglich als eine rein nordische angesehen, später aber nicht blos bei Marseille (Marion), sondern auch im Ägeischen Meere (Jeffreys) gefunden wurde, ist im Mittelmeere namentlich in grösseren Tiefen weit verbreitet und reicht sogar bis in die Adria, wie das von den österreichischen Tiefsee-Expeditionen gesammelte diesbezügliche Material beweist, welches wohl in der Mehrzahl aus jüngeren, also kleineren Exemplaren besteht, aber immerhin — im Hinblicke auf die Sculpturverhältnisse der Schale (gegen die Spitze zu gestreift, nach unten zu glatt) sowie auf die Form der Schale — auf die Sars'sche Art zu beziehen sein dürfte.

38. **Siphonodentalium quinquangulare** Forbes. — Kobelt Prodr. p. 295; Carus Prodr. p. 176.

Von den Stationen 1, 9, 62, 213 (597—1050 m); von der letzteren besonders zahlreich.

39. **Cadulus jeffreysi** Monter. — Kobelt Prodr. p. 295; Carus Prodr. p. 176.

Von Station 191 (160 m); 1 Exemplar.

a) LAMELLIBRANCHIATA.

10. **Syndosmya longicallis** Scacchi. — Kobelt Prodr. p. 512; Carus Prodr. p. 165.

Von den Stationen 1, 9, 30, 62, *197, 199, 204, 208, 209, *210, *213, *214, 229, 237 (287—1050 m) Zahlreich.

11. **Lyonsia aegeensis** n. sp. — Taf. I, Fig. 14, 15, 16.

Von den Stationen *199 (875 m, 1 vollständiges Exemplar), 213 (597 m, Fragment) und 237 (588 m, 1 rechte Schalenhälfte).

Das vollständige Exemplar von Station 199 ist 17 mm lang, 10 mm hoch und 7·2 mm breit. Es ist sehr nahe mit *Lyonsia formosa* Jeffr. verwandt (Kobelt Prodr. p. 321; Carus Prodr. p. 170; E. Smith, Challenger-Report, Lamellibr., p. 72, pl. VI, fig. 3—3 b) und würde sich vielleicht, wenn es möglich wäre, eine Reihe von Lyonsien vergleichend zu studiren, bloss als eine Varietät von *L. formosa* erweisen. Vorläufig aber muss ich die vorliegende Form isoliren, da sie im Vergleiche zu dem im Challenger-Werke abgebildeten *formosa*-Exemplare in folgenden Punkten abweicht:

1. Die Grösse der Schale ist eine viel bedeutendere, die allgemeine Form eine gestrecktere. 2. Der Wirbel liegt nahezu in der Mitte, während denselben das Challenger-Exemplar (vide d. Ansicht von oben!) mehr gegen das Vorderende gerückt hat. 3. Die vom Wirbel bis ungefähr zur Mitte des Unterrandes ziehende Radialerhöhung ist schwach angedeutet und nur durch eine Reihe blasenförmiger Auftreibungen der Epidermis kenntlich. Der zweite Kiel, welcher vom Wirbel zum hinteren Unterrand der Schale zieht, ist deutlich markirt und beschreibt einen Bogen, dessen Convexität nach vorne zu liegt, während sich beim Challenger-Exemplar dieser Kiel in seinem oberen Theil mit einer schwachen Convexität dem hinteren Oberrande nähert. 4. Hinter dem zweiten Kiele folgen 11 ebenfalls radial ausstrahlende Rippen mit dicht aufsitzenden Dörnchen (gegen 7 beim Challenger-Exemplar) und in der vorderen Hälfte der Schale kommen zu den für *L. formosa* charakteristischen 6 oder 7 stärkeren Querwülsten noch etliche schwächere, enger aneinander stehende wellenförmige Erhebungen, welche hier denjenigen Raum bis zum Wirbel einnehmen, der am Challenger-Exemplar hiervon frei zu sein scheint. 5. Schliesslich wäre noch zu erwähnen, dass der Oberrand mit dem Hinterrande einen deutlichen Winkel bildet, indem er horizontal vom Wirbel ausläuft und mehr plötzlich nach abwärts umbiegt, also nicht, wie dies am Challenger-Exemplar geschieht, langsam und allmählich in den Hinterrand abfällt.

Sehr hübsch ist an dem hier besprochenen Exemplar auch das Ligament mit dem halbkugeligen *ossiculum* zu sehen. Jede Schale trägt unter dem Wirbel eine horizontal etwas hervortretende, oben ausgehöhlte Platte zur Aufnahme des Ligaments sammt dem *ossiculum*.

Die Schale von Station 237 misst blos 14½ mm in der Länge und 8¼ mm in der Höhe.

12. **Pecchiolia berenicensis** n. sp.[1] — Taf. I, Fig. 17—21.

Von Station *37 (700 m), 1 Exemplar.

Diese Muschel ist von weisser Farbe, ungleichschalig, ungleichseitig und in ihren Umrissen von der Gestalt eines schief gestellten, ungleichseitigen Viereckes. Die Wirbel liegen in der vorderen Hälfte der Schale. Der schief abwärts geneigte vordere Oberrand ist muldenförmig vertieft (Abgrenzung der *lunula*) und geht unter einem rechten Winkel direct in den Unterrand über, welcher stumpfwinklig ist (mit der Spitze in der Mitte) und rückwärts wieder beiläufig unter einem rechten Winkel in den hinteren, convex gekrümmten Oberrand sich fortsetzt. Von einem Vorder- und Hinterrand ist also hier nicht zu reden.

Die rechte Schale übertrifft die linke an Länge und Höhe. Während jene nämlich 7·5 mm in der Länge und 7·1 mm in der Höhe misst, ist diese nur 7·1 mm lang und 6·4 mm breit. Der Rand der überdies auch stärker gewölbten rechten Schale greift, wenn die Muschel geschlossen ist, etwas über den der linken. Die Dicke der ganzen Muschel beträgt 5·5 mm.

---

[1] Benannt nach Berenice = Benghazi a. d. afrik. Küste, in deren Nähe die Muschel gefischt wurde.

Über die Aussenseite der beiden Schalenhälften laufen 23 Radialrippen, welche auch an der perl-
mutterartig glanzenden Innenseite durchscheinen, und zwischen diesen stehen feine, gewellte, concentrisch
angeordnete Querlinien in grosser Anzahl.

Das Schloss ist ziemlich einfach. In der rechten Schale steht ein starker, konischer Hauptzahn unter
dem nach vorne und innen gerichteten Wirbel und rückwärts (unter dem hinteren Oberrande) verläuft eine
ziemlich lange, in ihrer mittleren Parthie mässig vorspringende Leiste, welche einen Seitenzahn vorstellt;
zwischen beide aber, den Haupt- und Seitenzahn, kommt in eine Vertiefung das hornartige innere
Ligament zu liegen. In der linken Schale befindet sich unter dem Wirbel eine Vertiefung zur Aufnahme
des Hauptzahnes der rechten Schale, und der hintere Seitenzahn ist hier wieder in Form einer Leiste
vorhanden, die aber soweit gegen den Wirbel zu gerückt ist, dass das hornige innere Ligament gerade
darunter zu liegen kommt. Ist die Muschel geschlossen, so steht der Seitenzahn der linken Schale gerade
vor dem der rechten, und unter dem ersteren liegt, wie gesagt, das Ligament.

An der Bildung des Mondchens (lunula), welches breit herzförmig ist und sehr vertieft liegt,
betheiligen sich die beiden Schalen nicht in gleichem Masse. Der vordere Oberrand der rechten Schale ist
an der betreffenden Stelle convex vorgezogen und passt in eine entsprechende Concavität des gegenüber-
liegenden Randes; die von der rechten Schale gelieferte Fläche des Mondchens ist also grösser als die
linke.

Die vorliegende Art fällt wohl mit keiner der aus dem Genus *Verticordia* oder *Pecchiolia* bisher
bekannt gewordenen zusammen, ist aber mit *Pecchiolia insculpta* Jeffr. (P. Z. S. 1881, p. 932, pl. 70,
fig. 4.   Kobelt Prodr. p. 323; Carus Prodr. p. 165.) aus dem Atlantischen Ocean und dem westlichen
Mittelmeere nahe verwandt.

43. **Corbula gibba** Oliv. — Kobelt Prodr. p. 325; Carus Prodr. p. 145.

   Von Station 227 (92 *m*).

44. **Neaera abbreviata** Forbes. — Kobelt Prodr. p. 327; Carus Prodr. p. 165.

   Von Station 213 (597 *m*); eine rechte Schalenhälfte von 9 *mm* Länge und 6 *mm* Höhe.

45. **Neaera costellata** Desh. — Kobelt Prodr. p. 329; Carus Prodr. p. 165; De Gregorio, Il Natural.
   Sicil. VIII, p. 249, fig. 2.

   Von den Stationen 1, 9, 36 (615—1050 *m*).

46. **Neaera rostrata** Spengler. — Kobelt Prodr. p. 332; Carus Prodr. p. 166.

   Von den Stationen 1, 9, 36, 208, 209, 210, 213, 214, 237 (287—1050 *m*).

47. **Venus ovata** Penn. — Kobelt Prodr. p. 353; Carus Prodr. p. 122.

   Von Station 103 (134 *m*); einige junge Exemplare.

48. **Cardium minimum** Phil. — Kobelt Prodr. p. 366; Carus Prodr. p. 114.

   Von Station 227 (92 *m*); 1 Exemplar.

49. **Lucina amorpha** n. sp. — Taf. I, Fig. 22.

   Von Station 82 (2120 *m*); eine rechte Schalenhälfte.

Die vorliegende Schale scheint auf den ersten Blick wohl der *Lucina spinifera* Mont. (Kobelt Prodr.
p. 389; Carus Prodr. p. 152) anzugehören und ein deformirtes Exemplar zu sein, unterscheidet sich
aber doch wesentlich in folgenden Punkten:

1. Das Mondchen (lunula) ist hier eine schmale, aber tiefe Grube; daher der Umriss der Schale ein
ganz anderer als bei *Lucina spinifera*. 2. An der Grenze von Unter- und Hinterrand schneidet eine breite
winkelige Bucht tief in die Schale und setzt sich bis zur Mitte der Schalenhöhe radial als Concavität fort
(ähnlich wie im Genus *Arinus*). Im Inneren der Schale entspricht dieser Einsenkung von aussen eine
bauchige Verdickung. 3. Die Anzahl der concentrischen Streifen (Rippen), welche schwächer sind und
daher aneinander gerückt stehen als bei *L. spinifera*, beträgt ca. 66 (gegen ca. 40 bei *L. spinifera*). 4. Der

hintere Oberrand zieht vom Wirbel in leichtem convexen Bogen nach hinten und unten und lässt eine Reihe von schwachen Höckern, die Endigungen der concentrischen Streifen, erkennen. Doch endigt nicht jeder Streifen, sondern etwa blos jeder zweite mit einem solchen Höcker.

Das Schloss stimmt vollständig mit dem von *L. spinifera* überein, und auch der Wirbel ist wie dort glatt und nach vorne und innen geneigt. Die Farbe ist nahezu rein weiss, die Wölbung der Schale eine schwache. Die Länge der Schale beträgt 11, die Höhe 9·5 *mm*.

50. **Axinus flexuosus** Montagu nov. var. **striatus** m. — Taf. I, Fig. 23. — (Literatur über *Axinus flexuosus* Mont. vide Kobelt Prodr. p. 374 und Carus Prodr. p. 131.)

Von Station 82 (2420*m*): eine rechte Schalenhälfte.

Die stärkere concentrische Streifung der Schale, die noch weiter als im Typus nach vorne gerückte Stellung des Wirbels und der weniger gewölbte Unterrand zwingen zur Abtrennung der Form als eine Varietät von *Axinus flexuosus* Mont. und verrathen auch eine gewisse Verwandtschaft mit der bisher nur im Norden gefundenen *Axinus sarsii* Phil. — Die Länge der Schale beträgt 7·5, die Höhe 7 *mm*.

51. **Kelliella miliaris** Phil. — Kobelt Prodr. p. 378; Carus Prodr. p. 103.

Von den Stationen 1, 36, 37, 64, 103, 194, 213 (134—700 *m*).

52. **Cardita aculeata** Poli. — Kobelt Prodr. p. 380; Carus Prodr. p. 100.

Von den Stationen 103 und 194 (134—160 *m*).

53. **Isorropodon** [1] (n. gen.) **perplexum** n. sp. — Taf. I, Fig. 24—27.

Von Station 82 (2420*m*).

Es liegt von dieser räthselhaften, neuen Muschel eine grössere Anzahl linker und rechter Schalenhälften vor, die in ihren Massverhältnissen (siehe unten) ziemlich verschieden, also durchaus nicht constant sind und von denen kaum zwei zusammenpassen. Von Farbe sind die Schalen aussen weiss, gelb oder braun, innen weisslich mit gelbem Saume am Rande oder einfarbig gelblich bis grau ohne Saum. Vorne und rückwärts sind zumeist gleichmässig abgerundet, seltener lässt sich rückwärts die schwache Andeutung eines schnabelförmigen Endes constatiren, indem der Unterrand an seinem Übergange in den Hinterrand eine leichte Einbuchtung zeigt. Die Aussenseite der Schale ist dicht concentrisch gestreift; die Innenseite, glatt und glänzend, weist zwei längliche, senkrecht stehende Muskeleindrücke auf und rückwärts eine sehr seichte Mantelbucht. Der Wirbel steht in der vorderen Hälfte der Schale und neigt sich mit seiner Spitze nach vorne und innen; vor demselben ist eine lunula-artige Vertiefung wahrzunehmen.

Das Schloss ist ziemlich complicirt. In der rechten Schale (Fig. 26) steht direct unter dem Wirbel ein wagrechter, von oben nach unten comprimirter, langgestreckter Zahn, und vor dem Wirbel, nämlich unter dem vorderen Oberrande und von diesem durch eine Rinne getrennt, ein zweiter, ebenfalls wagrechter und abgeflachter Zahn. Die beiden Zähne sind wohl an ihrer Basis miteinander verbunden, lassen aber oben, resp. an der nach dem Innern der Schale gekehrten Partie eine Höhlung zwischen sich. Hinter dem Wirbel verläuft eine Leiste parallel mit dem Oberrande.

In der linken Schale (Fig. 27) fällt dem Auge des Beschauers sofort eine grosse Zahnpartie auf, welche unter dem Wirbel steht und, senkrecht zur Längsebene der Schale betrachtet, zwei mit ihren convexen Seiten aneinander gelehnte Bogen erkennen lässt, wodurch sie das Aussehen eines Doppelzahnes gewinnt. Diese Zahnpartie kommt beim Schliessen der Muschel jedenfalls in die Höhlung zu liegen, welche sich zwischen den beiden grossen Zähnen der rechten Schale ausdehnt, und zwar dürfte sich an jeden derselben einer der 2 oben erwähnten Bögen anlegen. Zwischen dem Doppelzahne und dem unter dem Wirbel flächenartig verbreiterten Oberrande liegt analog dem Verhalten in der rechten Schale eine

---

[1] ἰσόρροπος = wagrecht. — Das Genus ist nach der wagrechten Zahnstellung im Schlosse so benannt (Sturany.)

Rinne und über derselben, also direct am Oberrande ein kleiner abgeplatteter Zahn oder — was aber nur bei einem Exemplare der Fall ist — 2 wagrechte und einander parallel gestellte Zähnchen. Auch in der linken Schale zieht hinter dem Wirbel eine stellenweise fast zahnartig vorspringende Leiste parallel zum hinteren Oberrande dahin.

Das derartig beschaffene Schloss ist ähnlich dem von *Cypricardia lithophagella* Lam. (Kobelt Prodr. p. 380), und mit Rücksicht darauf halte ich es für passend, das neue Genus *Isorropodon*, welches mit der obigen, vorläufig allerdings nur nach der einzigen vorliegenden Art entworfenen Beschreibung charakterisirt ist, im Systeme unmittelbar hinter *Cypricardia* zu stellen.

Die Masse für *Isorropodon perplexum* wechseln wie folgt:

Rechte Schalen:

Länge	11·0 mm	10·6 mm	10·0 mm	8·3 mm	8·2 mm	7·9 mm	7·5 mm	7·3 mm	7·2 mm
Höhe	8·6	7·6	7·5	6·2	6·0	5·4	6·2	6·0	5·7
Breite (Dicke) in der Hälfte	3·0	3·0	3·1	2·3	2·4	2·4	2·3	2·3	2·4

Linke Schalen:

Länge	10·4 mm	10·0 mm	9·2 mm	9·0 mm	8·7 mm	8·3 mm	8·3 mm	8·2 mm
Höhe	7·4	7·1	6·7	6·7	6·0	6·4	6·0	5·8
Breite (Dicke) in der Hälfte	3·0	3·1	3·0	2·5	2·5	2·3	2·5	2·3

54. **Chama circinata** Monter. — Taf. II, Fig. 51—53. — Kobelt Prodr. p. 391. Carus Prodr. p. 116.

Von Station ʼ194 (160 m).

Ein schönes Exemplar, dessen äussere Masse mit Einrechnung der Sculptur 35 mm in der Länge, 37 mm in der Höhe und 24½ mm in der Dicke betragen. Innen messen die Schalen 26 und 24 mm (Länge und Höhe); die untere an eine Alge fixirte Schale ist 13 mm tief, die obere aber nur wenig gewölbt.

Über die Sculpturverhältnisse mögen die Figuren Aufschluss geben, welche demnach eine Ergänzung zu der von Monterosato ohne Abbildung publicirten Beschreibung dieser schönen Muschel bilden sollen.

55. **Astarte triangularis** Montagu. — Kobelt Prodr. p. 396; Carus Prodr. p. 101.

Von den Stationen 103 und 194 (154—160 m); einige Schalenhälften.

56. **Circe minima** Montagu. — Kobelt Prodr. p. 397; Carus Prodr. p. 110.

Von Station 1 (615 m); Schalenhälfte eines jungen Exemplares.

57. **Nucula sulcata** Born. — Kobelt Prodr. p. 399; Carus Prodr. p. 92.

Von den Stationen 210 (287 m) und ʼ227 (92 m).

58. **Nucula aegeensis** Forbes. — Kobelt Prodr. p. 401; Carus Prodr. p. 94.

Von Station 209 (144 m); einige Schalenhälften, von denen die grösste 5·5 mm in der Länge und 4·3 mm in der Breite misst.

59. **Leda commutata** Phil. — Kobelt Prodr. p. 403; Carus Prodr. p. 95.

Von Station 103 (154 m); 1½ Exemplare.

60. **Leda messanensis** Seg. — Kobelt Prodr. p. 405; Carus Prodr. p. 96.

Von den Stationen 36 und 37 (680—700 m); in Anzahl.

61. **Leda (Portlandia) tenuis** Phil. — Kobelt Prodr. p. 406; Carus Prodr. p. 96.

Von Station 82 (2420 m); 3 Exemplare.

62. **Arca scabra** Poli. — Taf. II, Fig. 28—33. — Kobelt Prodr. p. 412; Carus Prodr. p. 89. Kobelt in Mart. Chemn. VIII, 2, p. 141, Taf. 36, Fig. 5, 6.

Von den Stationen 1, ʼ36, 37, 62, 64, 197, ʼ204, 213 (507—808 m).

Diese Art ist sehr variabel, hauptsächlich hinsichtlich der vorderen Schalenpartie. Der Vorderrand ist nämlich entweder schwach ausgebildet, oder aber er fehlt gänzlich, indem eine schräg verlaufende, wenig convexe Linie den Unterrand direct mit dem vorderen Ende des Oberrandes verbindet. In dieser Hinsicht verschieden gestaltete Schalen förderte hauptsächlich die Station 36 (680 m) zu Tage.

Aber auch das Verhalten von Hinter- und Oberrand zu einander ist nicht constant dasselbe. Es kommt bei vielen Exemplaren zu einer scharfen Winkelbildung, während bei anderen wieder ein mehr abgerundeter Übergang des Oberrandes in den Hinterrand zu verzeichnen ist.

Ebenso ist der Grad der Wölbung der Schalenhälften ein sehr verschiedenartiger. Das lebend gefischte Exemplar von Station 204 (808 m) ist relativ flachgedrückt (seine Breite beträgt 4·2 m bei einer Länge von 10 und einer Höhe von 5·5 mm), und überdies ist es ein Exemplar mit einem scharfen Winkel am hinteren Oberrande (Fig. 28, 29). Von Station 208 (185 m), also aus der Adria, liegt ein Exemplar (Fig. 30, 31) vor, welches 5·3 mm breit ist, obwohl es in den übrigen Massen kleiner ist als jenes (nämlich nur 9·1 mm in der Länge und 5·5 mm in der Höhe misst). Noch breiter (nämlich 5·7 mm) ist ein Exemplar von Station 36 (680 m) bei einer Länge von 10·2 und einer Höhe von 5·8 mm; es hat ein exorbitant bauchiges Aussehen (Fig. 32, 33).

Um die eben erwähnten drei Exemplare auch hinsichtlich der Lage ihrer Wirbel näher zu beleuchten, sind hier die Massverhältnisse des durch den Wirbel in eine vordere und hintere Partie getheilten Oberrandes angegeben:

	Totallänge	Länge des ganzen Oberrandes	Länge des vorderen Oberrandes	Länge des hinteren Oberrandes
Exemplar von Station 204	10·0 mm	8·0 mm	2·7 mm	5·3 mm
208	9·1	6·5	1·7	4·8
36	10·2	8·1	2·4	5·7

Man kann also sagen, dass die Spitze des Wirbels ungefähr in das erste Drittel des Oberrandes fällt. Weniger constant allerdings erscheint die Lage des Wirbels, wenn wir das Verhältniss vom vorderen Oberrand zur Totallänge der Schale feststellen wollten. Bei Exemplar 1 kommt danach der Wirbel in das erste Drittel, bei Exemplar 2 in das erste Fünftel und bei Exemplar 3 in das erste Viertel der Totallänge.

Weitere Beispiele für die Variabilität der Massverhältnisse:

	Länge	Höhe	Breite = Dicke einer Schalenhälfte	Oberrand in toto	vorderer Oberrand	hinterer Oberrand	Anmerkung
Exemplar von Station 36	10·0 mm	5·0 mm	2·3 mm	5·3 mm	1·3 mm	4·0 mm	Eine rechte Schale mit nur mit ausgesprochenem Vorderrand; schmal und lang
36	7·2	4·3	1·7	2·5	1·8	1·9	Vorderrand kaum zu unterscheiden. Deutlicher Winkel am Hinterrand!
36	7·2	5·0	2·0	5·7	1·5	1·2	dieto
213	8·5	4·5	2·0	6·2	1·0	1·2	Ohne Vorderrand. Mit deutlichem Winkel zwischen Ober- und Hinterrand!

63. **Arca (Bathyarca) koreni** Danielssen (= **Arca obliqua** Phil.). Kobelt Prodr. p. 113, Carus Prodr. p. 89; Kobelt in Mart. Chemn. Conch. Cab. VIII. 2, p. 214, Taf. 49, Fig. 10.

Von den Stationen 1, 36, 37, 62, 64, 106, 191, 208, 204, 213 (131—555 m) in Anzahl, jung und erwachsen.

4. **Arca (Bathyarca) pectunculoides** Scacchi. — Kobelt Prodr. p. 114; Carus Prodr. p. 90; Kobelt in Mart. Chemn. Conch. Cab. VIII, 2, p. 213, Taf. 5, Fig. 6, 7 und Taf. 10, Fig. 8, 9.

Von den Stationen 36, 103, 194, 213 (134—680 m); in Anzahl.

65. **Modiola phaseolina** Phil. — Kobelt Prodr. p. 123; Carus Prodr. p. 83.

Von Station 194 (100 m); eine junge Valve.

66. **Myrina modiolaeformis** n. sp. — Taf. II, Fig. 34—38.

Von Station 82 (2420 m).

Es liegt nur eine rechte Schale von 13 mm Länge, 6·7 mm Höhe und 3·2 mm Breite (Dicke) vor, sowie von einem zweiten bedeutend kleineren (ungefähr nur halb so grossen) Exemplare die linke Schalenhälfte (Länge 6·8, Höhe 3·5 mm). Die Schalen sind aussen bis auf den Wirbel, der sich weisslich abhebt, nahezu einfarbig hellgelb, innen etwas perlmutterglänzend. Die concentrische Streifung der Aussenseite ist etwas unregelmässig, indem einzelne Streifen stärker hervortreten. Der Wirbel liegt weit nach vorne gerückt, im ersten Fünftel oder Sechstel der Schale. Der hintere Oberrand verläuft bis zu seinem gerundeten Übergang in den Hinterrand ganz gerade. Rückwärts bedeutend höher als vorne gebaut, hat die Schale in ihren Umrissen ungefähr die Gestalt von *Modiola (Gregariella) sulcata* Risso.

Was mich veranlasste, diese höchst eigenthümlich gestaltete neue Muschel zu dem exotischen Genus *Myrina* zu beziehen, ist die Querstrichelung auf der inneren Schlossleiste, wodurch diese wie mit einer grossen Anzahl kleiner, senkrecht gestellter und dicht aneinander gereihter Zähnchen besetzt erscheint. Die grosse rechte Schalenhälfte weist nur hier und dort die verwischten Spuren dieser zahnartigen Striche auf, während sie die linke Schale des zweiten Exemplares unter stärkerer Lupenvergrösserung deutlich erkennen lässt. Hier sind die Querstriche nicht blos auf die hintere Schlossleiste beschränkt, sondern stehen auch direct unter dem Wirbel auf einem zahnartigen Vorsprung, also ungefähr dort, wo der vordere Oberrand entspringt, ganz ähnlich wie bei der im Challenger-Werk (E. Smith. Lamellibr., pl. XVI, fig. 9) abgebildeten *Myrina coppingeri* Wats. von Nord-Australien.

Die Zugehörigkeit der hier beschriebenen Muschel zu dem Genus *Myrina* ist trotz der angeführten Schlossmerkmale nichts weniger als erwiesen und hierüber sicher noch nicht das letzte Wort gesprochen.

67. **Dacrydium vitreum** Holböll. — Kobelt Prodr. p. 428; Carus Prodr. p. 85.

Von Station 194 (100 m); 1 Exemplar.

68. **Pecten abyssorum** Lovén. — Kobelt Prodr. p. 431; Carus Prodr. p. 76; Kobelt Conch. Cab. Mart. Chemn. VII, 2, p. 241, Taf. 63, Fig. 6, 7.

Von Station 213 (597 m); zahlreich in Gesellschaft von *Pecten hoskynsi* Forb. Ausser der radialen Rippung am vorderen rechten Öhrchen ist weder an den rechten noch an den linken Schalenhälften eine Spur von Sculptur zu finden.

69. **Pecten opercularis** L. — Kobelt Prodr. p. 435; Carus Prodr. p. 72.

Von den Stationen 194 (100 m) und 227 (92 m); junge Exemplare.

70. **Pecten similis** Laskey. — Kobelt Prodr. p. 437; Carus Prodr. p. 75; Kobelt Mart. Chemn. Conch. Cab. VII, 2, p. 207, Taf. 70, Fig. 6.

Von den Stationen 103 und 194 (134—100 m); einige wenige Schalenhälften, schlecht erhalten.

71. **Pecten testae** Bivona. — Taf. II, Fig. 39. — Kobelt Prodr. p. 438; Carus Prodr. p. 75.

Von Station 227 (92 m); eine rechte Schale, rosafarbig. Radiale Linien von feinsten, dicht aneinander gereihten, kreisförmigen Schüppchen ziehen vom Wirbel bis zum Rande, wo sie sich da und dort noch dichotomisch theilen. (Fig. 39.)

(Über die Verschiedenartigkeit der Sculptur siehe im II. Theile dieses Berichtes S. 32.)

72. **Pecten (Amussium) hoskynsi** Forbes. — Kobelt Prodr. p. 440; Carus Prodr. p. 77.

Von den Stationen 19, 36, 37, 200, 213 und 214 (114—1050 m); meist vereinzelt, nur von Station 213 ihr zahlreich, und zwar ist hier die Variabilität der Art bezüglich der Sculptur ihrer linken Schale sehr instructiv. Die in Radialrippen angeordneten Bläschen oder blasigen Knochen der linken Schale sind immer abgerieben und geöffnet, so dass eigentlich eine Schuppensculptur entsteht; die Anzahl dieser Radialrippen wechselt zwischen 2 und etwa 30.

Von dem nahe verwandten *Amussium fenestratum* Forb. halte ich diese Art, abgesehen von den in der Literatur bereits eigens hervorgehobenen Merkmalen (Grössenverhältnisse, Zahl der inneren Rippen u. a.), die aber nicht sehr constant zu sein scheinen, noch durch das auffallende Zurücktreten (Abschwächung oder gänzliches Fehlen) der concentrischen Streifung auf der linken Schale für ziemlich sicher unterscheidbar. Die rechten Schalen weisen die bekannte regelmässige concentrische Streifung auf und wären, wenn sie allein vorlägen, wohl kaum mit Sicherheit zu determiniren, da *Amussium fenestratum* Forb. eine genau so sculptirte rechte Schale besitzt.

73. **Lima (Limatula) sarsii** Lovén. — Kobelt Prodr. p. 443; Carus Prodr. p. 69.

Von den Stationen 1, 36, 37, 64, 194 und 213 (100—700 m); ziemlich zahlreich.

74. **Lima (Limatula) subauriculata** Montagu. — Kobelt Prodr. p. 444; Carus Prodr. p. 69.

Von den Stationen 1, 37, 62, 64, 213 (597—755 m); ziemlich zahlreich.

75. **Spondylus gussonii** Costa. — Kobelt Prodr. p. 445; Carus Prodr. p. 67.

Von den Stationen 70, 73 und 200 (381—880 m); mehrere Exemplare.

76. **Anomia ephippium** L. — Kobelt Prodr. p. 445/446; Carus Prodr. p. 65.

Von den Stationen 194 und 210 (100—287 m); mehrere Exemplare, darunter auch die unter dem Namen *A. squamula* L. bekannt gewordene Varietät aufsitzend auf Echinodermenstacheln.

II. Theil.

Dredsch-Ergebnisse in der Adria und der Strasse von Otranto.

(Expedition 1894.)

A. Stationen.

Nr	Datum	Gr. L. N. Br.	Tiefe	Operation	Grund	Arten
238	3. Juni 1894	15°27′7″ 42°3′40″ Nördlich von Tremiti	98 m	Kurre	Schlamm und Sand	*Ficus reticulata* Olivi
239	3. Juni 1894	(Ebenda)	70 m		Gelb grauer Schlamm	*Turritella communis* Risso, *Calyptraea chinensis* L., *Cardium paucicostatum* Mencke, *Nucula sulcata* Bronn, *Pecten opercularis* L., *Anomia ephippium* L.
240	4. Juni 1894	15°22′37″ 42°9′ Zwischen Tremiti und Pianosa	104 m			*Cupulus hungaricus* L., *Euspira costata* Phil., *Pecten testae* Bivona
243	5. Juni 1894	15°40′50″ 42°11′30″ In der Linie von Tremiti und Pianosa	105 m			*Pecten suturatus* Mont., *Arsinoe phata* Landsdown Turt., *Fusus rostratus* Brocchi u. var. rar. u. var., *Fusus craticula* Olivi, *Nassa lineata* Chemn., *Natica tossa* Bivona, *Dentalium pseudosexangulum* L., *Turbo rugosus* Mont.

					Turritella triplicata **Brocchi** *Emarginula fissura* **L.** *Scaphander lignarius* L. **Pleurobranchus plumula* **Flem.** *[illegible] *crocens* Phil. *[illegible] *gibba* Phil. **Venus ovata* **Penn.** **Cuspidaria* [illegible] Phil. *Cardita aculeata* Poli *Arbacia* [illegible] Poli *Nucula sulcata* Brown **Pecten inflexus* Poli * „ *fenestratus* Brown *Anomia ephippium* L.
[illegible] 1894	15°30'42" 42°13'20" Bei Pianosa	111 *m*	Korre	Gelbgrauer Schlamm	*Fusus rostratus* Oliv. **Pleurobranchus plumula* Flem. *[illegible] Mont. [illegible] Meckel *Syndosmya longicallis* Scacchi **Corbula gibba* Oliv. **Nassa cuspidata* Hinds.
[illegible] 1894	16° 1'12" 42°23'24" Vor Pelagosa	129 *m*		Feiner Sand	*Fusus rostratus* Oliv. *Nassa limata* Chemn. *Natica fusca* Blainv. **Scaphander lignarius* L. *Venus ovata* Penn. **Cardita aculeata* Poli **Nucula sulcata* Brown
[illegible] 1894	16° 9'15" 42°34'18" Bei Pelagosa	176 *m*		Lockerer Schlamm	**Fusus rostratus* Oliv. **Trochus (Zizyphinus) granulatus* [illegible]
Juni 1894	[illegible] [illegible] Bei Pelagosa	174 *m*		Sandiger Grund	**Trophon* [illegible] Lam. **Fusus rostratus* Oliv. **Scaphander lignarius* L.
Juni 1894	16°21'50" 42°23' 3" Bei Pelagosa	128 *m*		Algengrund	*Fusus rostratus* Oliv. **Mitrella scripta* L. * „ [illegible] Lam. ***Turbo** (*Bolma*) *rugosus* L. ***Trochus** (*Forskaliana*) [illegible] Mont. [illegible] **Trochus (Zizyphinus)* [illegible] **Clanculus corallinus* Gmel. **Emarginula cancellata* Phil. **Scaphander lignarius* L. **Pecten opercularis* **L.** * „ *pusio* L. * „ [illegible] Biv. **Lima hians* Gmel.
[illegible] 1894	[illegible] [illegible] Bei Pelagosa	[illegible] *m*		Sand, wenig Algen	****Trochus (Gibbula) magus* L.** ****Pecten pusio* L.**
[illegible]	[illegible] [illegible] Bei Lagosta	117 *m*		Sandiger Schlamm	*Fusus* ***rostratus* Oliv.** *Nassa* ***limata*** Chemn. **Dentalium (Antalis)* [illegible] *Syndosmya longicallis* Scacchi *Corbula gibba* Oliv. *Nassa cuspidata* Hinds. *[illegible] *Venus ovata* Penn. *Cardita aculeata* Poli *Nucula sulcata* Brown *Pecten* [illegible] **L.**

No.	Datum	N. Br.	Tiefe	Operation	Grund	Arten
271	16. Juni 1894	15°27'7" 42° 2'0"	112 m	Kurre	Graugelber Schlamm	*Cerithiopsis tubercularis Mont. / Turritella triplicata Brocchi / *Marginella secans Phil. / *Dentalium (Antalis) novemcostatum Lam. / Calliostoma mediterraneum Tib. / Emarginula sp. L. / *Cardita aculeata Poli / Arca lactea L. / *Pecten sulcatus Poli / » opercularis L.
274	17. Juni 1894	16°27'50" 42°31'44"	101 m		sehr dicker, schwarzer Schlamm	Fusus rostratus Oliv. / Natica fusca Blainv. / Syndosmya longicollis Scacchi / Nucula sulcata Bronn
279	18. Juni 1894	16°21'10" 42°47'0" Bei Cazza	132 m	»	Graugelber Schlamm	Pleurotoma vulpecula Montr. / Syndosmya longicollis Scacchi / *Venus rostrata Apgli. / *Nucula sulcata Bronn
283	21. Juni 1894	16° 5'23" 42°58'24" Zwischen Lissa und Busi	102 m		Sandiger Schlamm	Trochus (Zizyphinus) millegranus Phil. / *Doriopsilla areolata Bgh. var. / *Cardita aculeata Poli
284	21. Juni 1894	16°0'10" 43°2'24" Zwischen Comisa und Busi	94 m		Reiner Sand mit Muschelfragmenten	Cerithium (Bittium) reticulatum Da C. / Triforis perversus L. / Venus fasciata Donovan / » ovata Penn. / *Arca tetragona Poli / *Pecten jacobaeus L.
285	21. Juni 1894	15°43'10" 42°58'20" Zwischen St. Andrä und Lissa	133 m	»	Feiner Sand	Nassa limata Chemn. / Defrancia gracilis Mont. / Turritella triplicata Brocchi / *Venus ovata Penn. / *Cardita aculeata Poli / *Pecten opercularis L.
292	23. Juni 1894	16°17'42" 42°24'44"	171 m		Sand mit Schlamm	Trophon barvicensis Johnst. / Fusus rostratus Oliv. / Nassa limata Chemn. / Natica fusca Blainv. / Calyptraea chinensis L. / *Scaphander lignarius L. / *Venus ovata Penn. / *Nucula sulcata Bronn / *Arca lactea L. / *Anomia ephippium L.
293	23. Juni 1894	16°21'50" 42°23'0" Oestlich von Pelagosa	134 m			*Trophon barvicensis Johnst. / Fusus rostratus Oliv. / Nassa limata Chemn. / Venus ovata Penn.
298	25. Juni 1894	16°59'27" 42° 0'0" Südöstlich von Pelagosa	185 m		Gelbgrauer Schlamm	Fusus rostratus Oliv. / Nassa limata Chemn. / Natica fusca Blainv. / Aporrhais pes-pelecani L. / Dentalium (Antalis) agile Sars / Syndosmya longicollis Scacchi / *Cardita aculeata Poli / Pinna sp. Payr.

No.	Datum	〈Lage〉 N. Br.	Tiefe	〈Fang-〉 Instr.	Grund	Arten
	30 Juni 1894	17°51′30″ 42°11′ 0″ Südöstlich von Pelagosa	1216 m	Kurre	Decker, schlickiger Schlamm	*Nassa limata* Chemn.
315	1 Juli 1894	18°54′30″ 40°40′20″ Strasse von Otranto, in der Höhe von Valona	840 m		Grauer, zäher Schlamm	*Cassidaria tyrrhena* Chemn. *Dentalium (Antalis) agile* Sars.
316	2 Juli 1894	18°55′ 0″ 40°32′45″ Strasse von Otranto	760 m	"	Zaher, dicker Schlamm	*Xylophaga dorsalis* Turt.
318	9 Juli 1894	19° 3′40″ 40°13′10″ Strasse von Otranto, nach der Ausfahrt von Valona	932 m			*Dentalium (Antalis) agile* Sars. *Siphonodentalium lofotensis* Sars.
	20 Juli 1894	Zwischen 19°51′ u 18°31′ 40°30′ u 40°36′ Strasse von Otranto	776 m		Sand und Schlamm	*Cassidaria tyrrhena* Chemn. *Xylophaga dorsalis* Turt.
320	20 Juli 1894	17°47′ 40°50′ Südliche Adria	950 m		Sandiger Schlamm	*Dentalium (Antalis) agile* Sars. *Natura vestita* Spgl.
322	23 Juli 1894	17°52′ 41°11′ Südliche Adria	1130 m			*Dentalium (Antalis) agile* Sars.
	24 Juli 1894	17°38′ 41°37′ Südliche Adria	1120 m			*Dentalium (Antalis) agile* Sars. *Pecten bruei* Payr.
	25 Juli 1894	18° 5′30″ 41°42′ Südliche Adria	1205 m	"		*Dentalium (Antalis) agile* Sars.
	26 Juli 1894	17°29′40″ 42° 4′50″ Südlich von Metala	218 m		Lockerer Schlamm ohne Sand	*Cerithium subulatum* Ol.v. *Nassa limata* Chemn.

B. Systematische Aufzählung und Besprechung der gedredschten Arten.

a) GASTROPODA.

α) PROSOBRANCHIA.

1. **Trophon barvicensis** Johnst. — Kobelt Prodr. p. 9; Carus Prodr. p. 385.

Von Station 292 (171 *m*).

Es liegt nur ein leeres Gehäuse vor von 12¼ *mm* Höhe und nicht ganz 5 *mm* Breite, und dieses stimmt vollständig mit einem Exemplare überein, welches sich, von March. Monterosato determinirt, in der Sammlung des Hofmuseums befindet. An der Richtigkeit der Bestimmung ist demnach nicht zu zweifeln und *Trophon barvicensis* Johnst. in das Verzeichniss derjenigen Mollusken aufzunehmen, welche aus dem Mittelmeere bis in die Adria herein verbreitet sind. Dort ist die Art schon wiederholt nachgewiesen worden, hier meines Wissens noch nicht. Sie ist streng genommen als eine nordatlantische Art anzusehen.

2. **Trophon vaginatus** Jan. — Kobelt Prodr. p. 9; Carus Prodr. p. 384.

Von den Stationen ˟259 und ˟293 (131—174 *m*).

Vier Exemplare zwischen 16 und 12¼ *mm* Höhe, mit 7—8 Umgängen, stark entwickelten Stacheln auf den Varices besonders des letzten Umganges, aber relativ mässig langem Stiel.

Auch diese Art wurde bisher in der Adria nicht gefunden, wohl aber schon zu wiederholten Malen und an verschiedenen Stellen im Osten und Westen des Mittelmeeres.

3. **Trophon muricatus** Montagu. — Kobelt Prodr. p. 10; Carus Prodr. p. 384.

Von Station 243 (103 *m*).

Zwei mehr weniger abgerollte Exemplare in Gesellschaft von *Fusus rostratus*, in Form und Ausmass (8 *mm* Höhe) gleich, in der Sculptur etwas von einander verschieden. Das eine Exemplar weist nämlich auf dem vorletzten Umgange blos 2 Längsreifen, das andere deren 3 auf.

Diese von *Trophon barvicensis* Johnst. durch die grössere Anzahl Querfalten unterschiedene Art ist schon von Brusina (Contr. mal. dalm. 1866, p. 63) und Stossich (Prospetto faun. mar. Adr., Bull. Soc. adr. sc. nat. vol. V, fasc. 2, 1880, p. 62) unter dem Namen *Fusus echinatus* Sow. für die Adria angegeben worden (Zara, Punte Bianche, Brevilaqua, Ragusa).

4. **Coralliophila lamellosa** Jan. — Kobelt Prodr. p. 13; Carus Prodr. p. 379.

Von den Stationen 243 und ˟271 (103—112 *m*): je 1 Exemplar.

Beide Schalen gehören zu jungen Thieren. Die Höhe des grösseren Exemplares (Stat. 271) beträgt 17, die Breite 9½ und die Mündungshöhe (den relativ langen Stiel eingerechnet) 10 *mm*.

5. **Fusus craticulatus** Brocchi nov. var. **pianosana** m. — Taf. II, Fig. 10 u. 11; conf. Taf. II, Fig. 12 u. 13 (*Pseudomurex ruderatus* Monter. in coll.). — Literatur über *F. craticulatus* Brocchi vide Kobelt Prodr. p. 17 und Carus Prodr. p. 387.

Von Station 243 (103 *m*): 1 Exemplar.

Das 31½ *mm* hohe und 16 *mm* breite Gehäuse ist eine Missbildung, indem der Stiel doppelt ausgebildet wurde. Der ursprünglich angesetzte Stiel steht links ab und bildet einen tiefen nabelartigen Trichter, während ihn rechts der neugebildete an Länge überragt. Die Mündung beträgt zusammen mit dem Stiele, der, nebenbei bemerkt, nirgends mit seinen Rändern verwachsen, sondern durchgehends offen rinnenförmig ist, 15½ *mm* in der Länge. Vom Apex ist ein kleines Stück abgebrochen. 7 Windungen sind erhalten.

Die Sculptur der Umgänge erinnert an die der Coralliophilen. Eine Anzahl von mit Schuppen mehr minder reich besetzten Spiralreifen läuft über sie hinweg; an den oberen Umgängen sind 3 bis 5 solcher Reifen vorhanden, und zwar sind sie ziemlich gleich stark (breit) und noch wenig beschuppt; an den letzten zwei Windungen treffen wir schon bedeutend mehr, und hier wechseln stärkere (breite) und schwächere (schmale) ziemlich regelmässig ab, d. h. zwischen zwei starke oder Hauptreifen erscheint meistens ein ganz zarter, aber deshalb nicht schuppenloser Reifen eingeschoben. Querwülste sind auf den letzten Windungen 8—9 vorhanden, oben etwas weniger. Der Aussenrand der Mündung ist entsprechend den dort endigenden Spiralreifen gezackt.

Für die *Coralliophila squamulosa* Phil. (Kobelt, Prodr. p. 15; Carus, Prodr. p. 380) ist das Exemplar erstens zu gross, und zweitens hat es nur 9 Querfalten auf dem letzten Umgange, während jene Art 12 bis 13 haben soll. Vielleicht aber sind Herrn March. Monterosato ähnliche Formen vorgelegen, als er sich entschloss, die *Coralliophila squamulosa* als Varietät von *Murex brocchi*, resp. *Fusus craticulatus* zu erklären (Monterosato, Nuova Rivista, p. 39).

In der Monterosato-Collection des naturhistorischen Hofmuseums in Wien sind zwei sehr interessante, der hier in Rede stehenden Form nahe kommende Exemplare mit der Determination *Pseudomurex* sp. nov.? (*ruderatus* Monts ms.)- aufbewahrt. Sie sind blos durch eine viel grössere Anzahl von Spiralreifen, welche überdies auch viel gleichmässiger stark sind, zu unterscheiden, sowie durch die relativ minder schlanke Form (Höhe 26$^1/_2$, Breite 15 *mm*). Ich habe eines dieser Exemplare zum Vergleiche abgebildet (Taf. II, Fig. 42 und 43).

Von dem echten *Fusus craticulatus* Brocchi (= *Hadriana brocchi* Monts.), zu dem ich unser Exemplar vorläufig als Varietät stellen muss, ist dieses aber ebenfalls durch die bedeutend stärker beschuppten Reifen und die geringere Anzahl derselben unterschieden.

    6. **Fusus rostratus** Oliv. — Kobelt Prodr. p. 16; Carus Prodr. p. 404.

    Von den Stationen 238, 243, 247, 254, 255, *250, 260, 267, 274, 292, 293, 298, 300 (103—485 m).

    In dem ziemlich reichen Materiale von *Fusus rostratus* Oliv., welches trotz der relativ geringen Tiefen, in denen es gefischt wurde, gleichwohl meist aus leeren Gehäusen besteht, findet sich gemengt mit der typischen Form auch die Varietät *caclata* (*Fusus caclatus* Reeve, Ic. Fusus. f. 35; Kobelt, Ic. d. europ. Meeresconch. t. 2, f. 6) in einigen Exemplaren. (Stat. 243 u. a.)

    7. **Nassa limata** Chemn. — Kobelt Prodr. p. 45; Carus Prodr. p. 393.

    Von den Stationen 243, 251, 267, 285, 292, *293, 298, 301, 300 (103—1216 m).

    Diese sehr häufige Schnecke liegt in zahlreichen, jungen und alten Exemplaren vor; die Gehäuse sind theils ganz leer gedrechselt worden, theils von Einsiedlerkrebsen oder Würmern bewohnt. Auf der Aussenseite von leeren Gehäusen sitzt wohl hin und wieder auch eine Ascidie oder *Anomia squamula* L. auf. Ein einziges (junges) Exemplar rührt aus der abyssalen Zone her (Stat. 301, 1216 m).

    8. **Mitrella scripta** L. — Kobelt Prodr. p. 56; Carus Prodr. p. 389.

    Von Station *260 (128 m).

    Das einzige von dieser Station wurde in Gesellschaft der im Nachfolgenden zu besprechenden *M. decollata* Brus. gefunden und ist typisch.

    9. **Mitrella decollata** Brus. — Taf. II, Fig. 44. — Brusina Conch. Dalm. ined. 1864, p. 11; Brusina Fauna Moll. Dalm. 1866, p. 67; Stossich Fauna Adriat. p. 71; Monterosato Nuova rivista, p. 11, No. 705; Kobelt Prodr. p. 56—57; Carus Prodr. p. 390; Bucquoy, Dautzenberg u. Dollfus, Les Moll. mar. du Roussillon, p. 73—77.

    Von Station *260 (128 m).

    Es erscheint mir nicht rathsam, diese von Brusina ursprünglich als *Columbella decollata* aufgestellte, in der Adria weitverbreitete Art zusammen mit der ihr am nächsten verwandten *gervillei* Payr. als Varietät von *Mitrella scripta* L. einzuziehen, wie es Kobelt in seinem gewiss vorzüglichen Prodromus, der mir sonst bezüglich der modernen Nomenclatur und Speciesauffassung massgebend ist, gethan hat. Ich stimme vielmehr der Auffassung von Bucquoy, Dautzenberg und Dollfus zu, welche die drei Arten noch getrennt halten.

Die drei Exemplare, welche auf Station 260 aus einer Tiefe von 128 m lebend gefischt wurden, sind sammtlich decollirt und lassen nur mehr die 5 untersten Umgange erkennen. Die Mündung ist höher als der Rest des Gewindes — leider ist dieser Hauptcharakter der Art in der Abbildung nicht zum Ausdrucke gebracht — und ferner stimmt die Anzahl der auf der Aussenlippe der Mündung stehenden Zähne (10—12), sowie die der Linien, welche um die Basis der Columella ziehen, vollständig mit den Angaben Brusina's. Die Gehäuse sind etwas bauchiger, d. h. relativ breiter, wie aus der folgenden Zusammenstellung hervorgeht.

	Höhe des Gehäuses	Breite des Gehäuses	Höhe der Mündung	Farbe
Exemplar 1	18 mm	8 mm	9¼ mm	Braun bis olivenfarbig mit kleinen hellen Fleckchen auf dem letzten Umgange. Mündung innen dunkelviolett.
2	17½	7½	9	Einfarbig ziegelroth bis orangegelb ohne Flecken. Mündung innen blassviolett.
3	14½	7	8	

10. **Cassidaria tyrrhena** Chemn. — Kobelt Prodr. p. 50; Carus Prodr. p. 375.

Von den Stationen 315 (840 m) und 365 (776 m): je 1 abgestorbenes Exemplar.

Das erste ist 54 mm hoch, 34 mm breit und seine Mündung 37 mm hoch; es entbehrt vollständig der Wulste und Knoten. Das zweite Exemplar ist 61 mm hoch, 39 mm breit und besitzt eine 45 mm hohe Mündung; auf dem letzten und vorletzten Umgange steht je ein Querwulst, der über die ganze Breite der Windung geht; auf dem vorletzten Umgange in der Mitte finden sich ausserdem noch einige (4—5) kleine Querfältchen vor, welche aber schwerlich als Spuren von Knoten anzusehen sind.

Hervorzuheben ist ferner die scharf ausgeprägte und reichlich vorhandene Längsrippung namentlich auf dem dritt- und viertletzten Umgange, wie ich eine solche bei keinem der mir zum Vergleiche vorliegenden Exemplare, noch auch auf den Abbildungen in der Literatur constatiren kann.

11. **Natica fusca** Blainv. — Kobelt Prodr. p. 68; Carus Prodr. p. 304.

Von den Stationen 243, 251, 274, 292 und 298 (105—185 m).

Die Art ist bisher nur von Recluz für die Adria angegeben worden. Stossich und Brusina aber führen sie in ihren Verzeichnissen nicht auf, wahrscheinlich weil sie jene Angabe bezweifeln. Ich glaube aber in den vorliegenden, theils jüngen, theils alten Exemplaren mit Sicherheit *N. fusca* zu erkennen, denn sie passen zu allen in der Literatur geltend gemachten Merkmalen. Nur die Masse sind geringer. Ein Exemplar hat z. B. 25 mm Gehäusehöhe, 23½ mm Gehäusebreite, 20 mm Mündungshöhe und 12½ mm Mündungsbreite; ein zweites Exemplar (von Stat. 298) hat die Masse 21½ : 20½ : 16½ : 10.

12. **Pleurotoma emendatum** Monter. — Kobelt Prodr. p. 128; Carus Prodr. p. 413.

Von Station 279 (132 m): 1 Exemplar.

Mit diesem Funde bestätigt sich die bisher nur von Marsh, Monterosato verzeichnete Thatsache, dass *Pleurotoma emendatum* bis in die Adria verbreitet ist.

13. **Defrancia gracilis** Montagu — Kobelt Prodr. p. 143; Carus Prodr. p. 429.

Von Station 285 (133 m): 1 Exemplar.

14. **Aporrhais pes-pelecani** L. — Kobelt Prodr. p. 154; Carus Prodr. p. 366.

Von den Stationen 243 (105 m) und 298 (185 m): je 1 Exemplar.

15. **Trivia europaea** Montagu — Kobelt Prodr. p. 157; Carus Prodr. p. 371.

Von Station 243 (105 m): 1 Exemplar.

16. **Cerithium (Bittium) reticulatum** Da Costa — Kobelt Prodr. p. 162; Carus Prodr. p. 360.

Von Station 284 (94 m).

Das vorliegende Stück, eine Varietät, kommt dem *Cerithium latreillii* Payr. sehr nahe, welch' letztere Art nach Bucquoy, Dautzenberg und Dollfus (»Les Moll. mar. du Roussillon«) eben nichts anderes ist als eine Varietät von *C. reticulatum* Da Costa.

17. **Triforis perversus** L. — Kobelt Prodr. p. 186; Carus Prodr. p. 362.

Von Station 284 (94 *m*); 1 Exemplar.

18. **Turritella communis** Riss. — Kobelt Prodr. p. 210; Carus Prodr. p. 354.

Von Station *239 (70 *m*); zahlreich.

19. **Turritella triplicata** Brocchi. — Kobelt Prodr. p. 211; Carus Prodr. p. 354.

Von den Stationen 243, 271, 285 (111—133 *m*).

20. **Calyptraea chinensis** L. — Kobelt Prodr. p. 221; Carus Prodr. p. 310.

Von den Stationen *239 und 292 (70 und 171 *m*).

21. **Capulus hungaricus** L. — Kobelt Prodr. p. 222; Carus Prodr. p. 308.

Von Station *240 (101 *m*); 1 schön erhaltenes Exemplar von 40 *mm* Durchmesser und ca. 20 *mm* Höhe.

22. **Turbo (Bolma) rugosus** L. — Kobelt Prodr. p. 227; Carus Prodr. p. 245.

Von Station *260 (128 *m*); 1 junges Thier.

23. **Trochus (Zizyphinus) granulatus** Born. — Kobelt Prodr. p. 239; Carus Prodr. p. 261.

Von Station *255 (176 *m*).

24. **Trochus (Gibbula) magus** L. — Kobelt Prodr. p. 241; Carus Prodr. p. 250.

Von Station *261 (101 *m*).

25. **Trochus (Zizyphinus) millegranus** Phil. — Kobelt Prodr. p. 241; Carus Prodr. p. 260.

Von Station 283 (102 *m*).

26. **Trochus (Jujubinus) igneus** Monter. in coll. — Taf. II, Fig. 15.

Von Station *260 (128 *m*).

Die vorliegenden drei Exemplare sind circa 7·5 *mm* hoch und 5·7—6·0 *mm* breit. Von den 8—9 Umgängen sind die oberen rosenroth, die übrigen zart olivengrün mit rosenrothen und hellgelben Flecken oder Strichen. Die Spiralstreifen bestehen aus Reihen von groben Körnchen und zwischen ihnen stehen derbe Querstreifen. Die Zahl der Spiralstreifen ist von der vorletzten Windung an bis hinauf zum Embryonalgewinde 5, ein Hervortreten des über der Naht stehenden Streifens als Wulst, wie dies hauptsächlich für die Art *Tr. exasperatus* Penn. charakteristisch ist, ist kaum wahrnehmbar. Um den verdeckten Nabel herum verlaufen concentrisch 7 gelb und rosenroth gefleckte Rippen und ausserdem noch nahe dem Kiele der letzten Windung 1—2 schwächere ungefleckte Kreise. Die Querstreifung hier auf der Unterfläche des Gehäuses ist zarter und enger als die auf der Oberseite sichtbare.

Diese Beschreibung passt im Allgemeinen auch auf die von March. Monterosato mit *Jujubinus igneus* bezeichneten Exemplare, die sich in der Sammlung des Hofmuseums befinden, und deshalb habe ich diesen Collectionsnamen auch hier für die Aufschrift gewählt. Es wären für die Monterosato-Exemplare nur noch die lebhaftere rothe Färbung (Zurücktreten der olivgrünen Farbe und Prävaliren von Gelb und Rosenroth) zu erwähnen und das deutlichere Hervortreten des Suturalwulstes, der hier lebhaft roth und gelb gefleckt ist.

Ich möchte *Tr. igneus* Monteros. in coll. als eine Varietät von *Tr. exasperatus* Penn. hinstellen, wobei ich der von Bucquoy, Dautzenberg und Dollfus in dem Werke »Les Mollusques marins du Roussillon« p. 362—369 ausgesprochenen Auffassung der beiden einander verwandten Arten *exasperatus* Penn. und *striatus* L. folge, muss jedoch auch bemerken, dass diese Art (nämlich *exasperatus*) mit Rücksicht auf die dort namhaft gemachte Synonymie mit *Trochus (Zizyphinus) exiguus* Pulteney (Kobelt, Prodr. p. 238; Carus, Prodr. p. 259) zusammenfällt.

Brusina und Stossich führen *Tr. exiguus* Pult. als *crecaudatus* Brocchi für die Adria an.

27. **Trochus (Zizyphinus) zizyphinus** L. — Kobelt Prodr. p. 248; Carus, Prodr. p. 250.

Von Station '290 (128 *m*): 4 Exemplare.

28. **Clanculus corallinus** Gmelin. — Kobelt Prodr. p. 248; Carus Prodr. p. 245.

Von Station '290 (128 *m*).

29. **Emarginula cancellata** Phil. — Kobelt Prodr. p. 262; Carus Prodr. p. 240.

Von Station '290 (128 *m*); 1 Exemplar.

30. **Emarginula fissura** L. — Kobelt Prodr. p. 263; Carus Prodr. p. 241.

Von Station 243 (103 *m*); 3 Exemplare von 7·2—10·0 *mm* Länge, 5·3—7·5 *mm* Breite und 4·7 bis 7·0 *mm* Höhe.

β) OPISTHOBRANCHIA.

31. **Scaphander lignarius** L. — Kobelt Prodr. p. 289; Carus Prodr. p. 187.

Von den Stationen 243, '251, '250, '290, '292 (103—174 *m*); in Anzahl.

32. **Doridium membranaceum** Meckel. — Carus Prodr. p. 195.

Von Station '239 (70 *m*); 1 Exemplar.

Diese Art ist für die Adria neu.

33. **Pleurobranchus plumula** Flem. — Carus Prodr. p. 199.

Von den Stationen '243 und '217 (103—111 *m*); je 1 Exemplar.

34. **Oscanius membranaceus** Montcr. **(tuberculatus** Meckel). — Carus Prodr. p. 199.

Von Station '217 (111 *m*); 1 Exemplar.

Auch diese marine Nacktschnecke ist bisher in der Adria noch nicht gefangen worden.

35. **Doriopsilla areolata** Bergh. — Jahrb. d. malak. Ges. VII, 1880, p. 318; Carus Prodr. p. 218.

Von Station '283 (102 *m*); 1 kleines Exemplar von 18¹⁄₂ *mm* Länge, 10 *mm* Breite und 7¹⁄₄ *mm* Höhe. Das Aussere des vorliegenden Thieres weicht wohl durch das Mantelgebräme und den Mangel der Areolirung von dem Typus der Art ab; die Anatomie aber, welche Herr Dr. J. Fl. Babor aus Prag vorzunehmen so freundlich war, deckt sich vollständig mit der von R. Bergh für *Doriopsilla areolata* beschriebenen. Wir haben es hier vermuthlich nur mit einer Varietät dieser Art zu thun.

36. **Euplocamus croceus** Phil. — Philippi En. Moll. Sic. tab. 19, fig. 3; Carus Prodr. p. 228.

Von den Stationen '210, '243 und '271 (103—112 *m*); je 1 Exemplar.

b) SOLENOCONCHIA.

37. **Dentalium (Antalis) agile** Sars. — Kobelt Prodr. p. 292; Carus Prodr. p. 171.

Von den Stationen 298, 315, '318, 378, 379, '385, 389 (485—1206 *m*).

Die Art ist für die Adria neu.

38. **Dentalium (Antalis) panormitanum** Chenu. — Kobelt Prodr. p. 292; Carus Prodr. p. 171.

Von den Stationen '267 und '271 (112—117 *m*); von ersterer zahlreich.

Ist ebenfalls neu für die Adria.

c) LAMELLIBRANCHIATA.

39. **Xylophaga dorsalis** Turton. — Kobelt Prodr. p. 300; Carus Prodr. p. 156.

Von den Stationen '316 und 365 (760—776 *m*).

In beiden Fällen liegen kleine Holzstücke vor, welche von den Schalen der *Xylophaga dorsalis* durchsetzt sind. Die Exemplare sind nicht viel grösser oder kleiner als 3 *mm*, d. i. das Mass, welches von March. Antonio de Gregorio für seine *Xylophaga foudazzensis* angegeben wird (Il Natural. Sicil. vol. VIII, p. 249 m. Abbild.), und würden mit Rücksicht darauf und auf einige Sculpturverhältnisse ebenso für jene Art angegeben werden können. Die Art De Gregorio's scheint mir aber nicht haltbar zu sein, und deshalb ziehe ich unsere Exemplare zu der altbekannten *X. dorsalis*.

40. **Syndosmya longicallis** Scacchi. — Kobelt Prodr. p. 312; Carus Prodr. p. 163.

     Von den Stationen 247, 267, 274, *279, *298, 318 (111—932 *m*).

41. **Corbula gibba** Oliv. — Kobelt Prodr. p. 325; Carus Prodr. p. 115.

     Von den Stationen *243, *247, 267 (103—117 *m*).

42. **Neaera cuspidata** Hinds. — Kobelt Prodr. p. 330; Carus Prodr. p. 166.

     Von den Stationen *247 und 267 (111—117 *m*).

     Das Exemplar von Station 247 ist $21\frac{1}{2}$ *mm* lang, $12\frac{1}{2}$ *mm* hoch und 10 *mm* dick.

43. **Neaera rostrata** Spengler. — Kobelt Prodr. p. 332; Carus Prodr. p. 166.

     Von den Stationen *279 (132 *m*) und *378 (950 *m*); je 1 Exemplar.

44. **Solecurtus coarctatus** Gmelin. — Kobelt Prodr. p. 337; Carus Prodr. p. 138.

     Von Station *267 (117 *m*); 1 junges Thier.

45. **Cytherea mediterranea** Tib. — Kobelt Prodr. p. 351 (bei *Cytherea rudis* Poli); Carus Prodr. p. 118.

     Von Station 271 (112 *m*); in Anzahl.

Die grössten der vorliegenden Exemplare sind $16\frac{1}{2}$ *mm* lang und 14 *mm* hoch und stimmen in dieser Hinsicht, sowie in der hellgelben, eintönigen Farbe und der deutlich und scharf concentrischen Streifung vollständig mit den Exemplaren überein, welche in der Monterosato-Collection des Hofmuseums mit der Fundortsangabe Corsica aufbewahrt sind, ferner mit den von March. Monterosato zum Vergleiche beigelegten fossilen Exemplaren dieser Art.

Da die Synonymie von *Cytherea mediterranea* Tib. und *Cytherea rudis* Poli zwar schon wiederholt angedeutet, aber noch nicht sicher erwiesen ist (Monterosato Nuova rivista, p.16; Kobelt Prodr. p.351; Carus Prodr. p. 118), so habe ich die Exemplare der österreichischen Adria-Tiefsee-Expedition hier noch unter dem Tiberi'schen Namen aufgeführt. — *Cytherea rudis* wird in der Adria häufig gefunden, ob aber bisher die mit der Tiberi'schen Art zu identicirende Form schon in der Adria beobachtet wurde, geht aus der Literatur nicht deutlich hervor.

46. **Venus fasciata** Donovan. — Kobelt Prodr. p. 352; Carus Prodr. p. 122.

     Von Station 284 (91 *m*); 2 halbe Exemplare.

47. **Venus ovata** Pennant. — Kobelt Prodr. p. 353; Carus Prodr. p. 122.

     Von den Stationen *243, 251, 267, 284, *285, *292, 293 (94—171 *m*).

48. **Cardium minimum** Phil. — Kobelt Prodr. p. 366; Carus Prodr. p. 114.

     Von Station *243 (103 *m*); 1 Exemplar.

49. **Isocardia cor** L. — Kobelt Prodr. p. 368; Carus Prodr. p. 116.

     Von Station 271 (112 *m*); $\frac{1}{2}$ Exemplar.

50. **Cardita aculeata** Poli. — Kobelt Prodr. p. 380; Carus Prodr. p. 100.

     Von den Stationen 243, *251, 267, *274, *283 und *285 (102—131 *m*).

51. **Astarte fusca** Poli. — Kobelt Prodr. p. 393; Carus Prodr. p. 101.

     Von Station 243 (103 *m*); 1 Exemplar.

52. **Nucula sulcata** Bronn. — Kobelt Prodr. p. 399; Carus Prodr. p. 92.

     Von den Stationen *239, 243, *251, 267, 274, *279, *292 (70—191 *m*).

53. **Arca tetragona** Poli. — Kobelt Prodr. p. 411; Carus Prodr. p.87. Kobelt Conch. Cab. VIII, 2, p. 199, tab. 47, fig. 10—12.

Von Station *284 (94 *m*); einige Exemplare.

54. **Arca lactea** L. — Kobelt Prodr. p. 412; Carus Prodr. p. 87; Kobelt Conch. Cab. VIII, 2, p. 13, tab. 2, fig. 9 und tab. 9, fig. 3—10.

Von den Stationen 271 und *292 (112—171 *m*).

55. **Arca scabra** Poli. — Taf. II, Fig. 30, 31. — Kobelt Prodr. p. 412; Carus Prodr. p. 89; Kobelt Conch. Cab. VIII, 2, p. 141, tab. 36, fig. 5, 6.

Von Station *298 (485 *m*); 1 Exemplar.

Das Exemplar ist schon oben (S. 10) bei Erwähnung der im östlichen Mittelmeer gedredschten Schalen näher besprochen worden; ich möchte aber hier noch bemerken, dass es zufolge seiner Gestalt einige Ähnlichkeit mit der nordischen *Arca nodulosa* Müll. hat (Kobelt Prodr. p. 413 und Kobelt Conch. Cab. Mart. Chemn. VIII, 2, p. 25, tab. 7, fig. 6, 7).

56. **Pecten bruei** Payr. — Kobelt Prodr. p. 431; Carus Prodr. p. 72; Kobelt Conch. Cab. Mart. Chemn. VII, 2, p. 244, tab. 64, fig. 4, 5.

Von den Stationen 298 (485 *m*) und *385 (1496 *m*).

Nicht umsonst wird in der Literatur auf die nahe Verwandtschaft dieser Art mit *P. aratus* Gmel., resp. deren Vereinigung hingewiesen. Die gedredschten, hier näher zu besprechenden Exemplare gemahnen an die Extreme von *P. aratus*, welche Kobelt im Conch. Cab. VII, 2, p. 413 und 235 erwähnt.

Von Station 298 liegt nur eine hellgelbe, linke Schale vor mit deutlicher Gittersculptur auf dem vorderen und einigen starken Schuppen auf dem hinteren Öhrchen. Im Übrigen ist die Aussenseite der Schale radial von 10 Hauptrippen und spärlichen Zwischenrippen durchzogen, und auf den ziemlich breiten Hauptradien stehen 4—5 schwache Radialleisten, die durch zahlreiche, regelmässig angeordnete Querleisten unter einander verbunden sind, so dass eine feine Gitterung entsteht. Gegen den Unterrand der Schale sind diese Querleistchen nicht mehr deutlich erkennbar. Zwischen den Haupt- und Zwischenrippen lassen sich feinste Querstrichelchen erkennen, die aber nur im oberen Theile der Schale, also nahe dem Wirbel dicht aneinander gereiht sind und eine feine, von den Radialrippen durchzogene concentrische Streifung erzeugen, während sie im unteren Theile der Schale spärlich, d. h. in grösseren verticalen Abständen auftreten. Hier verhält sich die Anzahl der zwischen den Haupt- und Zwischenrippen stehenden feinen Querlinien zu den auf den Hauptrippen selbst erkennbaren Querleistchen ungefähr wie 1 : 2. Die Länge dieses Exemplares beträgt 11, die Höhe 11½ *mm*.

Das Exemplar von Station 385 ist vollständig und sieht wegen seiner Sculptur auf den ersten Blick als unvereinbar mit dem eben besprochenen aus. Die Farbe ist weiss, die Grösse (d. h. Länge : Höhe : Dicke) 11 · 1 : 11·3 : 2·5 *mm*. Rechte und linke Schale ganz unbedeutend von einander verschieden. Haupt- und Zwischenrippen sind hier von einander kaum zu unterscheiden, die Sculptur besteht eben aus einer grossen Anzahl (ca. 50) gleich schwacher, fast unmerklich beschuppter Radialrippen, zwischen denen sich deutlich feine Querlinien (concentrische Streifung) erkennen lassen.

57. **Pecten jacobaeus** Linné. — Kobelt Prodr. p. 433; Carus Prodr. p. 70.

Von Station *284 (94 *m*); 1 Exemplar.

58. **Pecten inflexus** Poli. — Kobelt Prodr. p. 434; Carus Prodr. p. 73.

Von den Stationen *243 und *271 (103—112 *m*); je 1 Exemplar.

59. **Pecten opercularis** L. — Kobelt Prodr. p. 435; Carus Prodr. p. 72.

Von den Stationen *239, *260, 267, 271, *285 (70—133 *m*).

Etliche jüngere und ältere Exemplare, ziemlich einfarbig oder buntfleckig, mit deutlich quer beschuppten oder nahezu glatten Radialrippen.

60. **Pecten pusio** L.   Kobelt Prodr. p. 437; Carus Prodr. p. 76.

Von den Stationen *260 und *261 (101—128 m); mehrere Exemplare.

61. **Pecten testae** Bivona. — Taf. II, Fig. 46—50. — Kobelt Prodr. p. 438; Carus Prodr. p. 75

Von den Stationen *240, *243 und *260 (101—128 m).

Die Art ist von einer seltenen Variabilität hinsichtlich der Sculptur. Unter den erbeuteten Exemplaren ist die Sculptur am einfachsten bei dem rothfarbigen Exemplar von Station 260 gestaltet, indem sich hier auf beiden Schalen eine grosse Anzahl sehr regelmässig angeordneter Radialstreifen erkennen lassen, die aus feinsten Schüppchen bestehen (Fig. 50). Es ist dies ein ähnliches Verhalten wie bei der Schale aus dem östlichen Mittelmeere, Station 227 (S. 20 und Taf. II, Fig. 39).

Eine stärkere Schuppenbildung tritt bei den Exemplaren der Stationen 240 (Fig. 46, 47) und 243 (Fig. 48, 49) auf, und zwar übertrifft in dieser Hinsicht die linke Seite gewöhnlich die rechte. Die stärkeren Schuppen stehen entweder unregelmässig nur gegen den Rand zu (rechte Schale) oder sind streng radial angeordnet auf relativ breiten Rippen (linke Schale, Fig. 46, 48 u. 49). In letzterem Falle stehen sie halbmondförmig auf den entsprechenden Rippen und sind, genau besehen, eigentlich wieder aus den kleinen kreisförmigen bis ovalen oder eckigen Schüppchen zusammengesetzt, die wir im einfachsten Falle gesehen haben. Zwischen den Radialrippen sind dann noch einige feinste Interradialstreifen (Fig. 49) sichtbar, welche wieder aus kreisrunden Schüppchen bestehen, und zahlreiche kurze, schräg verlaufende, benachbarte Radien und Zwischenradien verbindende oder auch über diese hinwegziehende Schuppenreihen (Fig. 48, 49, 46). Die letzteren sind zumeist nach aussen gerichtet, d. h. in der vorderen Schalenpartie haben sie die Richtung vom Centrum zum Vorderrande, in der hinteren Schalenpartie die Richtung vom Centrum der Schale zum Hinterrande. Nur in der mittleren Schalenpartie überwiegen die streng radial angeordneten Reihen von feinsten Schüppchen (Fig. 49). Schliesslich erübrigt mir noch zu sagen, dass sich in den Radialreihen der rechten Schale die runden Schüppchen zu geschlossenen Rippchen verbinden können (Fig. 47).

62. **Lima hians** Gmelin. — Kobelt Prodr. p. 412; Carus Prodr. p. 68.

Von Station *260 (128 m); 2 Exemplare.

63. **Anomia ephippium** L. - Kobelt Prodr. p. 445; Carus Prodr. p. 65.

Von den Stationen *239, 243 und 292 (70—151 m); typische Exemplare sowie die Varietät *Anomia squamula* L.; letztere von Stat. 243 auf *Nassa limata* Chemn. aufsitzend und von verschiedenen, leider nicht mehr eruirbaren Stationen auf Echinodermen-Stacheln.

Übersicht über die gedredschten Arten.

No.	Bei wie vielen Stat. bel. Seite	N a m e n	Wurde von S. M. Sch. "Pola" gedredscht		Und zwar		
			im östl. Mittelmeere	in der Adria	litoral (I. Zone 0—30 m)	continental (II. Zone (30—400 m)	abyssal (III. Zone (400 m.)
		GASTROPODA.					
1	24	*Trophon barvicensis* Johnst					
2	8, 25	*vaginatus* Jan. .					
3	8, 25	*muricatus* Mont. . .					
4	25	*Cerithiopsis bilineata* Jan.					
5	8, 26	*Pisania maculosa* Oliv.		?			
6	25	*reticulatus* Brocchi nov. var. *planosana* . .		?			
7	8	*pulchellus* Phil. . . .		?			
8	?	*ljubanensis* n. sp. .					
9	8, 26	*Nassa limata* Chemn . . .					

Nr.	Besprochen auf Seite	Namen	Wurde von S. M. Sch. »Pola« gedredscht		Und zwar		
			im östl. Mittelmeer	in der Adria	litoral (I. Zone 0—300 m)	continental (II. Zone 300—1000 m)	abyssal (III. Zone 1000 m +)
10	9	*Marginella* ovata Monter. n. var. minor = obtusa Monter. in coll.					
11	26	*Mitrella scripta* L.					
12	26	" *decollata* Brus.					
13	27	*Cassidaria tyrrhena* Chemn.					
14	9	*Natica millepunctata* Lam.		—			
15	9, 27	" *fusca* Blainv.					
16	9	*Scalaria cerigottana* n. sp.		—			
17	9	*Parthenia excavata* Phil.					
18	9	*Eulimella scillae* Scacchi					
19	9	" *ventricosa* Forb.					
20	10	*Pleurotoma nodiola* Jan.					
21	10	" *bractuosum* Calc.					
22	27	" *emendatum* Monter.					
23	10	*Defrancia anceps* Eichw.					
24	10	" *clathrata* M. J. Serres var. . .					
25	27	" *gracilis* Mont.					
26	10	*Raphitoma superrima* Tib. typ. et 2 n. var. . .					
27	11	*Pleurotoma (Mangilia) macra* Wats . . .					
28	11	*Taranis alexandrina* n. sp.					
29	12	*Defrancia implicisculpta* n. sp.					
30	27	*Aporrhais pes-pelicani* L.					
31	12	" *serrescuans* Mich.					
32	27	*Tritia cuvexosa* Mont.					
33	27	*Cerithium (Bittium) reticulatum* Da Costa var.					
34	28	*Triforis perversus* L.					
35	12	*Rissoa costuloides* Forb.					
36	12	" *subsoluta* Aradas					
37	28	*Turritella communis* Risso					
38	13, 28	" *triplicata* Brocchi . . .					
39	28	*Calyptraea chinensis* L.					
40	28	*Capulus hungaricus* L.					
41	13	*Janthina anlea* Mke.					
42	13	" *communis* Lam.					
43	28	*Turbo (Bolma) rugosus* L.					
44	13	*Trochus (Zizyphinus) profugus* De Greg. . . .					
45	28	" *granulatus* Born. . . .					
46	28	" *(Gibbula) magus* L.					
47	13, 28	" *(Zizyphinus) millegranus* Phil. .					
48	28	" *(Trajubinus) ignens* Monter. in coll. . . .					
49	29	" *(Zizyphinus) zizyphinus* L. . . .					
50	29	*Clanculus corallinus* Gmelin					
51	13	*Craspedotus limei* Calc.					
52	13	*Scissurella aspera* Phil.					
53	13	" *costata* d'Orb.					
54	29	*Emarginula cancellata* Phil.					
55	13	" *conica* Schum.					
56	29	" *fissura* L.					
57	14	*Tectura unicolor* Forb.					
58	14	*Actaeon pusillus* Forb.					
59	29	*Scaphander lignarius* L.					
60	14	*Bulla utriculus* Brocchi					
61	29	*Doridium membranaceum* Meckel					
62	29	*Pleurobranchus plumula* Flem.					
63	29	*Oscanius membranaceus* Mont.					

Nr.	In syn. Reg. Seite	Namen	Wurde von S. M. Schiff Pola gedredscht in oder der Mittelmeer Adria	Litt. zone Küsten 1 Zone	[continental] 2 Zone	[abyssal] 3 Zone
64	29	*Integrella* ... b... var.		—		
65	30	*Euthria* ... cum Phil. ...		—		—

SCAPHOPODA

66	13, 29	*Dentalium* ... agile Sars ...		•		•
67	30	... *quinquedentatum* Chenu		—		•
68	14	*Siphonodentalium quinquangulare* Forb.				•
69	14	*Cadulus jeffreysii* Monter.				•

LAMELLIBRANCHIATA

70	29	*Xylophaga dorsalis* Turton			•	•
71	15, 30	*Syndosmya longicallis* Scacchi	•		•	
72	15	*Leucuria aegeensis* n. sp.	•		•	
73	15	*Poehiolia berenicensis* n. sp.	•		•	
74	16, 30	*Corbula gibba* Oliv.			•	—
75	16	*Neaera abbreviata* Forb.			•	
76	16	*costellata* Desh.			•	•
77	30	*cuspidata* Hinds	—		•	
78	16, 30	*rostrata* Spglr.	•		•	•
79	30	*Solecurtus coaretatus* Gmel.			•	
80	30	*Cytherea mediterranea* Tib.			•	
81	30	*Venus fasciata* Don.	—		•	
82	16, 30	*ovata* Penn.	•		•	
83	16, 30	*Cardium minimum* Phil.	—		•	
84	30	*Isocardia cor* L.			•	•
85	16	*Lucina amorpha* n. sp.			•	
86	17	*Axinus flexuosus* Mont. n. var. *striatus*			•	
87	17	*Kelliella miliaris* Phil.			•	
88	17, 30	*Cardita aculeata* Poli			•	
89	17	*Isorcguidon* (n. g.) *perplexum* n. sp.			•	
90	18	*Chama circinata* Monter.	—		•	
91	30	*Astarte fusca* Poli			•	
92	18	*triangularis* Mont.	•	—		—
93	18	*Circe minima* Mont.			•	
94	18, 31	*Nucula sulcata* Born.	•		•	
95	18	*aegeensis* Forb.	•	—	—	
96	18	*Leda commutata* Phil.	•		—	
97	18	*messanensis* Seg.	•		—	
98	18	*(Portlandia) tenuis* Phil.	•		—	
99	31	*Arca tetragona* Poli	—		•	
100	31	*lactea* L.	•		•	
101	18, 31	*scabra* Poli	•		•	
102	19	*(Bathyarca) lacma* Don.	•	—		—
103	20	*pectunculoides* Scacchi	•	—	•	
104	20	*Modiola phaseolina* Phil.	•	—		
105	20	*Mytina umbilicataxima* n. sp.			—	
106	20	*Dacrydium vitreum* Holb.			•	
107	20	*Pecten abyssorum* Lovén			—	
108	21	*testae* Biv.			•	•
109	31	*vitreus* L.	—		•	•
110	31	*opercularis* Poli	•		•	
111	20, 31	*opercularis* L.	•		•	
112	31	*jacobeus* L.	•		•	

Nr	Bespro- chen auf Seite	Namen	Wurde von S. M. Sch. Polar-aufgebracht		Und zwar			
			im Mittelmeer	an der Adri.	litoral d. Zone	continental II. Zone	abyssal III. Zone	
113	20	*Pecten similis* Laskey	. . . .	. . . .				
114	20, 32	*testae* Biv	. . . .	. . . .				
115	20	(*Amussium*) *hoskynsi* Forb	. . . .	. . .				
116	32	*Lima hians* Gmel	. . .	. . . .				
117	21	(*Limatula*) *sarsi* Lovén	. . . .	. . . .				
118	21	*subauriculata* Mont	. . . .	. . .				
119	21	*Spondylus gussoni* Costa	. . .	. . .				
120	21, 32	*Anomia ephippium* Linné	. . .	. . .				

ERKLÄRUNG DER TAFELN

TAFEL I.

TAFEL II.

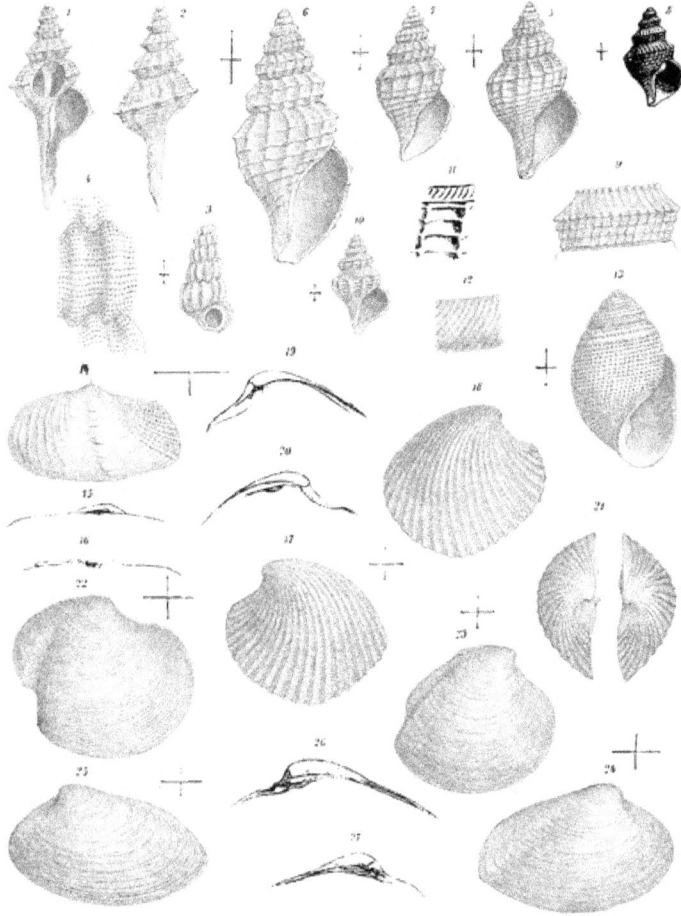

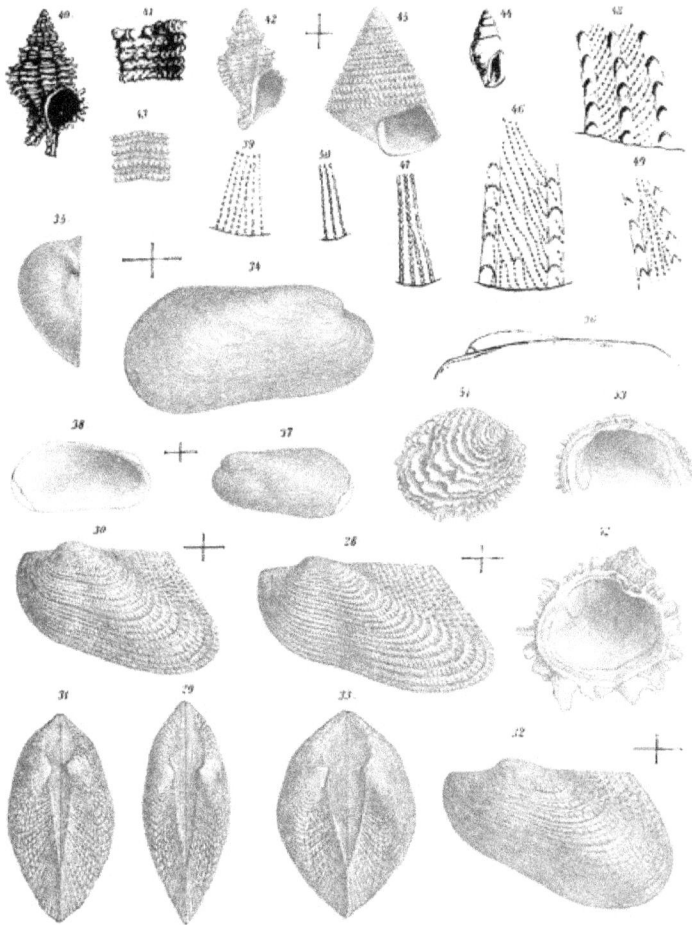

A.Cuelt ada n.d.Nat gara u.lith.   Lith Aust v.Th.Zainwach;Wien.

Denkschriften d. kais. Akad. d. Wiss. math. naturw. Classe. Bd. LXIII.

BERICHTE DER COMMISSION FÜR OCEANOGRAPHISCHE FORSCHUNGEN.

PEDITION S. M. SCHIFF „POLA" IN DAS ROTHE MEER

NÖRDLICHE HÄLFTE.

(OCTOBER 1895 — MAI 1896).

VIII.

ZOOLOGISCHE ERGEBNISSE.

BEITRÄGE

ZUR

MORPHOLOGIE UND ANATOMIE DER TRIDACNIDEN

VON

Prof. CARL GROBBEN,

IN WIEN, W. M. K. AKAD.

i. Universität,

(Mit 3 Tafeln.)

SONDERS ABGEDRUCKT AUS DEM LXV. BANDE DER DENKSCHRIFTEN DER MATHEMATISCH-NATURWISSENSCHAFTLICHEN CLASSE DER KAISERLICHEN AKADEMIE DER WISSENSCHAFTEN.

WIEN 1898.

AUS DER KAISERLICH-KÖNIGLICHEN HOF- UND STAATSDRUCKEREI.

IN COMMISSION BEI CARL GEROLD'S SOHN.

BUCHHÄNDLER DER KAISERLICHEN AKADEMIE DER WISSENSCHAFTEN.

BERICHTE DER COMMISSION FÜR OCEANOGRAPHISCHE FORSCHUNGEN.

EXPEDITION S. M. SCHIFF „POLA" IN DAS ROTHE MEER

NÖRDLICHE HÄLFTE.

(OCTOBER 1895 — MAI 1896).

VIII.

ZOOLOGISCHE ERGEBNISSE.

BEITRÄGE

ZUR

MORPHOLOGIE UND ANATOMIE DER TRIDACNIDEN

VON

Prof. CARL GROBBEN,

IN WIEN, W. M. K. AKAD.

(Mit 3 Tafeln.)

BESONDERS ABGEDRUCKT AUS DEM LXV. BANDE DER DENKSCHRIFTEN DER MATHEMATISCH-NATURWISSENSCHAFTLICHEN CLASSE DER KAISERLICHEN AKADEMIE DER WISSENSCHAFTEN.

WIEN 1898.

AUS DER KAISERLICH-KÖNIGLICHEN HOF- UND STAATSDRUCKEREI.

IN COMMISSION BEI CARL GEROLD'S SOHN.

BUCHHÄNDLER DER KAISERLICHEN AKADEMIE DER WISSENSCHAFTEN.

EXPEDITION S. M. SCHIFF „POLA" IN DAS ROTHE MEER.

NÖRDLICHE HÄLFTE.

(OCTOBER 1895 — MAI 1896)

VIII.

ZOOLOGISCHE ERGEBNISSE.

BEITRÄGE

ZUR

MORPHOLOGIE UND ANATOMIE DER TRIDACNIDEN

VON

PROF. CARL GROBBEN

IN WIEN, W. M. K. AKAD.

(Mit 3 Tafeln.)

VORGELEGT IN DER SITZUNG VOM 2. MÄRZ 1899.

Die erste Expedition von S. M. Schiff „Pola" in das Rothe Meer im Winter 1895—1896 brachte eine ziemliche Anzahl von Exemplaren der Gattung *Tridacna* mit, und zwar sowohl Schalen, als auch mehrere in Alkohol conservirte Thiere. So bot sich mir willkommene Gelegenheit, diese eigenthümliche Lamellibranchierform zu untersuchen.

Über *Tridacna* liegt bereits eine Reihe von Arbeiten vor, von denen jedoch bloss jene von Vaillant[1] auf den gesammten Bau des Thieres eingeht, die übrigen[2] sich auf Hervorhebung der wichtigsten Eigenthümlichkeiten beschränken.

In Folgendem wird auch nicht die ganze Anatomie des Thieres behandelt, es sollen vielmehr bloss einige Punkte berücksichtigt werden, und zwar: 1. die Morphologie und Orientirung des Körpers, 2. der Bulbus arteriosus, 3. die Pericardialdrüse, 4. die Geschlechtsverhältnisse.

I. Morphologie und Orientirung des Körpers.

Innerhalb der Schalen, welche beim ersten Anblick nach vorn und hinten vom Umbo wie die Schalen anderer Lamellibranchier gebildet zu sein scheinen, hat das Thier, was keinem der bisherigen Beobachter entgangen ist, eine ganz eigenthümliche Lage. An der Hand einiger Abbildungen, an denen besser als an den bisher von diesem Thiere bestehenden, einige bauliche Besonderheiten hervortreten, sollen nochmals in Kürze die Eigenthümlichkeiten hervorgehoben und eingehender berücksichtigt werden.

[1] L. Vaillant, Recherches sur la famille des Tridacnidés. Ann. des scienc. natur. 5. sér. t. IV. 1865.

[2] So: Blainville, Manuel de malacologie et de conchyliologie. Paris 1825, p. 538. — Deshayes, Encyclopédie méthodique. Vers. t. II, 1830, p. 1044. — Quoy et Gaimard, Voyage de l'Astrolabe. Zoologie. t. III. Paris 1834, p. 483. — Woodward an später a. O.

Der Eingeweidesack (vergl. Fig. 1 und 6) liegt hinter dem Umbo und erstreckt sich bogenförmig nach vorn und ventralwärts, sich dabei allmälig verschmälernd. Vorn lehnt er sich an den Adductor (*Ap*) an, welcher subcentral und vor dem Umbo gelegen ist. Dieser Adductor entspricht dem hinteren Adductor der übrigen Lamellibranchiaten. Der vordere Adductor fehlt.

Die Mundöffnung liegt dorsal hinter dem Umbo, die Afteröffnung (*Af*) ventral vom hinteren Adductor.

Der Fuss (*F*) erscheint nach der Dorsalseite gekehrt. Er ist klein, sein oralwärts gerichteter Abschnitt fingerförmig, ähnlich dem einiger *Anisomyarier* gestaltet und von einer Furche durchzogen; sein vorderer, breiter Byssusabschnitt producirt einen mächtigen Byssus (Fig. 1 *T*), der wie aus Bändern zusammengesetzt erscheint. [1] Zum Fusse geht ein hinter dem Adductor gelegener mächtiger hinterer Retractor (*Kp*). Ein vorderer Retractor ist nur sehr schwach entwickelt und entspringt hinter dem Umbo der Schale (*Ra*). Der hintere Retractor wurde von Neumayr [2] irrthümlich für den zweiten (vorderen) Adductor gehalten.

Es ist übrigens zu bemerken, dass der hintere Retractor bei *Tridacna* functionell die Bedeutung eines Adductors besitzt. Dieselbe ergibt sich aus der eigenthümlichen Lage dieses Retractors in der Mitte des freien Schalenrandes. Sie wird noch dadurch erhöht, dass in Folge der Befestigung des Thieres mittels des Byssus der fixe Punkt bei Contraction des Retractors an jene Befestigungsstelle verlegt ist. Bereits Vaillant [3] ist die Wirkungsweise des hinteren Retractors als Adductor nicht entgangen.

Die beiden Lappen des Mantels sind bis auf drei Öffnungen vollständig mit einander verwachsen. Die grösste dieser Öffnungen ist der Fussschlitz (*Fs*) zum Durchtritt des Fusses. Derselbe liegt vor dem Umbo und ist nach oben gekehrt; ihm entspricht der klaffende Schalentheil. Die Mantelränder am Fussschlitze sind von mehreren Reihen warzenförmiger Tentakelbildungen besetzt.

Als zweitgrösste Öffnung erscheint die nach unten und vorn gekehrte Einströmungsöffnung (*Me*), deren Ränder mit kleinen einfachen oder am Ende getheilten Tentakelchen besetzt sind. Die kleinste Öffnung ist die nach unten gerichtete Ausströmungsöffnung (*Ma*). Die Ränder derselben sind glatt und bei *Tridacna rudis* schornsteinartig verlängert.

Der zwischen dem Körper und den Mantellappen gelegene Mantelraum wird durch eine Scheidewand in einen oberen (Einströmungs-) und unteren (Ausströmungs-) Abschnitt geschieden. Diese Scheidewand kommt dadurch zu Stande, dass die beiden Kiemen einerseits vor dem Fusse durch eine breite Membran (Fig. 1 *J*) untereinander vereinigt, und weiter nach hinten an den Fuss, beziehungsweise den Eingeweidesack mittels dieser Membran angewachsen sind, andererseits mit der Seite des Körpers verwachsen erscheinen. Vorn schliesst diese Scheidewand an den Vorderrand der Verwachsungsstelle des Mantels zwischen Einströmungs- und Ausströmungsabschnitt an; die mediale und seitliche Verwachsungslinie zieht von hier gegen die Mundlappen wie bei anderen Lamellibranchiern. Offenbar im Zusammenhange mit der eingetretenen Drehung des Eingeweidesackes ist jedoch diese Verwachsungslinie mit den Kiemen, anderen Lamellibranchiaten gegenüber, weit gegen den Fuss hin verschoben, indem der Eingeweidesack zwischen den Kiemen nach hinten und unten gleichsam vorgedrängt erscheint. Durch diese eingetretenen Verschiebungen entsteht ein tiefer lateraler Nebenraum der Mantelhöhle, welcher sich längs der Kiemen seitlich am Eingeweidesack hinaufzieht und an seinem oberen Ende mit einer blindgeschlossenen Bucht endigt (vergl. Fig. 6 *Q*).

Zufolge der Drehung des Eingeweidesackes hat auch der unterhalb der Kiemen gelegene Theil der Mantelhöhle (Ausströmungsabschnitt) eine bedeutende Längenausdehnung erfahren und zwar jene Partie desselben, welche unterhalb vom Schalenschliesser gelegen ist und die bei anderen Lamellibranchiern, wie

---

[1] Ich finde, dass die Abbildung von A. Müller besser die Form der Byssusfäden von *Tridacna elongata* wiedergibt, als jene Vaillant's (Vergl. A. Müller, Über die Byssus der Acephalen, nebst einigen Bemerkungen zur Anatomie der *Tichogonia Chemnitzii* Rossm. [*Mytilus polymorphus* Pall.] Archiv f. Naturg. III. Jahrg. 1837, Taf. I. Fig. 1.)

[2] Beiträge zu einer morphologischen Eintheilung der Bivalven. Aus den hinterlassenen Schriften des Prof. M. Neumayr. Mit einem Vorworte von E. Suess. Denkschr. d. mathem.-naturw. Cl. d. kais. Akad. d. Wiss. in Wien. Bd. LVIII, 1891, p. 84 des Separatabdruckes.

bei den verwandten Cardien, dorsal vom hinteren Adductor liegt, sich jedoch nicht über denselben hinaus nach vorn ausdehnt. Diese Partie erscheint bei *Tridacna* als tiefe, um den ganzen Eingeweidesack sich hinaufziehende Ausbuchtung (Fig. 6 q). Da auch, wie bereits beschrieben wurde, der Einströmungsabschnitt der Mantelhöhle eine gleichgerichtete seitliche Ausdehnung besitzt, sehen wir den seitlichen Zusammenhang des Eingeweidesackes mit dem Mantel auf eine dünne Membran verengt, welche als Scheidewand zwischen diesen beiden Räumen, wie bereits Vaillant erkannte, im Niveau des Mantelmuskels verläuft (Fig. 6 Sw).

Die durch die Verwachsung beider Kiemen entstandene Scheidewand fand ich bei den grösseren mir zur Untersuchung vorliegenden Exemplaren von *Tridacna elongata* von ein bis drei grösseren Öffnungen durchbrochen. Jedes dieser Exemplare wies diesbezüglich Verschiedenheiten auf. Bei einem Individuum lagen die beiden Öffnungen symmetrisch vor dem Fusse, waren von mittlerer Grosse und zeigten ihre Ränder gegen den Ausströmungsabschnitt der Mantelhöhle hinein verlängert. Bei einem zweiten Exemplare waren drei Öffnungen vorhanden, eine grosse vor dem Fusse gelegene, eine mittelgrosse etwas rechts seitlich gelegene und überdies eine kleine linksseitige, die noch weiter oralwärts zur Seite des Fusses lag. Bei einem dritten Exemplare fand sich bloss eine grosse Öffnung vor dem Fusse in der Mitte der Scheidewand. Ein dem zuletzt erwähnten Falle gleiches Verhalten hat Vaillant [1] für *Tridacna elongata* angegeben. Nach der Abbildung Vaillant's zu schliessen, wäre jedoch der Umfang dieser Öffnung kein sehr grosser; ihre Ränder erschienen trichterförmig verlängert und gegen den oberen Kiemenraum gerichtet.

Diese Öffnungen machen nicht den Eindruck von Zerreissungen. Sie sind wohl als secundäre Durchbrechungen der Scheidewand anzusehen. Ihr unregelmässiges Auftreten, das Fehlen derselben bei einem jüngeren Individuum lassen diese Auffassung begründet erscheinen. Ihre Entstehung lässt sich so verstehen, dass sich beim raschen Schliessen der Schale und in Folge des Umstandes, dass das Thier mittelst des Byssus auf der Unterlage befestigt, gegen diese angezogen wird, ein nicht genügend rasches Abfliessen des Wassers aus dem oberen Theile der Mantelhöhle oder auch aus dem unteren Theile, der bloss durch eine relativ kleine Öffnung nach aussen mündet, erfolgen kann. Der gegen die Scheidewand ausgeübte erhöhte Druck mag zu stellenweiser Verdünnung und schliesslicher Durchbrechung dieser Wand führen.

Bei *Tridacna rudis* fand ich keine solchen Durchbrechungen der Scheidewand vor.

Nach dieser kurzen Beschreibung der Eigenthümlichkeiten in der Körperform möchte ich auf die Orientirung des Körpers die Aufmerksamkeit lenken, da mir die bisher gegebene nicht ganz zutreffend scheint.

Abgesehen von der älteren Orientirungsweise von Deshayes [2] und d'Orbigny finden wir bei Woodward [3] und Vaillant [4] die Tridacniden in der Weise Blainville's orientirt, dass der Umbo der Schale nach oben zu liegen kommt und die oberste Spitze des Körpers bezeichnet, der Schlossrand schräg nach hinten abfällt, der klaffende Schalenrand nach unten gekehrt erscheint. Von dieser in der Regel geübten Orientirung weicht nur jene Pelseneer's ab. Pelseneer [5] orientirt die *Tridacna* derart, dass der Umbo der Schale nach vorn gerichtet erscheint, der Schlossrand nach aufwärts aufsteigt und der gezackte Schalenrand nach hinten sieht. Bei dieser Art der Orientirung ist offenbar zunächst auf die Lage von Mund und After Rücksicht genommen.

Schon bei der früher von den meisten Autoren gegebenen Orientirung des Körpers ergibt sich, dass das Thier von *Tridacna* im Vergleiche mit den übrigen Lamellibranchiaten eine weitgehende Lageveränderung erfahren hat. Der vordere Theil des Körpers ist verkürzt und kommt sogar hinter den Umbo

---

[1] Vaillant, a. a. O. p. 88; vergl. dessen Fig. 1 auf Taf. 9 u. 11.

[2] Règne animal de Cuvier. Grande édition. Mollusques.

[3] S. P. Woodward, Description of the Animals of certain Genera of Bivalve Shells. Ann. and Magaz. of natur. hist. II. ser. vol. XV, 1855, p. 100.

[4] Vaillant, l. c. p. 76.

[5] P. Pelseneer, Introduction à l'étude des Mollusques. Bruxelles 1894, p. 169. — Ebenso in: Traité de Zoologie publié sous la direction de Raphaël Blanchard. Fasc. XVI. Mollusques. Paris 1897, p. 112.

der Schale zu liegen, der hintere Abschnitt desselben ist nach vorn und unten gedreht, so dass die After-öffnung und Einströmungsöffnung des Mantels nach vorn sehen. Aus dem Verlaufe der Kiemen ist am deutlichsten die eigenthümliche Lageveränderung des Thieres zu erkennen. Im Zusammenhange mit der Verkürzung des vorderen Körperabschnittes erfolgte auch die Rückbildung des vorderen Adductors.

Unter Berücksichtigung der eingetretenen Lageveränderungen scheint mir jene Orientirung des Thieres die richtigste zu sein, bei welcher der Schlossrand der Schale horizontal oder annähernd horizontal gerichtet wird. Es geht bei dieser Art der Orientirung auch am klarsten die Verschiebung des Eingeweide-sackes nach hinten, sowie die Drehung desselben nach vorn und unten hervor. In dieser Weise sind auch die beigegebenen Abbildungen (Fig. 1, 2, 3, 4 und 6) orientirt.

In Übereinstimmung mit dieser Auffassung steht die phylogenetische Ableitung der Tridacniden. Die Tridacniden werden von den Cardiiden abgeleitet. Diese Ansicht hat einen hohen Grad von Wahrscheinlich-keit. Insbesondere hat Neumayr[1] ausgeführt, dass zur Ableitung der Tridacniden -nicht die normalen Formen der Gattung *Cardium* – sondern die stark ungleichseitigen Hemicardien mit ganz vorne gelegenem Wirbel und abgestutzter Vorderseite herzuziehen sind. Immerhin sind die Hemicardien echte Cardiiden, welche im Schloss zwei Cardinalzähne sowie vorderen und hinteren Lateralzahn besitzen, ebenso in der Ausbildung der beiden Schalenschliesser die Eigenthümlichkeiten der Gruppe an sich tragen. Dagegen zeigt die fossile Gattung *Lithocardium* zu den Tridacniden hinführende Charaktere in dem Schwunde der vorderen Lateralzähne, sowie in der verschiedenen Ausbildung der beiden Adductoren, von denen der vordere sehr klein, der hintere gross und subcentral gelagert ist.

Von den Lithocardien sind die Tridacniden in der Weise abzuleiten, dass eine weitere Reduction der Vorderseite mit Verlust des einen Cardinalzahnes und des vorderen Adductors eingetreten ist, sowie mit der Entwicklung eines Byssus sich ein Byssusausschnitt am Vorderrande der Schale ausbildete.

Als Übergangsform, welche den directen Anschluss an die Tridacniden bildet, wird mit Recht die fossile Gattung *Byssocardium* angesehen, welche von Munier-Chalmas[2] für das *Cardium emarginatum* von Deshayes[3] und eine von Tournouër[4] neu beschriebene Form *Byssocardium Andreae* gebildet wurde. Bei dieser Gattung sind bereits alle jene Veränderungen eingetreten, welche die Tridacniden charakterisiren: die Schale ist an ihrer Vorderseite nicht bloss abgestutzt, sondern auch schräg nach vor-warts geschwungen, ebenso zeigt sich im Schloss und in dem Vorhandensein eines gewulsteten Byssus-ausschnittes diese Übereinstimmung. Doch ist bei *Byssocardium* die Schale nicht so stark nach vorn geschwungen wie bei *Tridacna* und *Hippopus*.

Es kann daher wohl kein Zweifel über die Richtigkeit der Auffassung bestehen, dass die Byssocardien in ihren Charakteren als phylogenetische Vorläufer der Tridacniden anzusehen sind. Dagegen vermag ich der Einordnung der Gattung *Byssocardium* in die Familie der Cardiiden, welche in verschiedenen Werken[5] wiederkehrt, nicht beizustimmen. *Byssocardium* zeigt, wie oben hervorgehoben wurde, alle Eigenthümlich-keiten, welche auch die Tridacniden auszeichnen; es wird daher diese Gattung in die Familie der Tridac-niden direct einzureihen sein. Die Beibehaltung einer besonderen Gattung *Byssocardium* erscheint jedoch vorläufig gerechtfertigt.

Schon Deshayes[6] ist die Ähnlichkeit seines *Cardium emarginatum* mit den Tridacnen nicht entgangen, wie aus dessen Hinweise hervorgeht, dass der Schalenausschnitt des ersteren ein wenig jenem

---

[1] Neumayr, a. a. O.

[2] Munier-Chalmas, Sur le genre Byssocardium. Bull. Soc. géol. de France. Vol. X, 1882, p. 228.

[3] G. P. Deshayes, Description des coquilles fossiles des environs de Paris, t. I. Paris 1824, p. 178.

[4] Tournouër, Sur une nouvelle espèce de coquille des marnes de Gaas (étage tongrien) voisine de Tridacna. Bull. Soc. géol. de France. Vol. X, 1882, p. 221 u. ff.

[5] So vergl. ausser Deshayes - Zittel, Grundzüge der Paläontologie (Palaeozoologie). München u. Leipzig 1895. — Coss-mann, Catalogue illustré des Coquilles fossiles de l'éocène des environs de Paris. Fasc. I. Bruxelles 1886, p. 166. (Byssocardium wird bei diesem Autor vom Charakter des Subgenus in die Gattung Lithocardium gestellt.) — P. Fischer, Manuel de Conchyliologie, Paris 1887, p. 1035.

[6] Deshayes in Lamarck, Histoire naturelle des animaux sans vertèbres. 2. édit. Paris 1835, p. 423.

der Tridacnen gleiche; auch die Aufstellung eines eigenen Genus für sein *Cardium emarginatum* drängte sich später[1] Deshayes auf. Tournouër spricht sich bezüglich des von ihm beschriebenen *Byssocardium Andreae* dahin aus, dass, wenn dasselbe auch nicht eine wirkliche *Tridacna* -hemicardioïdes, so doch vielleicht wenigstens eine Tridacnide ist, die Gattung *Byssocardium* jedenfalls den Tridacniden näher steht als den Cardiiden. Tournouër betrachtet sie als eine Zwischenform, welche durch ihre Mischcharaktere den *Cardium*- und *Tridacna*-Typus verbindet. Neumayr scheint *Byssocardium Andreae* näher mit *Tridacna* als mit *Byssoc. emarginatum* verwandt, und die Vereinigung mit diesem letzteren zu einer Gattung daher etwas bedenklich; vermuthlich wird für *Byssoc. Andreae* eine neue Gattung errichtet werden müssen, welche in die Familie der Tridacniden anstatt in jene der Cardiiden zu stellen sein wird, während *Byssoc. emarginatum* ungefähr auf der Grenze beider bleibt».

Ich muss nach den vorliegenden Abbildungen auch das *Byssocardium emarginatum* als Tridacnide ansehen und halte somit für das Richtigste, die Gattung *Byssocardium* in die Familie der Tridacniden direct aufzunehmen. In dieser repräsentirt sie einen ursprünglichen Formtypus.

Für die Zutheilung der Gattung *Byssocardium* zu den Tridacniden spricht die Ausbildung des Schlosses und der Schale. Dem steilen Abfall des Vorderrandes der Schale von *Byssocardium* im Vergleiche zu der Tridacnidenschale kann nicht ein so grosser Wert zugeschrieben werden, um die Trennung von den Tridacniden begründet erscheinen zu lassen.

Auch unter den Tridacnen ist der Schwung der Schale, beziehungsweise des Thieres, nach vorn ein verschieden weitgehender, wie z. B. aus einem Vergleiche der von mir abgebildeten *Tridacna elongata* (Fig. 6) mit der in Fig. 1 abgebildeten *Tridacna rudis* hervorgeht, bei welch' letzterer der vordere Schalentheil fast die gleiche Höhe wie der Schlossrand erreicht.

Zur Bekräftigung der Zutheilung von *Byssocardium* zu den Tridacniden dient ein von der Pola-Expedition im Rothen Meere bei Berenice aufgesammeltes Exemplar von *Tridacna*, welches vollends den Habitus von *Byssocardium Andreae* besitzt (vergl. Fig. 2 und 3). Der Vorderrand der Schale ist bei diesem Exemplar schräg abgestutzt, der Schalenrand sehr kurz. Im Zusammenhang damit steht eine viel weniger weit gehende Vorwärtsdrehung des Thieres, als dies sonst bei Tridacnen beobachtet wird. Sehr deutlich wird die Lage des Thieres aus dem steilen Verlaufe der Kiemen in Fig. 3 ersichtlich, welche in ihrem oberen Theile fast senkrecht stehen, nur im unteren ein wenig nach vorn gebogen sind. Auch die Lage der übrigen Organe entspricht den eben auseinandergesetzten Verhältnissen, wie aus einem Vergleiche der Fig. 3 mit der in Fig. 1 abgebildeten *Tridacna* besser als aus einer langen Beschreibung hervorgeht. Der hintere Schalenschliesser liegt bei diesem Exemplare hinter der Ebene des Wirbels, während er sonst vor der Ebene des Wirbels seine Lage hat.

Es handelt sich bei diesem Exemplare wahrscheinlich um eine *Tridacna rudis*, welche, wie die Tridacniden überhaupt, in ihrer Formgestaltung sehr variabel ist. Dass dasselbe bloss eine Jugendform repräsentire, kann nicht angenommen werden, wenngleich es sich nach der geringen Grösse als ein jugendliches Individuum erweist. Denn unter den kleineren, somit jedenfalls noch jüngeren Exemplaren, welche nach den bisherigen Bestimmungsmitteln alle zu *Tridacna rudis* zu zählen sind,[2] finden sich Exemplare mit wechselndem Abfalle des Vorderrandes der Schale, immer aber mit einer bereits sehr starken Verlängerung derselben nach vorn.

Ein solches noch jüngeres Exemplar von *Tridacna rudis* habe ich zum Vergleiche und zwar gleichfalls in natürlicher Grösse in Fig. 4 auf Taf. I abgebildet. An demselben ist die Schale stark nach vorn verlängert. Gegenüber dem in Fig. 1 abgebildeten ausgewachsenen Exemplare fällt vornehmlich der Unterschied in die Augen, dass die Schale der Jugendform stark schräg nach vorn abfällt, während bei dem

---

[1] Deshayes, Description des animaux sans vertèbres découverts dans le bassin de Paris, t. I. Paris 1860, p. 576.

[2] Die Bestimmungen der Thiere wurden von Herrn Dr. R. Sturany am kais. Hofmuseum in Wien gemacht, dessen Zuvorkommenheit und Liebenswürdigkeit in Beschaffung von Literatur und Vergleichsmaterial mir sehr werthvoll war und dankbar hier hervorgehoben werde.

grossen Exemplare der vordere Schalenrand fast in gleicher Flucht mit dem Schlossrande liegt; zweitens ist bei der Jugendform der vor dem Umbo gelegene Schalenabschnitt im Vergleiche zu dem hinter dem Umbo gelegenen relativ viel länger als bei dem grossen Exemplare.

Abgesehen von den Abweichungen in der Gestalt der Jugendformen wird die Mannigfaltigkeit der Erscheinung innerhalb der Species bei *Tridacna*, somit auch die beschriebene Form vom *Bryssocardium*-Typus, wahrscheinlich aus der Anpassung an besondere örtliche Verhältnisse zu erklären sein. Selbstverständlich ist zur Erlangung voller Sicherheit eine weitere Untersuchung, welche sich auf zahlreiche Exemplare an ihren Aufenthaltsorten ausdehnt, nothwendig.

II. Bulbus arteriosus.

Tridacna besitzt einen umfangreichen Bulbus arteriosus, welcher bereits von Vaillant[1] im allgemeinen richtig beschrieben worden ist. Diese Angaben bestätigte später Menegaux.[2]

Wie bei den übrigen Lamellibranchiaten, denen ein Bulbus zukommt, gehört auch bei *Tridacna* der Bulbus arteriosus dem Anfange der hinteren Aorta an und ragt in den Pericardialraum hinein. Seine Gestalt ist birnförmig und wird am besten aus den Abbildungen zu beurtheilen sein (Fig. 5, 7 und 8 *Ba*). Während derselbe jedoch sonst entsprechend der ventralen Lage der hinteren Aorta ventralwärts vom Darm gelegen ist, sehen wir denselben bei *Tridacna* den Darm umgeben, so dass der Darm den Bulbus, ähnlich wie die Herzkammer, durchsetzt. Schon aus Vaillant's Abbildungen ist dieses Lagerungsverhältnis zu ersehen und ich habe bereits gelegentlich meiner Publication[3] über den Bulbus arteriosus der Lamellibranchier auf diese abweichende Lage des Bulbus nach Vaillant's Figuren hingewiesen. Der grössere Theil des Bulbus kommt sogar nach unten vom Darm, dorsal in morphologischer Hinsicht (bezogen auf die normalen Verhältnisse der Lamellibranchier), zu liegen. Ein Längsschnitt (Fig. 7 *Ba*) zeigt, dass auch die Klappe (*K^1*) des Bulbus im unteren (dorsalen) Theile gelegen ist, im Zusammenhange mit der Lage der hinteren Aorta unterhalb (dorsal) des Darmes. Mit Rücksicht auf die sonstige Lagerung des Arterienbulbus bei Lamellibranchiern erscheint derselbe bei *Tridacna* mit der hinteren Aorta dorsalwärts (nach unten) gewandert. Diese Wanderung mag mit der eigenthümlichen Drehung des Eingeweidesackes zusammenhängen, zufolge welcher das Herz an die Unterseite des Eingeweidesackes zu liegen kommt.

Die Klappe des Arterienbulbus (*K^1*) von *Tridacna* entspringt wie sonst im Arterienbulbus der Lamellibranchier an der dem Ventrikel des Herzens zugekehrten Wand des Bulbus und ragt weit in das Lumen desselben hinein; sie hemmt demnach den Rückfluss des Blutes zur Herzkammer.

Eine gute Ansicht über die Form der Klappe verschafft man sich, wenn man den Bulbus von der Unterseite (Dorsalseite) öffnet. (Vergl. Fig. 8.) Man erkennt sodann ihre lang-zungenförmige Gestalt. Die Klappe ist um den entspringenden Enddarm herumgelagert, somit nach unten, beziehungsweise dorsalwärts, vorgewölbt. Ihr freier Rand steht durch musculöse Fäden mit der Bulbuswand in Verbindung. Die Klappe des Arterienbulbus von *Tridacna* erinnert somit vollständig an jene von mir bei *Cytherea chione* beschriebene, bloss mit dem Unterschiede, dass die Klappe bei *Cytherea*, entsprechend der ventralen Lagerung des Bulbus, ventral vom Darm gelegen ist.

Die Klappe am Arterienbulbus von *Tridacna* wurde bereits von Vaillant gesehen. Nach der von diesem Autor gelieferten Beschreibung findet die Verbindung zwischen Herzkammer und Bulbus nur an einer Stelle statt, indem der Darm an dem Übergange des Ventrikels in den Bulbus mittelst einer zarten Membran vereinigt ist, welche sich unten, wo die Höhlungen mit einander communiciren, gegen den Bulbusraum hin einsenkt und auf diese Art eine Klappe, vergleichbar einer Semilunarklappe, bildet. Mene-

[1] Vaillant, l. c. p. 146, 148—149, sowie pl. 11, fig. 2, 3.

[2] A. Menegaux, Recherches sur la circulation des Lamellibranches marins. Besançon 1890, p. 132.

[3] K. Grobben, Über den Bulbus arteriosus und die Aortenklappen der Lamellibranchiaten. Arb. d. zool. Inst. zu Wien, Bd. IX.

gaux bestätigte die Angaben Vaillant's und bezeichnete die Klappe als »semilunaire«. Aus meiner früheren Darstellung geht jedoch bereits hervor, dass die Klappe nicht nach dem Typus der Semilunarklappen gebaut ist. Der von mir für die Bezeichnung der Klappe gewählte Ausdruck »zungenförmig« scheint mir am zutreffendsten deren Form zu charakterisiren.

Der Bulbus arteriosus besteht aus einem Flechtwerk von Muskelfasern. Zwischen denselben sind Blutlacunen, so dass das ganze Organ in seinen Wandtheilen eine schwammige Beschaffenheit besitzt. Die Räume dieses Schwammwerkes stehen durch Lücken mit dem grossen centralen Raume des Bulbus in Verbindung (zum Theil aus Fig. 8 ersichtlich).

Den histologischen Aufbau des Bulbus hat auch bereits Vaillant untersucht. Allerdings sind die Angaben mangelhaft; ebensowenig gibt die von Vaillant beigegebene Figur eine richtige Vorstellung von den Geweben.

Die ein Flechtwerk bildenden Muskelfasern des Bulbus sind in einer Bindesubstanz eingelagert Fig. 14). Kerne finden wir in den Balken des Gewebes, welche zum Theil den Muskeln, zum Theil dem Bindegewebe zugehören. Der Erhaltungszustand des zur Untersuchung dienenden Thieres gestattete nicht die Bindegewebszellen so klar zu erkennen, wie dies beim Bulbus anderer frisch conservirter Lamellibranchier früher von mir beschrieben wurde. Auch concrementführende Zellen finden sich im Bulbus von *Tridacna*, und zwar stellenweise in grosser Menge vor Fig. 14 Z). Wie bereits Vaillant richtig beobachtete, sind dieselben im unteren Theile des Bulbus reichlicher vorhanden. Sie liegen zumeist in Haufen, haben rundliche, fast kugelige Gestalt und weisen im Zellleib stark lichtbrechende bräunliche Inhaltskörper von variirender Grösse auf. Bei genügend intensiv gefärbten Präparaten lässt sich auch der Zellkern beobachten, der aber häufig durch die concrementartigen Inhaltskörper, besonders bei ungenügender Tinction verdeckt wird. Diese Zellen bedingen die braungelbe Färbung des Bulbus.

Diese Elemente des Bulbus hat, wie bereits hervorgehoben wurde, schon Vaillant beschrieben, ihren Zellencharakter jedoch nicht erkannt. Er nennt dieselben »corpuscules« oder »corps réfringents«. Derselbe Autor gibt auch an, dass diese Körperchen in unregelmässigen Gruppen angeordnet sind, welche eine Art Acini bilden, in denen es jedoch unmöglich war, excretorische Canälchen zu finden.

Wenn auch die Auffassung dieser Zellhaufen als Acini nicht zutreffend ist, so hat sich doch insofern Vaillant einer richtigen Vorstellung über die Bedeutung derselben genähert, als er ihre excretorische Natur erkannt zu haben scheint. In der That handelt es sich hier wohl um excretorische Zellen, wie sie bei vielen anderen Thieren beschrieben sind und deren Function darin besteht, dass sie gewisse Substanzen aus dem Blute abscheiden und in sich aufspeichern.

Ich möchte nur noch bemerken, dass derartige concrementführende Zellen auch an anderen Stellen des Körpers zu finden sind, dieselben somit nicht als specifische Elemente des Arterienbulbus betrachtet werden können.

In dem abgebildeten Schnitt (Fig. 14) durch den Bulbus erkennt man ferner die von dem Netzwerk der Muskeln eingeschlossenen Blutlacunen und in denselben einzelne Blutkörper Cs) als Bedeckung des Bulbus das Pericardialepithel (E). Ich richtete auch, angeregt durch eine vor kurzem erschienene Publication von Bergh,[1] mein Augenmerk auf das Vorhandensein eines die Räume des Bulbus auskleidenden Endothels, vermochte aber keines zu erkennen. Bergh vermisste ein inneres Epithel im Gefässsystem von Pulmonaten und *Anodonta* in Bestätigung der älteren Angaben Eberth's, in denen für das Herz und die grösseren Gefässe bei den Mollusken der Mangel eines Endothels hervorgehoben wurde. Immerhin möchte ich meinen Beobachtungen an *Tridacna* in dieser Beziehung keine entscheidende Bedeutung zuschreiben, da ich vornehmlich an Schnitten untersuchte und mir auch bloss conservirtes Material zur Verfügung stand.

---

[1] R. S. Bergh, Beiträge zur vergleichenden Histologie. Anatom. Hefte, herausgeg. von Fr. Merkel und R. Bonnet. 1898.

III. Die Pericardialdrüse.

Eröffnet man den Herzbeutel von *Tridacna elongata*, indem man die Aussenwand desselben durch-schneidet, so gewahrt man in demselben die Herzkammer mit den beiden etwas asymmetrisch entwickelten Vorhöfen, sowie gegen die Afterseite hin den Bulbus arteriosus. Zieht man nach Durchtrennung am Ostium atrioventriculare die Vorhöfe seitwärts, so wird in dem Winkel zwischen der inneren Wand des Vorhofes und der proximalen Wand des Pericardiums eine Anzahl von Gruben sichtbar. Bei dem in Fig. 5 abgebil-deten Exemplare sind jederseits fünf solche Gruben (*Oe*) zu zählen, welche, wohl im Zusammenhange mit der asymmetrischen Ausbildung des Körpers, beiderseits etwas verschieden angeordnet erscheinen; linkerseits stehen dieselben weiter auseinander als rechterseits.

Die im hintersten (mit Bezug auf die Orientirung der Figur) Winkel des Pericardialraumes gelegene Grube (*H'*) ist die Einmündung des Wimpertrichters der Niere, welcher von Vaillant vermisst wurde. Die vier übrigen Gruben jederseits sind die Mündungen einer im Mantel gelegenen Pericardialdrüse, wie ich dieselbe früher für eine grosse Zahl von Lamellibranchiaten nachgewiesen habe.[1]

Die Zahl dieser Öffnungen war bei verschiedenen Individuen nicht gleich. So fanden sich zuweilen einerseits bloss zwei solche Einmündungsstellen vor. Bei einem weiteren Exemplare vermochte ich nur eine grössere Öffnung unterhalb des Vorhofes nachzuweisen, in deren Tiefe weitere kleinere Öffnungen sichtbar waren. Diese grosse Einmündungsstelle der Pericardialdrüse ist in ihrem weiteren Verlaufe nach dem Eingeweidesacke zu gerichtet gewesen. Eine weitere Einmündungsstelle war nicht mit Sicherheit auffindbar. Das zuletzt erwähnte Exemplar von *Tridacna elongata* war um Vieles kleiner als die übrigen von mir untersuchten, so dass an die Möglichkeit zu denken wäre, ob eine einzige grosse Einmündungs-stelle der Pericardialdrüse nicht einen Entwicklungszustand des sonstigen Verhaltens bei *Tridacna elongata* vorstelle. Dafür spräche auch der Befund an einer jungen *Tridacna rudis*, und zwar jenes Exemplares, welches ich in Fig. 4 auf Taf. I abgebildet habe. Hier fand sich nur eine grosse Stelle im hintersten (mor-phologisch vordersten) Winkel des Pericardialraumes, an welcher zahlreiche Einmündungen der Pericardial-drüse zu finden waren. Diese Stelle reichte nur wenig unter den hintersten Theil des Vorhofes.

Doch muss ich hier noch hinzufügen, dass bei einem grösseren Exemplare von *Tridacna rudis* die Verhältnisse bezüglich der Einmündungsstellen der Pericardialdrüse wie bei *Tridacna elongata* lagen. Hier waren mit einiger Sicherheit drei solche Stellen zu unterscheiden, von denen zwei unterhalb des Vor-hofes weiter gegen vorn (beziehungsweise hinten in morphologischer Hinsicht) lagen, die dritte im hintersten (morphologisch vordersten) Winkel des Pericardialraumes gelegen war.

Es folgt daraus, dass die ursprünglichen Verhältnisse der Einmündungsstelle bei den Tridacniden mit jenen bei *Cardium*, welches, wie früher bereits erwähnt wurde, mit den Tridacniden nächst verwandt ist, übereinstimmen; bei *Cardium*[2] sehen wir mehrfache Drüsenöffnungen, neben einer grösseren noch einige kleinere, nur an einer Stelle im vordersten Winkel des Pericardiums vor dem Vorderende des Vorhofes gelegen.

Es ergibt sich jedoch aus dem Vergleiche der Befunde bei der jungen *Tridacna rudis*, bei *Cardium*, sowie bei anderen Lamellibranchiaten, bei denen die Mündungen der Pericardialdrüse des Mantels gleich-falls im vorderen Winkel des Pericardialraumes vor dem Vorhofe liegen, noch weiter, dass die Lage der Einmündungsstellen der Pericardialdrüse unterhalb des Vorhofes bei *Tridacna elongata* und *Tridacna rudis* eine abweichende und wohl als Folge der eingetretenen Verschiebungen der übrigen Organe zu erklären ist.

Schnitte lehren, dass die Pericardialdrüse von *Tridacna* eine ähnliche Ausbreitung besitzt wie sonst bei Lamellibranchiaten. Ihre Gänge finden sich zwischen den Mantellamellen vor dem Vorhofe und unter-

---

[1] C. Grobben, Die Pericardialdrüse der Lamellibranchiaten. Ein Beitrag zur Kenntniss der Anatomie dieser Molluskenclasse. Arb. d. zool. Instit. zu Wien. Bd. VII. 1888.

[2] Grobben, am oben a. O., p. 50 und Fig. 18.

halb desselben; sie reichen hier bis an die Basis der Kiemen herab und strahlen gegen die Einmündungsstellen hin zusammen. Die Pericardialdrüse erstreckt sich jedoch auch dorsalwärts vom Pericardialraum,
wo man ihre Gänge im hinteren Theile desselben zwischen Pericardium und Leibeswand antrifft. Wie
aus den in Fig. 9—12 abgebildeten Querschnitten hervorgeht, hat die Pericardialdrüse ihre grösste Ausbreitung in der Gegend der hinteren Winkel des Pericardialraumes, während nach vorne zu in der Gegend
des hintersten Theiles der Herzkammer nur mehr wenige Gänge derselben zu finden sind.

An den Pericardialdrüsengängen ist ein langer, sich vielfach verästelnder ausführender Theil von den
eigentlichen Drüsenschläuchen, die sich gleichfalls reichlich verzweigen, zu unterscheiden.

Die Ausführungsgänge (Fig. 13a) werden von einem Epithel bekleidet, welches mit dem Pericardialepithel übereinstimmt. Es besteht aus mehr oder minder hohen Zellen mit feinkörnigem Plasma und stösst
an den Übergangsstellen unvermittelt an das charakteristische Epithel der Drüsenschläuche. Letzteres
erinnert an jenes der Mantelpericardialdrüse anderer Lamellibranchiaten (Fig. 13). Die Zellen desselben
sind hoch, von unregelmässiger Gestalt und bilden kein geschlossenes Epithel, sondern ragen einzeln
hügelförmig in das Drüsenlumen vor. Der Zellleib weist verschieden grosse, oft concrementartige bräunlich
gefärbte Körnchen auf; der Kern liegt nahe der Basis.

Es zeigt sich hier wie bei anderen Lamellibranchiern, dass Drüsenzellen, welche mit concrementartigen
Körperchen reich beladen sind, abgestossen und durch die Ausführungsgänge in den Pericardialraum
hinausbefördert werden. Man beobachtet nämlich sowohl im Lumen der Drüsengänge, als auch besonders
reichlich in den Ausführungsgängen Klumpen solcher abgestossener Drüsenzellen.

Die Drüsengänge sind allenthalben von Blutlacunen umgeben und werden von einem Gebälk von
Bindegewebe gestützt, in welchem reichlich Muskelfasern verlaufen (vergl. Fig. 13, Bl, Bg, Mf).

So zeigt sich auch in dieser Hinsicht die Übereinstimmung mit der Mantel-Pericardialdrüse anderer
Lamellibranchiaten.

IV. Die Geschlechtsverhältnisse von Tridacna.

Über die Geschlechtsverhältnisse von *Tridacna elongata* bemerkt Vaillant,[1] dass von den zahlreichen Individuen, welche ihm zur Untersuchung vorlagen, sich alle als Weibchen erwiesen, Männchen
sich keine fanden. Anknüpfend an diese Beobachtung meint Vaillant, man könnte vielleicht zu der
Ansicht gelangen, dass sich die Samendrüse zu anderer Zeit entwickle, und damit weiter zu der Auffassung, dass *Tridacna elongata* hermaphroditisch sei, ein Schluss, der jedoch erst weitere Beobachtungen
voraussetze.

Meine eigenen Untersuchungen zeigten, dass *Tridacna elongata* und *Tridacna rudis* thatsächlich
Hermaphroditen sind. Sowohl an Schnitten als an Zupfpräparaten kann man sich leicht hievon überzeugen.
Männliche und weibliche Genitalproducte entstehen in einer einheitlichen Keimdrüse, deren Schläuche
stellenweise nur Eier und Sperma erzeugen, doch werden beiderlei Geschlechtsproducte auch untermischt
getroffen (Fig. 15).

Die Eier stehen durch kurze Stiele mit dem Keimlager bis zur Reife in Zusammenhang, das Sperma
bildet kegelförmige Massen; solches ist auch selbst bei der schwachen Vergrösserung in Fig. 15 zu
erkennen.

Bei einigen Exemplaren sah ich die männlichen Producte die weiblichen überwiegen; bei anderen
hingegen das umgekehrte Verhältniss, so dass es unter den letztgenannten Fällen bei einem Exemplare
sogar den Anschein hatte, als sei dasselbe ausschliesslich weiblich. Doch erwies eine mikroskopische
Untersuchung auch hier das Vorhandensein männlicher Keimproducte, deren Vorhandensein übrigens
bei aufmerksamer Beobachtung bereits unter der Lupe erkennbar ist.

Aus diesen Befunden ergibt sich somit der Schluss, dass wahrscheinlich die männliche und die weibliche Reife zu verschiedenen Zeiten eintreten. Vielleicht überwiegt auch bei manchen Individuen die

---

[1] Vaillant, a. a. O. p. 165.

Production des Sperma, bei manchen die Eierproduction zeitlebens, so dass individuelle Unterschiede vorlagen. Darüber müssten erst Untersuchungen an einem viel reicheren Materiale entscheiden. Auch wäre die Frage ins Auge zu fassen, ob sich nicht jüngere Exemplare vornehmlich männlich, ältere vornehmlich weiblich verhalten.

Nach Fertigstellung des Druckes dieser Abhandlung wurde mir noch eine kleine Mittheilung von J. D. Macdonald »On the Anatomy of Tridacna« (Annals and Magaz. of natur. history, II. ser. vol. XX, 1857, p. 302—303) bekannt. In derselben wird vor Vaillant, dem die erwähnte Arbeit offenbar entgangen ist, der Bulbus arteriosus von *Tridacna* beschrieben, sowie auch die Angabe gemacht, dass der Darm den Bulbus durchsetze. Endlich wird auch die Klappe gut beschrieben, allerdings als eine Mehrzahl von kleinen Klappen aufgefasst, wie aus der betreffenden Stelle, die hier citirt werden möge, hervorgeht: »that part of the intestine which traverses the bulbus arteriosus is closely surrounded with elongated membranous valvulae, which arise from the anterior part of the chamber where the gut enters, and are fixed by a number of chordae tendineae to the posterior wall, where it makes its exit«; »a contrivance which permits the blood to pass between the rectum and the little valves, but prevents its reflux«.

Tafelerklärung.

Buchstabenbezeichnung.

A	Atrium des Herzens.	*Ma*	Ausströmungsöffnung des Mantels.
Af	Afteröffnung.	*Me*	Einströmungsöffnung des Mantels.
Ao	Vordere Aorta.	*Mf*	Muskelfasern.
Ao'	Hintere Aorta.	*N*	Niere (Bojanus'sches Organ).
Ap	Hinterer Adductor.	*Oe*	Einmündung der Mantel-Pericardialdrüse in den Pericardialraum.
Ar	Arteria recurrens pericardii.		
Ba	Bulbus arteriosus.	*P*	Pericardialraum.
Bg	Bindegewebe.	*p*	Median zipfelförmige Ausbuchtung des Pericardiums.
Bl	Blutlacunen.		
Br	Kiemen.	*P.f*	Schläuche der Mantel-Pericardialdrüse.
Cs	Blutkörperchen.	*Q*	Laterales Nebenraum des Einströmungsabschnittes der Mantelhöhle.
D	Darmcanal.		
E	Pericardialepithel.	*q*	Hintere Ausbuchtung des Ausströmungsabschnittes der Mantelhöhle.
F	Fuss.		
Fs	Fussschlitz des Mantels.	*Ra*	Vorderer Retractor des Fusses.
G	Genitaldrüse.	*Rp*	Hinterer Retractor des Fusses.
H	Leber.	*S*	Schale.
J	Verwachsungsmembran zwischen den Kiemen.	*Sw*	Scheidewand zwischen Ein- und Ausströmungsabschnitt der Mantelhöhle
K	Klappe am Beginne der vorderen Aorta.	*T*	Byssus.
K'	Klappe am Anfange der hinteren Aorta.	*V*	Herzkammer.
L	Schalenligament.	*W*	Wimpertrichter der Niere.
M	Mundsegel.	*Z*	Concrementführende Zellen.

TAFEL I.

Fig. 1. *Tridacna rudis* Rve. Thier in der Schale von der linken Seite gesehen. Linke Schale und linker Mantellappen abgehoben, Eingeweidesack theilweise aufpräparirt. Der Pericardialraum ist linkerseits eröffnet und der linke Vorhof abgetragen. Die Niere, sowie der hintere Retractor und Adductor erscheinen im sagittalen Durchschnitt. Natürl. Grösse.

» 2. Byssocardium-ähnliche Tridacnide (wahrscheinlich eine eigenthümlich ausgebildete *Tridacna rudis*) mit sehr verkürzter und ziemlich steil abfallender Vorderseite, die auch nur wenig nach vorn geschwungen erscheint. Das Thier in der Schale von der linken Seite gesehen, nach Abhebung der linken Schalenklappe. Natürl. Gr.

» 3. Dasselbe Thier in gleicher Ansicht nach Abpräparirung des linken Mantellappens, um die im Vergleiche zu dem sonstigen Verhalten steile Lage des Eingeweidesackes zu den Kiemen zu zeigen. Natürl. Gr.

» 4. Junge *Tridacna rudis*, von der linken Seite gesehen. Natürl. Gr.

» 5. Der Pericardialraum von *Tridacna elongata* eröffnet, mit den benachbarten Körperpartien. Die Vorhöfe sind am Ostium atrioventriculare abgeschnitten und seitwärts zurückgelegt, um die Einmündungen der Pericardialdrüse zu zeigen; dabei werden zugleich die Wimpertrichter der Nieren sichtbar. Natürl. Gr.

TAFEL II.

Fig. 6. *Tridacna elongata* Lm., Thier in der Schale von der linken Seite gesehen. Linke Schale und Mantelhälfte abgehoben. Der Byssus ist abgefallen. Natürl. Gr.

» 7. Der Pericardialraum mit den benachbarten Körperpartien von *Tridacna elongata*, im Mediansschnitte. Orientirung des Präparates übereinstimmend mit der normalen Lage des Pericardiums bei Lamellibranchiaten. Natürl. Gr.

» 8. Der Bulbus arteriosus von *Tridacna elongata* mit den umgebenden Körpertheilen, distal (morphologisch der Byssusseite der übrigen Lamellibranchier entsprechend) eröffnet, um die Klappe in demselben zur Anschauung zu bringen. Vergr. 2½.

» 9. Querschnitt durch einen Theil des Eingeweidesackes der in Fig. 4 abgebildeten jungen *Tridacna rudis*, in der Gegend des hinteren (morphologisch vorderen) Winkels des Pericardiums mit den Einmündungsstellen der Pericardialdrüse, deren Ausbreitung aus diesem und den folgenden Schnitten ersichtlich ist. Vergr. etwa 15 mal.

» 10. Etwas weiter nach vorne zu folgender Querschnitt vom Eingeweidesacke desselben Exemplares, in der Gegend des hinteren Vorhofendes. Die hinteren Enden des Pericardialraumes sind in der Mitte verschmolzen. Bei *p* ist das hintere Ende einer kleinen, blinden medianen Ausbuchtung des Pericardialraumes getroffen. Auch in diesem Schnitte ist eine Anzahl von Einmündungen der Pericardialdrüse zu beobachten. Vergr. etwa 15 mal.

TAFEL III.

11. Ein noch weiter nach vorne (analwärts) zu folgender Querschnitt derselben jungen *Tridacna rudis*. Die mediane obere Bucht des Pericardiums *(p)* entspricht der kleinen in Fig. 10 getroffenen blinden Ausbuchtung des Pericardiums, welche somit hier an ihrer Communicationsstelle mit dem grossen Pericardialraum getroffen ist. Der Pericardialraum reicht gegenüber dem Bilde in Fig. 10 lateral weiter hinab. Vergr. etwa 15 mal.

12. Querschnitt derselben Serie aus der Gegend des hinteren Kammerendes des Herzens. Von Schläuchen der Pericardialdrüse finden sich nur mehr wenige an der Basis der Kiemen; oberhalb des Pericardiums sind keine mehr zu beobachten. Vergr. etwa 15 mal.

13. Stück eines Querschnittes durch die Pericardialdrüse von *Tridacna elongata*. Bei *(a)* ist ein Ausführungsgang getroffen und im Lumen desselben ein Klümpchen abgestossener Drüsenzellen gelegen. Vergr. 520 mal.

14. Theil eines Längsschnittes durch den Bulbus arteriosus von *Tridacna elongata*. Vergr. 520 mal.

15. Theil eines Querschnittes durch die Genitaldrüse von *Tridacna elongata*. Aus zwei Stellen erkennt man, dass männliche und weibliche Keimproducte in einer einheitlichen Drüse neben einander entstehen. Die Räume zwischen den Genitalschläuchen sind Blutlacunen, von Bindegewebe durchzogen, in welchem auch Muskelfasern verlaufen. Vergr. 70 mal.

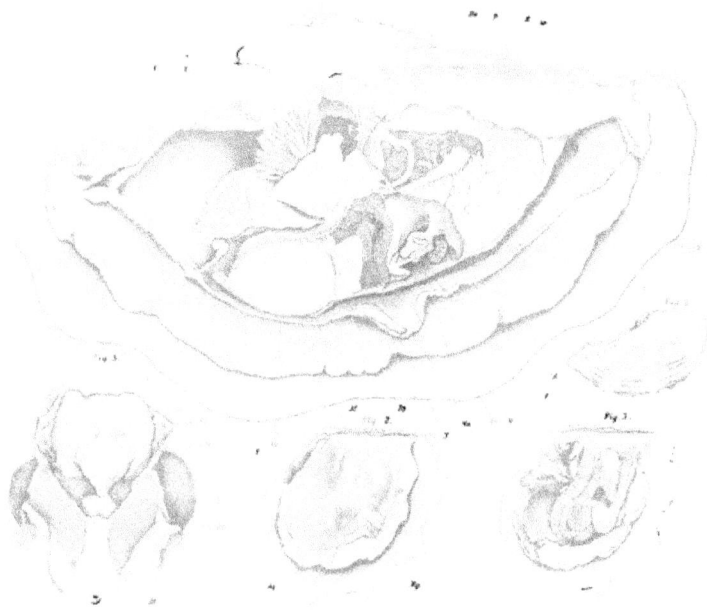

Fig 7

Fig 8

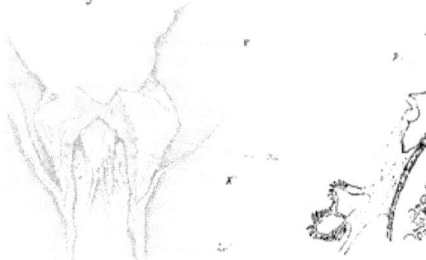

Fig.

Fig.

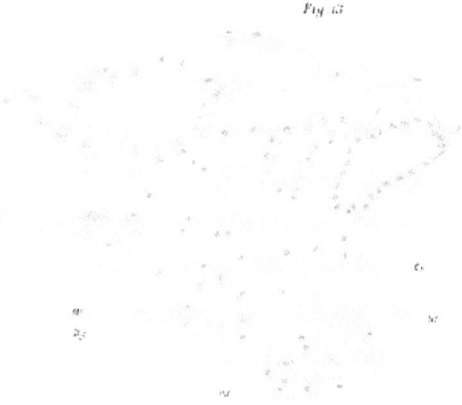

Fig.

Fig.

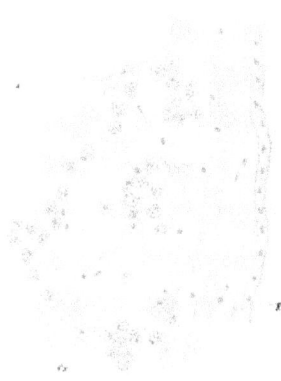

Autor del. Lith.Anst.v.Th.Bannwarth,W.

ZOOLOGISCHE ERGEBNISSE. X.

MOLLUSKEN II.

(HETEROPODEN UND PTEROPODEN, SINUSIGERA.)

GESAMMELT VON S. M. SCHIFF »POLA« 1890—1894.

BEARBEITET VON

ALFRED OBERWIMMER,

CAND. MED.

(Mit 1 Tafel.)

BESONDERS ABGEDRUCKT AUS DEM LXV. BANDE DER DENKSCHRIFTEN DER MATHEMATISCH-NATURWISSENSCHAFTLICHEN CLASSE DER KAISERLICHEN AKADEMIE DER WISSENSCHAFTEN.

WIEN 1898.

AUS DER KAISERLICH-KÖNIGLICHEN HOF- UND STAATSDRUCKEREI.

Rec'd May 20/99

IN COMMISSION BEI CARL GEROLD'S SOHN

BUCHHÄNDLER DER KAISERLICHEN AKADEMIE DER WISSENSCHAFTEN.

BERICHTE DER COMMISSION FÜR ERFORSCHUNG DES ÖSTLICHEN MITTELMEERES. XXI.

ZOOLOGISCHE ERGEBNISSE. X.

MOLLUSKEN II.

(HETEROPODEN UND PTEROPODEN, SINUSIGERA.)

GESAMMELT VON S. M. SCHIFF POLA 1890—1894.

BEARBEITET VON

ALFRED OBERWIMMER,

CAND. M. D.

(Mit 1 Tafel.)

BESONDERS ABGEDRUCKT AUS DEM LXVI. BANDE DER DENKSCHRIFTEN DER MATHEMATISCH-NATURWISSENSCHAFTLICHEN CLASSE DER KAISERLICHEN AKADEMIE DER WISSENSCHAFTEN.

WIEN 1898.

AUS DER KAISERLICH-KÖNIGLICHEN HOF- UND STAATSDRUCKEREI.

IN COMMISSION BEI CARL GEROLD'S SOHN

BUCHHÄNDLER DER KAISERLICHEN AKADEMIE DER WISSENSCHAFTEN.

ZOOLOGISCHE ERGEBNISSE. X.

MOLLUSKEN II.

(HETEROPODEN UND PTEROPODEN, SINUSIGERA).

GESAMMELT VON S. M. SCHIFF »POLA« 1890—1894.

BEARBEITET VON

ALFRED OBERWIMMER,

CAND. MED.

(Mit 1 Tafel.)

VORGELEGT IN DER SITZUNG VOM 31. MÄRZ 1898.

Obwohl die alten Molluskenclassen der *Heteropoden* und *Pteropoden* längst nicht mehr bestehen, die ersteren vielmehr im Systeme bei den Prosobranchiern ihre Einreihung als Familie gefunden haben, und die letzteren jetzt den Opisthobranchiern zugezählt werden, sind sie in dem ersten Berichte über die von S. M. Schiff »Pola« gesammelten Mollusken [1] unberücksichtigt geblieben, und zwar mit Absicht. Sie haben eine so streng pelagische Lebensweise und haben durch dieselbe auch eine von den ihnen nächstverwandten Familien so verschiedene Gestalt und Organisation erhalten, dass eine gesonderte Betrachtung derselben wohl gerechtfertigt erscheint.

Desgleichen liess sich die ehemalige Gattung *Sinusigera* d'Orb. nicht bei einer systematischen Besprechung der Gastropoden unterbringen; die Sinusigeraformen werden heute zwar als Larvenformen verschiedener Gastropoden angesehen, aber die Zutheilung der einen oder anderen Form zu einem bestimmten Genus derselben ist geradezu unmöglich. Aus diesen Gründen wurde die Besprechung zweier Sinusigeraformen als Anhang an die systematische Aufzählung der Heteropoden und Pteropoden angegliedert.

Die Pteropoden und Heteropoden leben pelagisch. Es gibt unter ihnen keine specifisch der Tiefsee zugehörigen Arten. Es lässt sich sogar behaupten, dass in grösseren Tiefen aufgefundene Exemplare nur Ausnahmen bilden und dass der Verbreitungsbezirk dieser beiden Familien den höheren Meeresschichten angehört. In grösseren Tiefen wurden lebend aufgefunden: *Atlanta peronii* Les. 1138 m (Station 379), *Carolinia tridentata* Lam. 950 m (Station 378) und 1196 m (Station 283), *Clio pyramidata* L. 1196 m (Station 379), *Cymbulia peronii* Blv. in Tiefen von 250 m (Station 376) bis 1138 m (Station 379). Diese Arten

---

[1] Sturany Dr. R. Mollusken I. (Prosobranchier und opisthobranchier, Scaphopoden, Lamellibranchier), gesammelt von S. M. Schiff Pola 1890—1894. Denkschr. d. kais. Ak. d. Wiss. LXIII. Bd. 1896.

kamen aber sämmtlich in bedeutend grösserer Anzahl in geringeren Tiefen vor. Eine Ausnahme hievon bildet nur *Cymbulia peronii* Blv., welche nur einmal pelagisch aufgefischt, dagegen 6mal lebend gedredscht wurde.

Dass im Mittelmeere — wie zahlreiche Grundproben ergeben — grosse Bodenstrecken mit ungeheuren Mengen von Heteropoden- und Pteropodenschalen bedeckt sind, kann keinen Beweis dafür bilden, dass diese Thiere thatsächlich in der Nähe des Meeresbodens oder auf demselben sich aufhalten. Unter den unzähligen Stücken, welche die Grundproben lieferten, fanden sich nur die oben angeführten in je einem oder zwei lebenden Exemplaren vor. Schon der Umstand, dass nur so wenige lebende Exemplare und diese nur in den oben angeführten vier Stationen gefunden wurden, während die Heteropoden und Pteropoden gesellig in ungeheuren Schwärmen leben, beweist, dass diese Stücke nur durch Zufall in so grosse Tiefen gelangten.

Dass trotzdem der Meeresboden streckenweise mit Heteropoden- und Pteropodenschalen bedeckt ist, findet seine Erklärung darin, dass die leeren Schalen der abgestorbenen Thiere zu Boden sinken und von Meeresströmungen an gewissen Stellen des Grundes zusammengetragen werden. Diesen Bodenbelag bilden alle Gattungen der Pteropoden mit Ausnahme der *Cymbuliidae*, sowie der *Gymnosomata*, von den Heteropoden fehlen die *Firolidae*; es fehlen also nur die schalenlosen Gattungen und die *Cymbuliidae*, deren Schalen nicht kalkhaltig sind. Das Hauptcontingent zu diesen Ablagerungen stellen die Gattungen *Clio* L., *Cavolinia* Abildg., *Limacina* Cuv. und *Atlanta* Les.

Was die geographische Verbreitung der Gattungen und Arten im Gebiete der Expeditionen anbelangt, lässt sich ein faunistischer Unterschied zwischen dem östlichen Mittelmeere und der Adria nur insofern feststellen, als die Fauna der Adria an Arten ärmer ist als die des östlichen Mittelmeeres. In diesem wurden von Heteropoden 4 Genera mit 13 Species, von Pteropoden 4 Genera mit 15 Species gefunden; in der Adria befanden sich von Heteropoden 2 Genera mit 2 Species, von Pteropoden 4 Genera mit 11 Species vor. Die zwei vorgefundenen Sinusigera-Formen sind über beide Meere verbreitet. In den Fängen aus dem östlichen Mittelmeere fehlt das Genus *Cymbulia*, in dem Materiale aus der Adria finden sich die Genera *Carinaria*, *Pterotrachea*, *Peracle* und das Subgenus *Hyalocylix* nicht vor.

Die am weitesten verbreitete Art ist *Clio acicula* Rang, welche in 41 Stationen vorgefunden wurde; dann folgen: *Clio subula* Gray, (32 Stationen), *Atlanta peronii* Les. (29 Stationen), *Clio pyramidata* L. und *Cavolinia gibbosa* Pels. (26 Stationen), *Clio striata* Pels. und *Limacina inflata* Gray mit je 23 Stationen; weniger als 20 Fundorte weisen folgende Arten auf: *Cavolinia tridentata* Lam. und *Clio conica* Eschsch. (19 Stationen), *Limacina trochiformis* Gray (17 Stationen), *Atlanta quoyana* Soul. und *Atlanta rosea* Soul. (16 Stationen), *Atlanta fusca* Soul., *Oxygyrus keraudreni* Mc. Andr. und *Clio virgula* Pels. (12 Stationen), *Atlanta steindachneri* Oberwimmer (n. Sp.), *Clio cuspidata* Pels. und *Cavolinia inflexa* Ver. (11 Stationen) und endlich *Peracle reticulata* Pels. (10 Stationen). Die übrigen Species wurden an weniger als 10 Stationen gefunden; blos von einem Fundorte liegen *Pterotrachea quoyana* d'Orb. und *Pterotrachea scutata* Gegenb. vor.

Als die ergiebigste Fangzeit für die Oberflächenfischerei ergab sich die Zeit von 6 Uhr 45 Minuten bis 8 Uhr 45 Minuten p. m., in welcher Zeit die grösste Anzahl von Arten, sowie Individuen gefangen wurde. Von 8 Uhr 45 Minuten p. m. bis Mitternacht nahm die Arten- und Individuenzahl ab und hob sich wieder von 3 Uhr 45 Minuten bis 5 Uhr 30 Minuten a. m., jedoch war um diese Zeit der Fang nie so ergiebig wie gegen Abend. Unter Tags ergab die Oberflächenfischerei kein oder doch nur ein sehr geringes Resultat.

Fasst man das Ergebnis dieser Beobachtungen zusammen, so ergibt sich, dass die Heteropoden und Pteropoden gegen Abend an die Oberfläche gelangen und sich dort bis zur Dämmerung aufhalten, während der Nachtstunden jedoch wieder in die tieferen Regionen des Wassers steigen, welche sie vor Sonnenaufgang auf kurze Zeit verlassen, um zur Oberfläche aufzusteigen. Tagsüber halten sie sich ohne Unterbrechung in niederen Schichten, jedoch nur in relativ geringen Tiefen und nie am Grunde auf. Neueren Forschungen zu Folge ist dieses Auf- und Absteigen der Heteropoden und Pteropoden keine von denselben selbst ausgeführte Bewegung, sondern hängt mit Strömungen zusammen, die durch Temperaturunterschiede und Anderes veranlasst, in verticaler Richtung sich regelmässig wiederholen. Da nun die Heteropoden und Pteropoden sich innerhalb dieser bald aufsteigenden, bald sinkenden Wasserschichten befinden, werden sie mit diesen regelmässig an die Oberfläche gehoben, beziehungsweise in tiefere Schichten geführt.

Betreffs der benützten Literatur ist zu bemerken, dass ich mich in der folgenden systematischen Aufzählung darauf beschränkte, das bekannte Handbuch »Prodromus Faunae Mediterraneae sive descriptio animalium maris Mediterraneae incolarum. . . . · Vol. II, Pars. II (Mollusca, Cephalopoda, Tunicata), Stuttgart 1890 von Julius Victor Carus zu citiren. Eine vollständige Aufzählung der bisher erschienenen einschlägigen Literatur befindet sich am Schlusse dieses Berichtes.

Ich habe den gesammten Bericht in drei Theile getrennt. Der erste Theil gibt eine tabellarische Übersicht der Fangergebnisse im östlichen Mittelmeere I—IV (Expeditionen 1890—1893), der zweite Theil eine gleiche Übersicht über die Ergebnisse in der Adria und der Strasse von Otranto V (Expedition 1894) der dritte Theil besteht in einer systematischen Aufzählung und Besprechung der auf sämmtlichen fünf Expeditionen erbeuteten Arten. In den (folgenden zwei) Tabellen wurde bei Aufzählung der in einer Station erbeuteten Arten die Reihenfolge eingehalten, dass zuerst die Heteropoden, dann die Pteropoden und als letzte die Sinusigera-Formen aufgezählt werden, welche Gruppen von einander durch Querstriche getrennt sind. Ein dem lateinischen Namen im Stationsverzeichnisse oder den Stationsnummern vorgesetztes ' besagt, dass die betreffende Art in der angegebenen Tiefe lebend gedredscht wurde.

I. Theil.
Übersicht der Fangergebnisse im östlichen Mittelmeere.
Expeditionen I—IV (1890—1893).

Nr.	Expedition und Datum	Östliche Länge Nördliche Breite	Tiefe, Beschaffenheit des Bodens	Operation	Arten
1	I. 14. VIII. 1890	19° 48' 20' 39 23 westlich von Corfu	615 m	kleine Kurre	Clio (Clio) pyramidata L. » (Creseis) acicula Rang. » (Styliola) subula Gray. Carolinia gibbosa Pels. inflexa Ver.
5	I. 21. VIII. 1890	21° 18' 37 17 15' nächst den Stamphani-Inseln	Oberfläche	Oberflächennetz	Atlanta peronii Les. » steindachneri Oberwimmer (n. sp.) Oxygyrus keraudreni Me. Andr. Limacina inflata Gray. Clio (Creseis) acicula Rang. » conica Eschsch. (Styliola) subula Gray. (Hyalocylix) striata Pels.
7	I. 22. VIII. 1890	23° 3' 2' 37 13 40	380 m Tiefe	Tiefsee-Kurre	Atlanta rosea Souil. » steindachneri Oberwimmer (n. sp.) Clio (Creseis) acicula Rang. » virgula Pels. (Styliola) subula Gray.
9	I. 24. VIII. 1890	22° 4' 38' 36 38 55	1050 m Tiefe; gelber Schlamm	Quasten-Dredsche	Atlanta peronii Les. Clio (Clio) pyramidata L. Carolinia gibbosa Pels.

Nr.	Expedition und Datum	Östliche Länge Nördliche Breite	Tiefe, Beschaffenheit des Bodens	Operation	Arten
35	I. 1./IX. 1890	20° 25′ 42″ 32 50 30 an der afrikanischen Küste	Oberfläche	Oberflächen-netz	*Limacina inflata* Gray. » *trochiformis* Gray. *Clio (Creseis) acicula* Rang. » » *conica* Eschsch. » *(Styliola) subula* Gray. » *(Hyalocylix) striata* Pels.
36	I. 2./IX. 1890	19° 58′ 30″ 32 40 40 nördlich von Benghazi an der afrikanischen Küste	680 m Tiefe; Schlamm und Sand	grosse Bügel-kurre	*Atlanta peronii* Les. » *fusca* Soul. *Limacina inflata* Gray. *Clio (Clio) cuspidata* Pels. » » *pyramidata* L. » *(Creseis) acicula* Rang. » » *conica* Eschsch. » *(Styliola) subula* Gray. » *(Hyalocylix) striata* Pels. *Carolinia gibbosa* Pels. » *inflexa* Les. » *tridentata* Lam. *Sinusigera mediterranea* Oberwimmer (n. f.).
37	I. 6./IX. 1890	19° 49′ 57″ 32 25 14 nordwestlich von Benghazi an der afrikanischen Küste	700 m Tiefe; Schlamm und zahlreiche Krustensteine	grosse Bügel-kurre	*Atlanta peronii* Les. *Pneumodermon reticulata* Pels. *Clio (Clio) pyramidata* L. » *(Styliola) subula* Gray.
38	I. 6./IX. 1890	19° 49′ 57″ 32 25 14	Oberfläche	Oberflächen-netz	*Pterotrachea hippocampus* Phil. *Atlanta rosa* Soul. *Clio (Creseis) acicula* Rang.
41	I 6 IX. 1890	19° 44′ 30″ 32 50	Oberfläche	Oberflächen-netz	*Pterotrachea coronata* Forsk. » *hippocampus* Phil. » *mutica* Les. *Atlanta peronii* Les. » *steindachneri* Oberwimmer (n. sp.). *Oxygyrus keraudreni* Mc Andr. *Limacina inflata* Gray. » *trochiformis* Gray. *Clio (Creseis) acicula* Rang. » » *conica* Eschsch. » » *virgula* Pels. » *(Styliola) subula* Gray. » *(Hyalocylix) striata* Pels. *Carolinia gibbosa* Pels. *Sinusigera mediterranea* Oberwimmer (n. f.). » *turritelloides* Boas.
46	I. 8./IX. 1890	20° 6′ 30″ 34 14 21 nördlich von Benghazi	5 m Oberfläche	Oberflächen-netz	*Atlanta fusca* Soul. » *steindachneri* Oberwimmer (n. sp.). *Limacina inflata* Gray. » *trochiformis* Gray. *Clio (Creseis) acicula* Rang. » » *conica* Eschsch. *Sinusigera mediterranea* Oberwimmer (n. f.).

Nr.	Expedition und Datum	Östliche Länge Nördliche Breite	Tiefe, Beschaffenheit des Bodens	Operation	Arten
47	1 9. IX. 1890	19° 34′ 53″ 34 38 52 nördlich von Bengasi	3300 m Tiefe grober Schlamm mit wenig Schalenbruchstücken		*Atlanta peronii* Les. „ *fusca* Soul. „ *quoyana* Soul. *Limacina inflata* Gray „ *trochiformis* Gray *Peraclis reticulata* Pels. *Clio (Clio) cuspidata* Pels. „ *pyramidata* L. „ *(Creseis) acicula* Rang „ *virgula* Eschsch. „ *(Styliola) subula* Gray *Cavolinia gibbosa* Pels. „ *tridens* Vér.
48	1 12. IX. 1890	20° 9′ 0″ 37 31 südwestlich von Zante	600 m Tiefe	Schließnetz	*Limacina inflata* Gray *Clio (Creseis) subula* Gray „ *(Hyalocylix) striata* Pels.
51	1 12. IX. 1890	19° 54′ 0″ 37 48 50 nächst Zante	an der Oberfläche	Oberflächennetz	*Atlanta peronii* Les. „ *fusca* Soul. „ *rosea* Soul. *Oxygyrus keraudrenii* Mc. Aud. *Limacina inflata* Gray „ *trochiformis* Gray *Clio (Clio) pyramidata* L. „ *(Creseis) acicula* Rang „ *(Styliola) subula* Gray „ *(Hyalocylix) striata* Pels. *Cavolinia gibbosa* Pels. „ *tridens* Vér. *Sternsigera turrichiliades* Boas
59	II 29. XII. 1891	23° 30′ 35 48 im Norden der Westküste von Kreta	700 m Tiefe Schlamm und Sand	kleine Kurre	*Atlanta peronii* Les. „ *quoyana* Soul. *Clio (Clio) pyramidata* L. „ *(Styliola) subula* Gray „ *(Hyalocylix) striata* Pels. *Cavolinia gibbosa* Pels. „ *tridens* Vér. „ *trichotoma* Les.
61	II 31. XII. 1891	22° 56′ 35 50 südwestlich von der Insel Cerigo	600 m Tiefe Schlamm und Sand	kleine Kurre	*Clio (Clio) cuspidata* Pels. „ *pyramidata* L. „ *(Styliola) subula* Gray. *Cavolinia gibbosa* Pels. **Sternsigera mediterranea** Oberwimmer (n. f.)

Nr.	Expedition und Datum	Östliche Länge Nördliche Breite	Tiefe, Beschaffenheit des Bodens	Apparate	Arten
72	II. 7. VIII. 1891	25° 8' 35' 60' nördlich von Kreta	1850 m Tiefe, Schlamm und Dünnsteine	Schrapnetz	*Carinaria mediterranea* Pér. et Les. *Atlanta peronii* Les. " *Jana* Soul. " *quoyana* Soul. *Firola reticulata* Pér. *Clio (Clio) cuspidata* Pels. " *pyramidata* L. " *(Creseis) virgula* Rang. " *" acicula* Eschsch. " *(Styliola) subula* Gray. *Cavolinia gibbosa* Pels. " *inflexa* Nee.
73	II. 8. VIII. 1891	25° 43' 36' 1' nördlich von Kreta	1850 m Tiefe, gelber Schlamm und Dünnsteine	kurze Kette	*Carinaria mediterranea* Pér. et Les. *Atlanta peronii* Les. " *quoyana* Soul. *Limacina inflata* Gray. " *trochiformis* Gray. *Firola hispanica* Pels. " *reticulata* Pels. *Clio (Clio) cuspidata* Pels. " *pyramidata* L. " *(Creseis) acicula* Rang. " *" virgula* Eschsch. " *(Styliola) subula* Gray. *Cavolinia gibbosa* Pels. " *inflexa* Lam.
82	II. 17. VIII. 1891	29° 8' 32' 30' nördlich von Alexandrien	2400 m Tiefe, gelber und blaugrauer Schlamm	Hakens Dredsche	*Carinaria mediterranea* Pér. et Les. *Atlanta peronii* Les. " *rosea* Soul. " *quoyana* Soul. *Oxygyrus keraudreni* Nee. Soul. *Limacina inflata* Gray. " *trochiformis* Gray. *Firola hispanica* Pels. " *reticulata* Pels. *Clio (Clio) cuspidata* Pels. " *pyramidata* L. " *(Creseis) virgula* Rang. " *" acicula* Eschsch. " *(Styliola) subula* Gray. *Hyalaea trispinosa* Pels. *Cavolinia gibbosa* Pels. " *inflexa* Nee. " *tridentata* Lam. " *trispinosa* Pels. *Spirialis mediterranea* Oestr.

Nr.	Expedition und Datum	Östliche Länge, Nördliche Breite	Tiefe, Beschaffenheit des Bodens	Operation	Arten
85	II. 25. VIII. 1891	28° 52' 31° 39' nächst Alexandria	2055 m Tiefe, zäher, dicker Schlamm und Krustensteine	kleine Kurre	*Atlanta peronii* Les. *fusca* Soul. *quoyana* Soul. *Oxygyrus keraudreni* Mc. Andr. *Limacina inflata* Gray. - *trochiformis* Gray. *Clio (Clio) pyramidata* L. *(Creseis) acicula* Rang. *conica* Eschsch. - *(Styliola) subula* Gray.
91	II. 30. VIII. 1891	34° 23' 34° 45' südlich von Kreta	1274 m Tiefe, lockerer, gelber Schlamm mit wenigen Bimssteinen und wenigen Krustensteinen	grosse Kurre	*Carinaria mediterranea* Pér. et Les. *Atlanta peronii* Les. - *fusca* Soul. *quoyana* Soul. *Limacina inflata* Gray. *Peracle reticulata* Pels. *Clio (Clio) cuspidata* Pels. - *pyramidata* L. *(Creseis) acicula* Rang. - *conica* Eschsch. *(Styliola) subula* Gray. *Cavolinia gibbosa* Pels.
105	III. 19. VIII. 1892	18° 58' 39° 32'	3 km oberfläche	kleines Oberflächen- netz	*Atlanta peronii* Les. - *steindachneri* Oberwimmer (n. sp.). *Clio (Creseis) acicula* Rang. *(Styliola) subula* Gray.
106	III. 19. VIII. 1892	19° 10' 38° 48'	Oberfläche	Oberflächen- netz	*Atlanta steindachneri* Oberwimmer (n. sp.). *Clio (Creseis) acicula* Rang. *virgula* Pels.
108	III. 19. VIII. 1892	19° 14' 38° 44' nächst Kephallonia	Oberfläche	kleines Oberflächen- netz	*Atlanta rosea* Soul. - *quoyana* Soul. *steindachneri* Oberwimmer (n. sp.). *Limacina inflata* Gray. *trochiformis* Gray. *Clio (Creseis) acicula* Rang. *virgula* Pels. *(Styliola) subula* Gray. *(Hyalocylix) striata* Pels. *Cavolinia gibbosa* Pels. *Spirialis turritelloides* Rang.
111	III. 19. VIII. 1892	19° 50' 38° 16'	Oberfläche	kleines Oberflächen- netz	*Atlanta rosea* Soul. *Clio (Creseis) acicula* Rang. - *conica* Eschsch.

Nr.	Expedition und Datum	Östliche Länge Nördliche Breite	Beschaffenheit des Bodens	Operation	Arten
114	III. 23. VIII. 1892	20° 2' 36° 15' südlich von Zante	Oberfläche	Kleines Oberflächennetz	*Pterotrachea mutica* Les. *Atlanta peroni* Les. „ *quoyana* Sou? „ *rosea* Soul. „ *Oxygyrus* Otto corn. Rang et sp. *Limacina inflata* Gray *Clio (Creseis) acicula* Rang „ „ *virgula* Pels. „ *Styliola subula* Gray „ *(Hyalocylix) striata* Pels. Strautigera horizontalis Rang
115	III. 23. VIII. 1892	20° 20' 36° 9'	Oberfläche	Oberflächennetz	*Atlanta fusca* Sou? „ *quoyana* Sou? „ *rosea* Soul. *Limacina trochiformis* Gray *Clio (Creseis) acicula* Eschsch. „ „ *virgula* Pels. „ *(Hyalocylix) striata* Pels. *Creseis gibbosa* Pels.
117	III. 23. VIII. 1892	22° 2' 36° 4' südlich von Cap Matapan	Oberfläche	Kleines Oberflächennetz	*Atlanta rosea* Soul. *Oxygyrus Keraudreni* N. ... *Limacina inflata* Gray *Clio (Creseis) acicula* Rang „ „ *virgula* Pels. „ *(Styliola) subula* Gray „ *(Hyalocylix) striata* Pels. „ *(Clio) pyramidata* L. *Creseis gibbosa* Pels. Strautigera mediterranea Oberflächennetz horizontalis Rang
118	III. 23. VIII. 1892	28° 39' 36° 7'	Oberfläche	Kleines Oberflächennetz	*Pterotrachea coppingeri* Phil. *Clio (Hyalocylix) striata* Pels. *Creseis gibbosa* Pels.
122	III. 26. VIII. 1892	34° 43' 34° 9'	Oberfläche	Kleines Oberflächennetz	*Pterotrachea frederici* Les. *Clio (Creseis) virgula* Pels.
123	III. 26. VIII. 1892	35° 38' 35° 50'	Oberfläche	Kleines Oberflächennetz	*Atlanta peroni* Les. „ *rosea* Soul. *Clio (Creseis) acicula* Rang
127	III. 5. IX. 1892	29° 12' 32° 6'	Oberfläche	Kleines Oberflächennetz	*Atlanta ... Oberflächennetz ... Clio (Creseis) acicula Rang „ „ virgula Eschsch.*
130	III. 5. IX. 1892	31° 20' 31° 50'	Oberfläche	Mittleres Oberflächennetz	*Clio (Creseis) acicula Rang „ „ virgula Eschsch. Strautigera mediterranea Oberflächennetz ...*

Nr.	Expedition und Datum	Östliche Länge Nördliche Breite	Tiefe, Beschaffenheit des Bodens	Operation	Arten
186	III. 29./IX. 1892	34° 8' 35 23	Oberfläche	kleines Oberflächennetz	*Pterotrachea coronata* Forsk.
187	III. 2./X. 1892	28° 49' 35 19	Oberfläche	kleines Oberflächennetz	*Atlanta rosea* Soul.
189	III. 3./X. 1892	28° 57' 36 5	Oberfläche	kleines Oberflächennetz	*Clio (Clio) pyramidata* L.
190	III. 3. X. 1892	28° 54' 36 12	Oberfläche	kleines Oberflächennetz	*Clio (Creseis) acicula* Rang.
199	IV. 27./VII. 1893	23° 50' 36 9 südöstlich von Cerigo (Meer von Candia)	875 m Tiefe; Schlamm und Muschelbruchstücke	Kurre	*Carinaria mediterranea* Pér. et Les. *Atlanta peronii* Les. » *quoyana* Soul. *Limacina inflata* Gray. » *trochiformis* Gray. *Peracle bispinosa* Pels. » *reticulata* Pels. *Clio (Clio) cuspidata* Pels. » *pyramidata* L. » *(Creseis) acicula* Rang. » *(Styliola) subula* Gray. » *(Hyalocylix) striata* Pels. *Cavolinia gibbosa* Pels. » *inflexa* Vér.
201	IV. 27. VII. 1893	24° 18' 36 28	Oberfläche	kleines Oberflächennetz	*Clio (Hyalocylix) striata* Pels. *Cavolinia gibbosa* Pels.
206	IV. 29./VII. 1893	24° 7' 36 53	Oberfläche	kleines Oberflächennetz	*Clio (Creseis) acicula* Rang.
208	IV. 31. VII. 1893	24° 28' 37 0 zwischen Milo und Serpho (Cycladen)	414 m Tiefe; gelber Schlamm und feiner Sand	Kurre	*Atlanta peronii* Les. » *Cavolinia tridentata* Lam.
209	IV. 31./VII. 1893	24° 29' 36 59	414 m Tiefe; gelber Schlamm und feiner Sand	Kurre	*Cavolinia tridentata* Lam.
211	IV. 11./VIII. 1893	25° 43' 37 15	2—4 m Oberfläche	kleines Oberflächennetz	*Clio (Creseis) acicula* Rang.
212	IV. 12./VIII. 1893	26° 22' 36 52	Oberfläche	kleines Oberflächennetz	*Clio (Creseis) acicula* Rang.
213	IV. 12./VIII. 1893	26° 29' 36 47 nördlich von Stampalia (Astropalia) (Sporaden)	507 m Tiefe; feiner Sand und Schlamm	Kurre	*Carinaria mediterranea* Pér. et Les. *Atlanta peronii* Les. *Oxygyrus keraudreni* Mc Andr. *Limacina inflata* Gray. » *trochiformis* Gray. *Peracle reticulata* Pels. *Clio (Creseis) acicula* Rang. » » *conica* Eschsch. » *(Styliola) subula* Gray. » *(Hyalocylix) striata* Pels. » *Cavolinia gibbosa* Pels. » *inflexa* Vér. » *tridentata* Lam.

Nr.	Expedition und Datum	Östliche Länge Nördliche Breite	Tiefe Beschaffenheit des Bodens	Operation	Arten

II. Theil.

Übersicht der Fangergebnisse in der Adria und der Strasse von Otranto.

Expedition V (1894).

Nr.	Datum	Östliche Länge Nördliche Breite	Tiefe Beschaffenheit des Bodens	Operation	Arten

N.	Datum	Östliche Länge / Nördliche Breite	Tiefe / Beschaffenheit des Bodens	Operation	Arten
279	17. VI. 1894	16° 39′ 30″ / 42 28 24 / bei Curzola	199 m Tiefe	Vermessung	*Cha. (Mytil.) curvicula* Stax.
298	25. VI. 1894	16° 39′ 37″ / 42 9 6 / südwestlich von Pelagosa	388 m Tiefe, schlamm. Schlamm	Kette	*Cardium truncatum* Lamk. / *Cardium papiosum* Iefn.
301	26. VI. 1894	17° 54′ 30″ / 42 41 / südöstlich von Pelagosa	1230 m Tiefe, weicher, schlammiger Schlamm	Kette	*Cardium squamosum* Phil.
306	30. VI. 1894	18° 15′ 20″ / 41 42 50 / 2 Knoten südöstl. von	500 m Tiefe	Temperatur	*Cha. (Cha.) squamosa* Phil.
313	1. VII. 1894	18° 12′ 30″ / 40 55	330 m Tiefe	Temperatur	*Cha. (Cha.) pervulsata* L.
317	2. VII. 1894	18° 19′ / 40 31 / Einfahrt nach Valona	Oberfläche	Oberflächen-netz	*Spirialis mediterranea* Orb. ?
322	3. VII. 1894	nahe bei Paxo	Oberfläche	Oberflächen-netz	*Cavolinia trisisata* Less.
316	12. VII. 1894	20° 8′ 40″ / 39 40 30 / Bucht von Cephalonia	1320 m Tiefe	Temperatur	*Cha. (Cha.) bei Derala* Less. ?
353	19. VII. 1894	18° 54′ 10″ / 40 26 30 / NN. östl. von Ithaka	800 m Tiefe, weicher, grauer Schlamm	Kette	*Cha. (Cha.) pervulsata* L.
320	19. VII. 1894	18° 21′ 20″ / 40 58 30 / Adria	800 m Tiefe	Vermessung	*Pteolaria pervular* Risso
326	20. VII. 1894	18° 5′ / 41 5	250 m Tiefe	Temperatur	*Pteolaria pervular* Risso
327	20. VII. 1894	18° 5′ / 41 5	250 m Tiefe	Temperatur	*Pteolaria pervular* Risso
378	20. VII. 1894	17° 55′ 2″ / 41 58 6 / zu Clisi Adria	900 m Tiefe, sandiger Schlamm	Kette	*Pteolaria f. lanata* Lamk.
379	20. VII. 1894	17° 56′ 5″ / 41 41 / südliche Adria	1198 m Tiefe, sandiger Schlamm	Kette	*Spirialis pervula* Less. / *Cha. (Cha.) pervulsata* L. / *Cardium truncatula* Lamk. / *Cebmula pervula* Risso
380	24. VII. 1894	17° 36′ 6″ / 41 54 30 / südliche Adria	920 m Tiefe, sandiger Schlamm	Kette	*Spirialis lanata* L. / *Cardium truncatula* Lamk. / *truncata* Phil.
381	24. VII. 1894	17° 36′ / 44 37 / südliche Adria	1180 m Tiefe, sandiger Schlamm	Kette	*Cha. (Cha.) squamosa* L. / *Spirialis truncatula* Orb.

Nr.	Datum	Östliche Länge Nördliche Breite	Tiefe, Beschaffenheit des Bodens	Operation	Arten
395	24. VII. 1894	17° 32′ 41 37	500 m Tiefe	Tannennetz	*Cymbulia peronii* Riv.
396	26. VII. 1894	17° 30′ 30′ 42 10 südöstlich von Pelagosa	1189 m Tiefe, dicker, zäher Schlamm	Kurre	*Carolina tridentata* Lam.
399	26. VII. 1894	17° 28′ 40″ 42 32 20 südlich von Meleda	218 m Tiefe, leichter Schlamm, etwas Sand	Kurre	*Carolina tridentata* Lam.

III. Theil.

Systematische Darstellung und Besprechung der auf sämmtlichen fünf Expeditionen erbeuteten Arten.

A. HETEROPODA.

A. FIROLIDAE.

1. **Pterotrachea** coronata Forsk. – Carus Prodr. p. 430.

Syn.: *Pt. mutica* Forsk. juv.   Syn.: *Firola Eduardsiana* Desh., *Tib.*
Pt. coronata 15 Ch. f. Tib.   *Hyplaeus erythrogaster* Rafin.

Von den Stationen 41 und 180 (pelagisch) im östlichen Mittelmeere; in der Adria nicht vorgefunden.

2. **Pterotrachea** hippocampus Phil. – Carus Prodr. p. 430.

Von den Stationen 38, 41 und 118 (pelagisch) im östlichen Mittelmeere; in der Adria nicht vorgefunden.

3. **Pterotrachea** frederici Les. – Carus Prodr. p. 430.

Syn.: *Pt. Lesueuri* Risso.
Hyplaeus appendiculatus Rasso.

Von den Stationen 122 und 164 (pelagisch) im östlichen Mittelmeere; in der Adria nicht vorgefunden.

4. **Pterotrachea** mutica Les. – Carus Prodr. p. 431.

Von den Stationen 41 und 114 (pelagisch) im östlichen Mittelmeere; in der Adria nicht vorgefunden.

5. **Pterotrachea** scutata Ggbr. – Carus Prodr. p. 431.

Von Station 150 (pelagisch) im östlichen Mittelmeere; in der Adria nicht vorgefunden.

6. **Pterotrachea** quoyana Orb.

Von Station 216 (pelagisch) im östlichen Mittelmeere; in der Adria nicht vorgefunden.

B. CARINARIIDAE.

7. **Carinaria** mediterranea Pér. et Les. – Carus Prodr. p. 431.

Syn.: *Tritonia cymbium* Cuvol.   Syn.: *Carinaria vitrea* O. G. Costa.
Pterotrachea lophyra Poly.   *Pterotrachea narissa* Macri.

Von den Stationen 27, 72, 75, 82, 91, 199 und 213 (gedredscht in Tiefen von 597—2420 m) im östlichen Mittelmeere, in der Adria vorgefunden. *f nicht*

Im Ganzen liegen von den oben genannten Stationen 16 Schalen vor, welche durchwegs sehr klein und grösstentheils beschädigt sind. Das grösste Stück von 85 mm Länge, sowie eines von Station 27 und zwei Stück von Station 75 sind subfossil. Auffallend ist der Umstand, dass von sämmtlichen fünf Expeditionen nicht ein lebendes Exemplar vorgefunden wurde.

C. ATLANTIDAE.

8. Atlanta peronii Les. — Carus Prodr. p. 432.

Syn.: *Atlanta Kerandreni* Quoy et Gaym.	Syn.: *Atlanta mediterranea* O. G. Costa.
Ladas Kerandreni Payr.	*junior* O. G. Costa.
Atlanta Bironae Pirajno.	*Lamanonii* O. G. Costa.
" *Costae* Pirajno.	*Ladas planorboides* Forb. stat. juv.
Peronii O. G. Costa.	

Von den Stationen 9, 10, 27, 36, 37, 47, 62, 72, 75, 82, 85, 91, 199, 208, 213 (gedredscht in Tiefen von 414—3300 m) im östlichen Mittelmeere und " 379 (1138 m) Adria;

von den Stationen 5, 24, 41, 105, 114, 123, 142, 147, 154, 177 (östliches Mittelmeer) und 269 (Adria) pelagisch.

Carus gibt für *Atlanta Peronii* Les. als Fundort in der Adria Triest an, jedoch mit dem Bedenken, dass eventuell eine *Atlanta Peronii* eines anderen Autors in den Schriften Eduard Graeffes gemeint sein könnte. Durch die Auffindung in den Stationen 269 und 379 ist das Vorkommen der *Atlanta Peronii* Les. in der Adria nunmehr sicher nachgewiesen.

9. Atlanta quoyana Soul. — Carus Prodr. p. 432.

Von den Stationen 27, 47, 62, 72, 75, 82, 85, 91 und 199 (östliches Mittelmeer) gedredscht in Tiefen von 755—3300 m;

von den Stationen 108, 114, 115, 131, 147, 154 und 162 (östliches Mittelmeer) pelagisch. In der Adria nicht vorgefunden.

10. Atlanta rosea Soul. — Carus Prodr. p. 432.

Von Station 7 (östliches Mittelmeer), in einer Tiefe von 380 m gedredscht;

von den Stationen 10, 23, 25, 38, 51, 108, 111, 114, 115, 117, 123, 143, 162, 163, 169 und 187 (östliches Mittelmeer) pelagisch. In der Adria nicht vorgefunden.

11. Atlanta fusca Soul. — Carus Prodr. p. 432.

Von den Stationen 27, 36, 47, 72, 82, 85 und 91 (östliches Mittelmeer), gedredscht in Tiefen von 680—3300 m;

von den Stationen 46, 51, 115, 142 und 162 (östliches Mittelmeer) pelagisch. In der Adria nicht vorgefunden.

12. Atlanta steindachneri Oberwimmer, n. sp. (Fig. 1 und 2).

Von Station 7 (östliches Mittelmeer), gedredscht in einer Tiefe von 380 m;

von den Stationen 5, 22, 41, 46, 105, 106, 108, 114, 127 und 154 (östliches Mittelmeer) pelagisch. In der Adria wurde diese Species nicht vorgefunden.

Das rechtsgewundene, scheibenförmige Gehäuse ist sehr dünn, äusserst leicht zerbrechlich, glashell, durchsichtig, sehr glänzend und von oben nach unten stark zusammengedrückt. Es besteht aus vier bis fünf Umgängen, welche sämmtlich von beiden Seiten sichtbar sind. Die ersten Umgänge sind sehr klein und bilden ein kleines, stumpfkegelförmiges Gewinde, welches vom letzten, sehr vergrösserten und nach rechts vorgezogenen Umgange umgeben wird. Der letzte Umgang ist bis zu seinem halben inneren Umfang von den übrigen losgelöst, so dass der vordere Abschnitt desselben mit seinem Innenrande den vorletzten

Umgang nicht berührt. Er ist mit einem breiten Kiele versehen, welcher etwas oberhalb der Mündung beginnt, den ganzen letzten Umgang umgibt und bis an den vorletzten Umgang reicht, wobei er allmälig schmäler und zarter wird, bis er am vorletzten Umgange verschwindet. Die Mündung ist erweitert lanzett-förmig, nach oben und unten zugespitzt. Nach oben läuft ein sich verschmälernder enger Spalt bis zum Beginne des Kieles. Der letzte Umgang ist an der Mündung schwach erweitert und der scharfe Mün-dungsrand sehr gering nach aussen gebogen. Der letzte, sehr glänzende Umgang ist radial mit bald stär-keren, bald schwächeren, schwach S-förmig gekrümmten Linien gestreift. Der lanzettförmige Deckel ist glashell, durchsichtig und sehr zart.

Die meisten Exemplare dieser Art, die sich insbesondere wegen des von den übrigen losgelösten letzten Umganges und der hiemit im Zusammenhange stehenden eigenthümlichen Bildung des Kieles nicht leicht mit einer bestehenden Art vereinigen lassen dürften, sind ziemlich stark beschädigt, da die Schale so zart ist, dass sie bei dem leisesten Druck bricht. Einige grössere Stücke sind jedoch ganz gut erhalten. Zu bemerken ist noch, dass die Entfernung der inneren Mündungswand vom vorletzten Umgange nicht eine vollkommen constante ist, sondern bald weiter, bald weniger weit von diesem absteht. Sie berührt jedoch nie den Kiel der angrenzenden Windung, sondern ist immer durch einen deutlichen Zwischenraum von diesem getrennt.

Der grösste Durchmesser beträgt je nach der Grösse des Stückes bis 3·5 *mm*, der kleinste bis 2·8 *mm*.

Diese neue Art habe ich nach dem wissenschaftlichen Leiter der Expeditionen, Herrn Hofrath Dr. Franz Steindachner, Intendanten des k. k. naturhistorischen Hofmuseums in Wien, benannt.

13. **Oxygyrus keraudreni** Mc. Andr. — Carus Prodr. p. 433. (Fig. 3—7.)

Syn.: *Atlanta Keraudreni* Les.   Syn.: *Atlanta Costae* Pirajno.
Ladas Keraudreni Cantr.   *Bellerophina minuta* Forb. stat. ind.
Atlanta Browni Pirajno.

Von den Stationen 27, 82, 85 und 213 (östliches Mittelmeer), gedredscht in Tiefen von 597—2420m; von den Stationen 5, 41, 51, 117, 142, 143, 150 (östliches Mittelmeer) und 242 (Adria) pelagisch. Von dieser Species wurden ausgewachsene Exemplare nur in den Stationen 27, 82, 117, 142, 150 und 213 gefunden. In allen übrigen oben erwähnten Stationen fand sich der Jugendzustand *(Bellerophina minuta* Forb.) vor, und zwar der Grösse nach schwankend zwischen 0·1 *mm* und 1 *mm* (Fig. 5 und 6). Interessant ist ein Exemplar von Station 41, welches den Übergang der noch vollständig ungekielten *Bel-lerophina*-Form in die gekielte *Oxygyrus*-Form sehr deutlich zeigt (Fig. 7).

Dieses Stück weist zwar noch ganz die Form und die charakteristische Sculptur von *Bellerophina* auf, man sieht jedoch am oberen Theile der Mündung, welche einen frisch angefügten, noch häutigen Rand besitzt, bereits einen ziemlich gut ausgebildeten, sehr feinen Kiel, welcher den unmittelbar vor der Mündung befindlichen Theil umsäumt, jedoch schon nach einer ganz kurzen Strecke endigt. Ich habe neben der eigent-lichen *Bellerophina*-Form dieses Stück abgebildet, da durch die Zeichnung weit besser als dies mit Worten geschehen könnte die Kielbildung veranschaulicht wird. Ich habe auch ein ausgewachsenes Exemplar von *Oxygyrus Keraudreni* Mc. Andr., von der Seite und von der Mündung gesehen, abgebildet, da keine der bis jetzt veröffentlichten Zeichnungen ein vollständig genaues Bild dieser Art gibt.

B. PTEROPODA.

I. THECOSOMATA.

A. LIMACINIDAE.

14. **Limacina inflata** Gray. — Carus Prodr. p. 439.

Syn.: *Atlanta inflata* d'Orb.   Syn.: *Embolus rostralis* Jeffr.
Spiralis rostralis Eyd. et Soul.   *Protomedea rostralis* Fischer.
Protomedea data O. G. Costa.   *Helicomides rostralis* Mts.

Von den Stationen 19, 27, 36, 47, 49, 75, 82, 85, 91, 199, 213 (östliches Mittelmeer), gedredscht in Tiefen von 200—3300 m;

von den Stationen 5, 23, 35, 41, 46, 54, 108, 114, 117, 143, 154 (östliches Mittelmeer) und 242 (Adria) pelagisch.

15. Limacina trochiformis Gray. — Carus Prodr. p. 439.

Syn.: *Atlanta trochiformis* d'Orb.
Spirialis trochiformis Eyd. et Soul.
— *retroversus* Mrs. Tib.
Scaea stenogyra Arad. et Ben.

Syn.: *Scaea costealis* Arad. et Ben.
Spirialis Jeffreysi (Forb.) Jeffr.
? — *australis* Jeffr. N.Cr.

Von den Stationen 19, 27, 47, 75, 82, 85, 199 und 213 (östliches Mittelmeer), gedredscht in Tiefen von 597—3300 m;

von den Stationen 23, 33, 35, 41, 46, 54, 108, 115 und 154 (östliches Mittelmeer) pelagisch. In der Adria nicht vorgefunden.

16. Peracle reticulata Pels. — Carus Prodr. 440.

Syn.: *Atlanta reticulata* d'Orb.
Peracle physoides Forb.
Spirialis remiorostra A. Costa.

Syn.: *Spirialis physoides* Jeffr.
Limacina physoides Jeffr.

Von den Stationen 19, 27, 37, 47, 72, 75, 82, 91, 199 und 213 (östliches Mittelmeer), gedredscht in Tiefen von 597—3300 m; pelagisch und in der Adria nicht vorhanden.

Die Exemplare stammen sämmtlich aus Grundproben, sind gebleicht und theilweise beschädigt.

17. Peracle bispinosa Pels. — Carus Prodr. p. 440.

Syn.: ? *Spirialis inversa* Mrs.

Von den Stationen 75, 82 und 199 (östliches Mittelmeer), gedredscht in Tiefen von 875—1350 m pelagisch und in der Adria nicht vorgefunden.

Es wurden im Ganzen nur 3 Stücke gefunden, welche gebleicht und stark beschädigt sind.

B. CAVOLINIDAE

18. Clio (Creseis) virgula Pels. — Carus Prodr. p. 441.

Syn.: *Cleodora virgula* Rang.

Von Station 7 (östliches Mittelmeer), gedredscht in einer Tiefe von 380 m;

von den Stationen 23, 41, 105, 108, 111, 115, 117, 122, 142, 147 und 162 (östliches Mittelmeer) pelagisch.

In der Adria nicht vorgefunden.

19. Clio (Creseis) conica Eschsch. — Carus Prodr. p. 441.

Syn.: *Creseis striata* D. Ch.
conulca Costa.

Von den Stationen 27, 36, 47, 72, 75, 82, 85, 91 und 213 (östliches Mittelmeer), gedredscht in Tiefen von 597—3300 m;

von den Stationen 5, 23, 35, 41, 46, 111, 115, 127, 130 (östliches Mittelmeer) und 283 (Adria) pelagisch.

Diese Art wurde in der Adria zum ersten Male gefunden.

20. Clio (Creseis) acicula Rang. — Carus Prodr. p. 441.

Syn.: *Cleodora acicula* Soul.
Creseis clava Rang.
aciniformis Ben.

Von den Stationen 1, 7, 36, 47, 72, 75, 82, 85, 91, 199, 213 (östliches Mittelmeer), gedredscht in Tiefen von 380—3300m und 274 (Adria) in einer Tiefe von 191 m;

von den Stationen 5, 20, 23, 25, 35, 38, 41, 46, 51, 105, 105, 108, 111, 114, 117, 123, 127, 130, 131, 143, 147, 154, 190, 205, 211, 212, 215 und 232 (östliches Mittelmeer) pelagisch.

21. Clio (Hyalocylix) striata Pels. — Carus Prodr. p. 441.

Syn.: *Creseis striata* Rang. Syn.: *Styliola striata* Gray.
compressa Eschsch. *Creseis phalcostoma* Proschel.
vorula D. Ch. *sulcata* Ben.
fasciata D. Ch. *Balantium striatum* Mrs.

Von den Stationen 36, 49, 62, 72, 82, 199 und 213 (östliches Mittelmeer), gedredscht in Tiefen von 200—2420m;

von den Stationen 5, 20, 23, 35, 41, 51, 108, 111, 115, 117, 118, 154, 162, 169, 177 und 201 (östliches Mittelmeer) pelagisch.

Die in den Grundproben vorgefundenen Stücke sind zum grössten Theile subfossil, die recenten Exemplare fast durchwegs stark beschädigt.

22. Clio (Styliola) subula Gray. — Carus Prodr. p. 441.

Syn.: *Styliola recta* Les. Syn.: *Creseis subulata* Soul.
Cleodora subula Quoy et Gaym. *vaginella* Rang.

Von den Stationen 1, 7, 19, 27, 36, 37, 47, 49, 62, 64, 72, 75, 82, 85, 91, 199, 213 (östliches Mittelmeer), gedredscht in Tiefen von 200—3300m und von den Stationen 274, 275, 276 und 346 (Adria), gedredscht in Tiefen von 140—1520m;

von den Stationen 5, 22, 35, 41, 51, 105, 114, 117, 142 und 162 (östliches Mittelmeer) pelagisch.

23. Clio (Clio) pyramidata L. — Carus Prodr. p. 442.

Syn.: *Hyalaea lanceolata* L. Syn.: *Cleodora lanceolata* Soul.
pyramidata d'Orb. *Lamartinieri* Rang.

Von den Stationen 1, 9, 19, 27, 36, 37, 47, 62, 64, 72, 75, 82, 85, 91, 199 (östliches Mittelmeer), gedredscht in Tiefen von 680—3300 m und von den Stationen 256, 274, 313, 308, ?379, 383 und 385 (Adria), gedredscht in Tiefen von 191—1196m;

von den Stationen 51, 117, 189 und 222 (östliches Mittelmeer) pelagisch.

24. Clio (Clio) cuspidata Pels. — Carus Prodr. p. 442.

Syn.: *Hyalaea cuspidata* Bose.
Cleodora Quoy et Gaym.

Von den Stationen 27, 36, 47, 64, 72, 75, 82, 91, 199 (östliches Mittelmeer), gedredscht in Tiefen von 680m bis 3300m und 309 (Adria) 550m;

von Station 264 (Adria) pelagisch.

Aus dem östlichen Mittelmeere liegen nur aus den Grundproben stammende, meist stark verletzte Schalen vor, pelagisch wurde dort diese Art nicht gefunden. Aus der Adria, für welche diese Art bis jetzt noch nicht bekannt war, liegen zwei sehr hübsche Exemplare vor.

25. Cavolinia trispinosa Pels. — Carus Prodr. p. 442.

Syn.: *Hyalaea trispinosa* Les. Syn.: *Hyalaea mucronata* Quoy et Gaym.
cuspidata D. Ch. *triacantha* Guisdotti.
Diacria trispinosa Gray. *depressa* Liw.

Von den Stationen 82, 237 (östliches Mittelmeer), gedredscht in Tiefen von 588m und 2420m und 274, ?283 (Adria) 191 m und 986m; pelagisch nicht gefunden.

Die gedredschten Stücke sind zu Boden gesunkene leere Schalen, wofür der Umstand spricht, dass sie theils gebleicht, theils mit einer Ablagerungskruste überzogen sind. Diese Art war für die Adria noch nicht bekannt.

26. **Cavolinia gibbosa** Pels. — Carus Prodr. p. 443.

Syn.: *Hyalaea gibbosa* Rang.
»   *flava* d'Orb.
Gegenbauri Pfeff.

Von den Stationen 1, 9, 19, 27, 36, 47, 62, 64, 72, 75, 82, 91, 199, *213, 214 (östliches Mittelmeer), gedredscht in Tiefen von 200—2420 m und 301 (Adria) 1216 m; von den Stationen 41, 51, 108, 115, 117, 118, 154, 162, 169, 177 und 201 (östliches Mittelmeer) pelagisch.

Ich habe unter den vielen Stücken, welche mir aus dem Mittelmeer und der Adria vorliegen, nicht eines gefunden, das genau zur Beschreibung der *Cavolinia globulosa* Rang. passen würde, dagegen liegt mir eine ganze Anzahl von Exemplaren vor, welche einen Übergang von der *gibbosa* Pels. zur *globulosa* Rang. darstellen. Ich möchte mich daher nicht der Ansicht Locard's anschliessen, welcher die beiden Arten trennt, sondern *Cavolinia globulosa* Rang. zu *gibbosa* Pels. ziehen.

27. **Cavolinia tridentata** Vér. — Carus Prodr. p. 443.

Syn.: *Anomia tridentata* Forsk.   Syn.: *Hyalaea complanata* Gebr.
Clio teltuus Cavol.   *Pleuropus longifilis* Trosch.
Hyalaea tridentata Lam.   *Hyalaea longifilis* Boas.

Von den Stationen 19, 27, 36, 62, 75, 82, *208, 209, 213, 237 (östliches Mittelmeer) in Tiefen von 414—2420 m und 256, 274, 298, *378, 379, 383, 385, 396 und 389 (Adria) in Tiefen von 191—1496 m gedredscht, pelagisch nicht gefunden.

28. **Cavolinia inflexa** Vér. — Carus Prodr. p. 444.

Syn.: *Hyalaea inflexa* Les.   Syn.: *Hyalaea nacinata* Boengks., Phil.
»   *vaginella* Cantr.   *oxithus* Pfeff.

Von den Stationen 1, 27, 36, 47, 62, 72, 82, 190, 213 (östliches Mittelmeer), gedredscht in Tiefen von 597—3300 m und 274 (Adria) aus einer Tiefe von 191 m; von Station 51 (östliches Mittelmeer) pelagisch.

War für die Adria bisher nicht angegeben.

C. CYMBULIIDAE.

29. **Cymbulia peronii** Blv. — Carus Prodr. p. 444.

Syn.: *Cymbulia proboscidea* Gray
»   *quadripunctata* Ggbr.

Von den Stationen *298, *370, *376, *377, *379 und *386 (Adria), gedredscht in Tiefen von 150—1138 m; von Station 322 (Adria) pelagisch.

Diese Art wurde im östlichen Mittelmeere nicht, dagegen ziemlich zahlreich in der Adria gefunden. Sodann wäre hervorzuheben, dass diese Art, im Gegensatze zu den übrigen Pteropoden, in grösseren Tiefen häufiger als an der Oberfläche angetroffen wurde, und dass sich noch in einer Tiefe von 1138 m lebende Exemplare vorfanden.

Anhang.

Zwei **Sinusigera-Formen** aus dem östlichen Mittelmeere und der Adria.

Von S. M. Schiff »Pola« wurden auch zwei *Sinusigera*-Formen im östlichen Mittelmeer und der Adria erbeutet, von denen die eine die bereits bekannte und von Boas als *Limacina turriloides* beschriebene Form ist. Die andere Form ist bisher noch nicht beschrieben worden und wäre am ehesten mit *Sinusigera cancellata* zu vergleichen. Da die *Sinusigera*-Formen als Jugendzustände von nicht leicht zu ermittelnden Gastropoden-Arten im Systeme nicht untergebracht werden können, erwähne ich sie als Anhang der vorliegenden Arbeit.

1. Sinusigera f. turritelloides Boas.

Syn.: *Limacina turriloides.*

Von den Stationen 23, 33, 41, 51, 108, 114, 117, 143 (östliches Mittelmeer) und 317 (Adria) pelagisch; gedredscht wurde diese Form nicht.

Die Stücke stimmen vollständig mit der von Boas beschriebenen und abgebildeten *Limacina turritelloides* Boas überein, welche jedoch nach neueren Forschungen als *Sinusigera*-Form angesehen werden muss, und welche schon der Gestalt nach sich in das Genus *Limacina* nicht einbeziehen lässt.

2. Sinusigera n. f. (mediterranea Oberwimmer). (Fig. 8—10.)

Von den Stationen 27, 36, 64 und 82 (östliches Mittelmeer), gedredscht in Tiefen von 660—2420 *m*; von den Stationen 41, 46, 117, 130 (östliches Mittelmeer) und 317 (Adria) pelagisch.

Das rechtsgewundene, nicht durchbohrte, gedrückt kugelige Gehäuse besteht aus fünf Umgängen, von denen der letzte den weitaus grössten Raum einnimmt und mit einer stark gebogenen, mehrfach gelappten Mündung endigt. Sie sind durch eine sehr wenig vertiefte Naht getrennt, senken sich in dieselbe aber an ihrer Oberseite mit einem schmalen, abgeflachten, senkrecht zur Gehäuseachse gestellten Theile ein, der die Naht tiefer liegend erscheinen lässt, als es thatsächlich der Fall ist. Die Spindel ist, entsprechend der mächtigen Ausdehnung des letzten Umganges, stark verlängert; sie verläuft gerade nach abwärts und ist nach innen eingerollt (bildet also einen sehr schmalen, nach unten, respective nach dem Innern der Schale offenen Canal). Dieser linksseitigen Begrenzung der Mündung stehen am Aussen-, respective Unterrand derselben zwei Lappen gegenüber, ein oberer, nach innen gebogener und ein unterer nach aussen umgeschlagener Lappen. Die obere Begrenzung der Mündung bildet die auffallend schräg gestellte, in dieselbe kaum einschneidende Mündungswand. Die Sculptur der äusserst zierlichen Schale ist regelmässig gegittert, das ist aus sehr feinen Spiral- und Radialfurchen zusammengesetzt, die sich regelmässig unter rechtem Winkel kreuzen.

Längsdurchmesser: bis ca. 1·5 *mm*.

Querdurchmesser: bis ca. 1·0 *mm*.

Es ist mir eine angenehme Pflicht, an dieser Stelle Herrn Hofrath Dr. Franz Steindachner, Intendanten des k. k. naturhistorischen Hofmuseums, für die vertrauensvolle Zuweisung des Materiales, sowie für die Erlaubnis zur Benützung der reichhaltigen Litteraturschätze des Hofmuseums meinen ergebensten Dank auszusprechen.

Einschlägige Literatur.

1865. Reeve, Conchologia Iconica, part. 248. *Carinaria.*

1865. Costa, Rendic. Accad. Sc. fisiche et Matemat. Napoli, p. 125—126. *Spirialis recurvirostra.*

1866. Agassiz Alex., Remarks on the habits of *Spirialis fleuringii.* Proceed. Bost. Soc. Nat. Hist. Am. Journ. Conch. II. p. 182.

1866. Sowerby, Thesaurus, part. 24. *Carinaria.*

1868. Hogg. J., Transact. Roy. Microscop. Soc. XVI. pl. 9, Fig. 24. *Carinaria cristata (L.)* Lingual Seutition.

1868. Knocker H. H., Proc. Zool. Soc. p. 613—622. On pelagic Shells collected a voyage from Vancouver Island to this country.

1869. Fryer, G. E. A contribution to our knowledge of Pelagic Mollusca. Journ. As. Soc. Bengal. Vol. XXXVIII, part. 2, p. 264—266 pl. 21.

1869. Jeffrey's, J. Gwyn. British Conchology. Vol. 5. *Pteropoda.*

1869. Issel Arth. Malacologia del Mare rosso, ricerche zoologiche e paleontologiche. Pisa. p. 236.

1869. Proc. Portl. Soc. Nat. Hist. I, part. 2. *Clio borealis* (Pall.).

1869. Am. Journ. Conch. V., p. 112. *Clio borealis* (Pall.).

1870. Costa, A. Osservazioni su taluni Pteropods del Mediterraneo. Ann. Mus. Nap. III.

1870. Cox J. C., P. Z. S., p. 172, Description of eight new species of shells from Australia and the Salomon Islands.

1871. Stuart. Z. wiss. Zool. XXI, p. 317—324, pl. 24 A. The nervous system of *Creseis acicula.*

1871. Macdonald, Q. J. Micr. Sci. (2) XI, p. 274. *Firola.*

1871. Souverbie, J. de Conch. XIX, p. 334. Descriptions provenant de la Nouvelle Calédonie.

1872. Dall, W. H. Descriptions of sixty new forms of Mollusks from the West Coast of North-America and the North-Pacific Ocean. Am. Journ. Conch. VII, p. 138—140.

1872. Gabb, Will. Descriptions of some new genera of Mollusca. P. Ac. Philad. III, p. 270, pl. 11, fig. 2 (*Planorbella g. n.*).

1872. Jousseaume, Dr. *Recluzia johnii.* R. Z. (2) XXIII, p. 205.

1872. Souverbie. *Recluzia montrouzieri,* sp. n. J. de Conch. XX, p. 57, pl. 1, fig. 8.

1873. Panceri, P., *Carinaria mediterranea* (Lam.) Bull. Assoc. Med. Nap. 1871, p. 83—87, pl.

1874. Fol, H. Note sur le développement des mollusques ptéropodes et céphalopodes. Arch. Z. exper. III, XXXIII—XLV. 18 pls.

1874. Craven, A., *Hyalea tridentata* (Lam.) Ann. Malacol. (Belg. VIII 1873), p. 70, pl. III.

1874. Costa. *Creseis conica* (Costa) [Abbildung.] Ann. Mus. Nap. V, p. 45, p. I. fig. 2. Naples.

1874. Willemoés-Suhm, R. v. *Pelagia alba* (Q. G.). Z. wiss. Zool. 1874, p. XXXV.

1875. Dunkler, W. *Stiliola acus,* sp. n., J. B. mal. Ges. II, p. 240.

1875. Willemoés-Suhm, R. v. Pteropoden-Larven, wahrscheinlich *Thecosrybia* (*Eurybia* Rang.) und *Pelagia?* Z. wiss. Zool. XXV. p. XXXVI.

1875. Ranke, J. Der Gehörvorgang und das Gehörorgan bei *Pterotrachea.* Z. wiss. Zoologie XXV, Supplement-Band, p. 77—102. Taf. V.

1875. Moseley, *Pterosoma* (Lesson). Ann. H. N. (4) XVI, p. 382.

1877. Ihering, H. Vergleichende Anatomie des Nervensystems und Phylogenie der Mollusken. Leipzig.

1877. Jeffreys, J. G. Mollusken der »Valorous«-Expedition. Ann. N. H. (4) XIX. p. 336.

1877. Wagner. *Clione borealis* (Pall.). Z. wiss. Zool. XXVIII, p. 385.

1877. Moseley, Larva of a gymnosomatous Pteropod, from the South-Pacific. Q. J. Micr. Sci. (2) XVII, p. 32—34, pl. III, fig. 14—16.

1877. Reeve Conch. Icon. parts 336—337. *Atlanta, Pteropoda, Sinusigera.*

1877. Grillo, G. G. Bull. Soc. mal. Ital. III, p. 51—57, pl. II, fig. 1—5. (*Cerioptecum scaidunaee Sars.*)

1878. Sars, G. O. Bidrag til kundskaben om Norges Arktiske Fauna. I. *Mollusca regionalis Arcticae Norvegiae.* Christiania.

1878. Claus, C. Über den akustischen Apparat im Gehörorgan der Heteropoden. Arch. mikr. Anat. XV, p. 341—348, pl.

1879. Lacaze-Duthier. (Entwicklung der Pteropoden.) Arch. Z. exper. IV (1875), p. 1—114, pls. I—XI. *Tiedemannia, Cleodora, Cymbulia, Clio.*)

1879. Pfeffer, G. Übersicht der auf S. M. Schiff »Gazelle« und von Dr. Jagor gesammelten Pteropoden. M. B. Ak. Berl. 1879, p. 230 bis 247, pl. —.

1880. Craven, A. E. Monographie du genre *Sinusigera.* Ann. Soc. mal. Belg. XII, p. 25, 3 pls.

1880. Pfeffer, G. Die Pteropoden des Hamburger Museums. Abh. Ver. Hamb. VII, p. 69—99, pl. VII.

(Oberwimmer)   4

1880. Krukenberg, C. F. W. Vergleichend-physiologische Studien an den Küsten der Adria. I—III. Heidelberg. *Carinarie mediterranea* III. p. 177—180.

1880. Crosse, J. de Conch. XXVIII, p. 146, pl. IV. (*Sinusigera caledonica* sp. n.)

1881. Verill. *Cymbulia calceola* n. sp. Ann. J. Sec XX (1880). p. 394 und P. U. S. Nat. Mus. III, p. 393 (*calceolus* n. sp. und *Halopsyche* g. n.).

1881. Rattray, A. Paper on the anatomy, physiology and distribution of the *Firolidae*. Tr. L. S. XXVII (1871), p. 255—275 pls. XLIII und XLIV.

1882. Heincke. Die nutzbaren Thiere der nordischen Meere. (Volksthümliche Bemerkungen über einige Pteropoden p. 24.)

1882. Verrill, A. E. *Pteropus kargeri* n. sp. und *Cymbulia calceolus* (Verrill). Tr. Conn. Ac. V. p. 553 und 555, pl. LVIII, fig. 33.

1882. Fischer, P. Diagnoses d'espèces nouvelles de Mollusques recueillis dans le cours des expéditions scientifiques de l'Aviso «le Travailleur». J. de Conch. XXX, p. 49 (*Euibolus tricanthus* n. sp.).

1882. Jousseaume. (*Sinusigera* und *Cheletropis* wahrscheinlich Jugendformen von *Purpura* und *Dolium*). Le Nat. IV, p. 182—183.

1883. Craven, A. On the genus *Sinusigera*. Ann. N. H. (5) XI, p. 141—142.

1883. Wagner, N. Die Wirbellosen des weissen Meeres. Zoologische Forschungen an der Küste des Solowetzkischen Meerbusens in den Sommermonaten der Jahre 1877, 1878, 1879 und 1882. Leipzig. (*Pteropoda.*)

1883. Knipowitsch. Ein Beitrag zur Kenntniss der Molluskenfauna des Beringsmeeres. *Brachipoda* und *Lamellibranchiata*. Arch. f. Nat. LI. part. II, p. 298, Taf. XVIII, Fig. 19 a—d. *Cleone truncata* Phipps und *Cl. dalli* sp. n., *Hyalea*).

1883. Boas, J. E. V. Vorläufige Mittheilungen über einige gymnosome Pteropoden. (*Spongiobranchaea* d'Orb., *Dexiobranchaea* g. n., *Chopsis* Tr.). Zool. Anz.

1883. Macdonald, J. D. On the General Characters of the genus *Cymbulia*. P. R. Soc. XXXVIII, p. 251—253; abstr. in J. R. Micr. Soc. (2) V. p. 627.

1885. Winkelmann. N. Z. J. Sec. II, p. 484 (*Hyalaea* kommt bei Neu-Seeland vor).

1886. Boas, J. E. V. Zur Systematik und Biologie der Pteropoden. Zool. J. B. I, p. 311—340, Taf. VIII.

1886. Boas, J. E. V. Bidrag til Pteropodernes Morphologi og Systematik samt til Kundskaben om deres geografiske Udbredelse. Avec résumé en français. Copenhagen.

1886. Pelseneer, P. Description d'un nouveau genre de Ptéropode gymnosome. Bull. Sci. Nord. (2) IX, p. 14, Ann. N. H. (5) XIX, p. 79 und 80; abstr. J. R. Micr. Soc. 1887, p. 217.

1886. Pelseneer, P. Les Ptéropodes recueillis par le «Travon» dans le canal des Féroé.

1886. Pelseneer, P. Recherches sur le système nerveux des Ptéropodes. Arch. Biol. VII, p. 93 und 129, pl. IV.

1886. 1887. Kobelt, Dr. W. Prodromus Faunae Molluscorum Testaceorum maria europaea inhabitantium. Nürnberg 1886/1887.

1887. Pelseneer, P. Report on the Pteropoda collected by H. M. S. «Challenger», during the years 1873—1876, part. I The Gymnosomata. Reports on the Scientific Results of the Challenger Expedition. Zoology XIX. pt. LVIII, p. 74, 3 pls. London, Edinburgh, Dublin 1887.

1887. Pelseneer, P. Description of a new genus of Gymnosomatous Pteropoda. Ann. N. H. (5) XIX, p. 79 und 80.

1888. Pelseneer, P. Report on the Pteropoda collected by H. M. S. «Challenger» during the years 1873—1876, Part. II. The Thecosomata. Reports on the Scientific Results of the Voyage of H. M. S. «Challenger» during the years 1873—1876, vol. XXIII, pt. LXV, p. 132, 3 pls. 3 cuts., London, Edinburgh, Dublin 1888.

1888. Pelseneer, P. Report on the Pteropoda collected by H. M. S. «Challenger» during the years 1873—1876, Part. III. Anatomy. Reports on the Scientific Results of the Voyage of H. M. S. «Challenger» during the years 1873—1876, vol. LXVI, p. 97, 5 pls., 5 cuts.; abstr., Am. Nat. XXII, p. 841.

1888. Ihering, H. v. Die Stellung der Pteropoden. Nachr. d. mal. Ges. XX, p. 30—32.

1888. Munthe, H. Pteropoder i Upsala Universitets Zoologiska Museum samlade af kapten G. von Scheele. Bih. Sv. Ak. Handl. XIII, IV, 2, p. 33, 1 pl.

1888. Smith, E. A. Report on the Heteropoda collected by H. M. S. «Challenger», during the years 1873—1876. Scientific Results of the Voyage of H. M. S. «Challenger», during the years 1873—1876, vol. XXIII. part. LXXII, p. 51, 5 cuts.

1889. Simroth, H. Über einige Tagesfragen der Malakozoologie, hauptsächlich Convergenzerscheinungen betreffend. Z. Naturw. 1889, p. 65—97 (Stellung der Pteropoden).

1889. Walcott, C. D. Stratigraphic Position of the Olenellus Fauna in N. Amerika and Europe. Ann. J. Sci. XXXVII, p. 374—392 und XXXVIII, p. 29—42.

1889. Pelseneer, P. Sur la Position systematique de *Desmopterus papilio* Chun. Zool. Anz. 1889, p. 525 und 526. Abstr. in J. R. Micr. Soc. 1889, p. 734.

1889. Pelseneer, P. Sur le Pied et la position systematique des Pteropodes. Ann. Soc. mal. Belg. XXIII, p. 344—350.

1889. Benoist, E. A. Description des Céphalopodes, Pteropodes, et Gastropodes Opisthobranches (*Actaeonidae*). (Coquilles, Fossiles des Terrains Tertiaires moyens du Sud-Ouest de la France.) Act. Soc. 1. Bo d. XLII, p. 11—84, pls. I—IV. (*Pteropoda* p. 23—33.)

1889. Saliotti, A. G. B. Communicazioni Malacologiche. Art II. Bull. Soc. mal. Ital. XIV, 65—74 (Pteropoden).

1889. Dall, W. H. On the Genus *Corolla*, Dall. Naut. III, p. 30—32.

1889. Pelseneer, P. Sur la Valeur Morphologique des Sacs à Crochets des «Ptéropodes» Gymnosomes. Zool. Anz. 1889, p. 312 bis 314. Abstr. in J. R. Micr. Soc. 1889, p. 480.

1889. Grenacher, H. The Heteropod Eye. J. R. Micr. Soc. 1889, p. 196.

1890. Carus, J. V. Prodromus Faunae Mediterraneae sive descriptio animalium maris mediterranei incolentium . . . Vol. II, P. II. Stuttgart 1890.

1890. M'Intosh, W. C. Notes from the St. Andrew's Marine-Laboratory (under the Fishery Board for Scotland). Nr. X. On a Heteropod (*Atlanta*) in British Waters. Ann. H. N. V, p. 47—48, pl. VIII.

1890. Smith, E. A. Report on the Marine Molluscan Fauna of the Island of St. Helena. P. Z. S. 1890, p. 247—317, pls. XXI—XXIV (*Pteropoda*.)

1891. Knipowitsch, N. Zur Entwicklungsgeschichte von *Clione limacina*. Biol. Centralbl. XI, p. 300—303, 7 figs. Abstr. in J. R. Micr. Soc.1891, p. 454.

1891. Pictet, C. Recherches sur la spermatogénèse chez quelques Invértébrés de la Mediterranée. M. T. z. Stat. Neap. X, p. 115—123 (*Cymbulia Peronii*).

1891. Peck, J. J. On the anatomy and histology of *Cymbuliopsis calceola*. Stud. Biol. Lab. J. Hopkins Univ. IV, p. 335—353, 4 pls.

1892. Wackwitz, J. Beiträge zur Histologie der Mollusken-Musculatur, speciell der Heteropoden und Pteropoden. Zool. Beitr. III, p. 129—160, 3 pls.

1892. Brazier, J. Catalogue of the Marine Shells of Australia and Tasmania. Pt. II. *Pteropoda*. Sydney.

1893. Peck, J. J. Report on the (Thecosomatous), Pteropods and Heteropods collected by the U. S. steamer «Albatross», during the voyage from Norfolk, Va., to San Francisco, Cal., 1887—1888. P. U. S. Mus. XVI, p. 451—466, 3 pls.

1893. Pelseneer, P. L'opercule des Hétéropodes. Bull. Soc. mal. Belg. 1892, p. 35.

1893. Pelseneer, P. Le système nerveux steptoneure des Hétéropodes. Bull. Soc. mal. Belg. 1892, p. 52—54.

1893. Sowerby, G. B. Notes on the Genus *Carinaria*, with an enumeration of the species and the description of a new form (*C. elata*) P. Malac. Soc. London I, p. 14—16, figg.

1894. Knower, H., Mc. E. Pteropods (*Cavolina longirostris*) with two separate sexual openings. J. Hopkins Univ. Circ. XIII, p. 61 und 62. Abstr. J. R. Micr. Soc. 1894, p. 553.

1895. Hedley, C. Pterosoma (Lesson) claimed as a Heteropod. P. Malac. Soc. London I, p. 333 and 334.

1895. Arbanasich, P. (Fra Piero.) La enumerazione dei Molluschi della Sardegna. Bull. Soc. malac. Ital. XIX, p. 263—278 (p. 276 bis 278 *Pteropoda*).

1896. Nobre, Augusto. Mollusques et Brachiopodes du Portugal. Ann. Sc. Nat. Porto 3. Ann. No. 1, p. 1—8 (2 *Pteropoda*).

1896. Warren, A. *Spirialis retroversus* in Killala Bay. Irish Nat. Vol. 5, No. 9. Sept. p. 248.

1897. Locard, A. Expéditions scientifiques du Travailleur et du Talisman pendant les années 1880—1883. Mollusque: Testacés. P. I. Paris 1897.

Tafelerklärung.

Fig. 1 und 2: *Atlanta steindachneri* n. sp.

Fig. 4–7: *Oxygyrus keraudreni* Ms. Aud.tz. Fig. 3 und 4 ausgewachsenes Exemplar, Fig. 5 und 6 *Bellerophina*-Form (Jugendzustand), Fig. 7 Jugendform mit den ersten Anfängen des Kieles.

Fig. 8–10: *Stumigera mediterranea* n. sp. Fig. 10: Sculpturbild aus dem letzten Umgange.

BERICHTE DER COMMISSION FÜR OCEANOGRAPHISCHE FORSCHUNGEN.

EXPEDITION S. M. SCHIFF „POLA" IN DAS ROTHE MEER

NÖRDLICHE UND SÜDLICHE HÄLFTE.

1895/96 UND 1897 98.

ZOOLOGISCHE ERGEBNISSE.

XIV.

LAMELLIBRANCHIATEN DES ROTHEN MEERES

VON

Dr. RUDOLF STURANY,

ASSISTENT AM K. K. NATURHISTORISCHEN HOFMUSEUM.

(Mit 7 Tafeln.)

BESONDERS ABGEDRUCKT AUS DEM LXVIII. BANDE DER DENKSCHRIFTEN DER MATHEMATISCH-NATURWISSENSCHAFTLICHEN CLASSE DER KAISERLICHEN AKADEMIE DER WISSENSCHAFTEN.

Rec'd Sept. 15/00

WIEN 1899.

AUS DER KAISERLICH-KÖNIGLICHEN HOF- UND STAATSDRUCKEREI.

IN COMMISSION BEI CARL GEROLD'S SOHN,

BUCHHÄNDLER DER KAISERLICHEN AKADEMIE DER WISSENSCHAFTEN.

BERICHTE DER COMMISSION FÜR OCEANOGRAPHISCHE FORSCHUNGEN.

EXPEDITION S. M. SCHIFF „POLA" IN DAS ROTHE MEER

NÖRDLICHE UND SÜDLICHE HÄLFTE.

1895/96 UND 1897/98.

ZOOLOGISCHE ERGEBNISSE.

XIV.

LAMELLIBRANCHIATEN DES ROTHEN MEERES

VON

DR. RUDOLF STURANY,

ASSISTENT AM K. K. NATURHISTORISCHEN HOFMUSEUM.

(Mit 7 Tafeln.)

BESONDERS ABGEDRUCKT AUS DEM LXIX. BANDE DER DENKSCHRIFTEN DER MATHEMATISCH-NATURWISSENSCHAFTLICHEN CLASSE
DER KAISERLICHEN AKADEMIE DER WISSENSCHAFTEN.

◆━◆

WIEN 1899.

AUS DER KAISERLICH-KÖNIGLICHEN HOF- UND STAATSDRUCKEREI.

IN COMMISSION BEI CARL GEROLD'S SOHN

BUCHHÄNDLER DER KAISERLICHEN AKADEMIE DER WISSENSCHAFTEN.

EXPEDITION S. M. SCHIFF „POLA" IN DAS ROTHE MEER

NÖRDLICHE UND SÜDLICHE HÄLFTE.

1895/96 UND 1897/98.

XIV.

ZOOLOGISCHE ERGEBNISSE.

LAMELLIBRANCHIATEN DES ROTHEN MEERES

VON

Dr. RUDOLF STURANY,

ASSISTENT AM K. K. NATURHISTORISCHEN HOFMUSEUM.

(Mit 7 Tafeln.)

(VORGELEGT IN DER SITZUNG AM 30. NOVEMBER 1899.)

Das vorliegende Material aus dem Rothen Meere gestattet ein Studium der erythräischen Lamellibranchiaten nicht bloss hinsichtlich ihrer verticalen Verbreitung, über die bisher so gut wie nichts bekannt geworden ist, sondern gibt auch Gelegenheit zu einem weiteren Ausbau unserer Kenntnisse von der horizontalen Verbreitung derselben.

Es wurden nämlich während der beiden Tiefsee-Expeditionen ins Rothe Meer nicht bloss Dredschungen ausgeführt, wo immer es die Verhältnisse erlaubten, sondern es bemühten sich die beiden Zoologen an Bord von S. M. Schiff „Pola" in energischer Weise auch um die Zustandebringung einer reichen Collection von Litoralformen. Herr Intendant Hofrath Dr. Fr. Steindachner, der wissenschaftliche Leiter der Expeditionen, und Herr Custos Friedrich Siebenrock schenkten diesem Theile der erythräischen Fauna vom Beginne der Reise an ihr regstes Interesse und ergriffen mit dankenswerther Bereitwilligkeit die Gelegenheit zu Aufsammlungen an allen den interessanten Küstenpunkten und Inselgruppen, welche das Schiff berührte.

Entsprechend den angedeuteten zwei Gesichtspunkten, und um den Bericht über die Ergebnisse auch etwas übersichtlicher zu gestalten, habe ich die vorliegende Arbeit über die Lamellibranchiaten in zwei Abschnitte getheilt. Der erste Abschnitt behandelt die gedredschten Arten, die in der Mehrzahl für die Wissenschaft neu sind, der zweite Abschnitt die an der Küste oder in Korallenriffen gesammelten Muscheln. In beiden Theilen ist einleitend das Resultat der bezüglichen Untersuchungen kurz zusammengefasst, ein genaues Stations-, respective Localitätenverzeichniss eingeschaltet und die Aufzählung, respective Besprechung oder Beschreibung der Arten in systematischer Reihenfolge gegeben. Für die gefundenen Litoralformen ist überdies auch eine Tabelle angelegt worden, aus der sich verschiedene Fragen (wie das Vordringen der Arten nach Süden und Norden, ihre Verbreitung überhaupt etc.) von selbst beantworten.

I. THEIL.

Dredsch-Ergebnisse im Rothen Meere.

(I. Expedition 1895/96,   II. Expedition 1897/98.)

A. Übersicht.

Von den 37 Dredsch-Stationen der 1. Expedition waren 17, von den 38 Stationen der 2. Expedition 12 für unsere Sache erfolgreich; insoferne hier also nur die Lamellibranchiaten in Betracht kommen, habe ich im Ganzen 29 Stationen namhaft zu machen. An zweien derselben arbeitete das Netz bloss in der litoralen Zone, nämlich in Tiefen von 50 und 58 *m*; in der überwiegenden Mehrzahl der Fälle (24) wurde in der continentalen Zone (300—1000 *m* Tiefe) gedredscht; und dreimal ward die abyssale Zone berührt, also in mehr als 1000 *m* Tiefe operirt.

Das Ergebniss dieser Dredschungen besteht in 22 Arten Pelecypoden, nämlich 9 schon bekannten, 1 nicht näher zu bestimmenden und 12 neuen Arten. Sie vertheilen sich auf die litorale Zone (1—300 *m* Tiefe) mit 9 (8 bekannten Arten und 1 neuen Art), auf die continentale + abyssale Zone mit 13 (1 bekannten, 1 unbestimmbaren und 11 neuen Arten).

Die Liste der in der **litoralen Zone** gefundenen Arten lautet:

1. *Cultellus cultellus* (L.)
2. *Solecurtus coarctatus* (Gm.)
3. *Racta brachçou* n. sp.
4. *Psammobia pulchella* Lm.
5. *Tellina cascus* Sow.
6. *Macoma truncata* (Jonas)
7. *Tapes textrix* (Chemn.)
8. *Isocardia vulgaris* Rve. — Für die Fauna des Rothen Meeres **neu**!
9. *Anomalocardia clathrata* Rve.

Es sind dies mit Ausnahme der neuen *Racta* längst bekannte Formen, die hauptsächlich auch ausser-erythräisch verbreitet sind; *Tellina cascus* Sow. scheint auf das Rothe Meer beschränkt, *Isocardia vulgaris* Rve. hingegen hier überhaupt noch nicht gefunden worden zu sein.

In **grösseren Tiefen** wurden gefunden:

1. *Solecurtus subcandidus* n. sp. — continental.
2. *Lyonsia intracta* n. sp. — continental und abyssal.
3. *Cuspidaria steindachneri* n. sp. — continental und abyssal.
4.   *dissociata* n. sp. — continental.
5.   *brachyrhynchus* n. sp. — continental und abyssal.
6.   (*Cardiomya*) *potti* n. sp. — continental.
7. *Pseudoneaera* (n. gen.) *thaumasia* n. sp. — continental und abyssal.
8. *Cardium exasperatum* Sow. — continental.
9. *Cardita alabaua* n. sp. — continental.
10. *Limopsis dachista* n. sp. — continental.
11. *Nucula* spec. indeterm. — continental.
12. *Amussium steindachneri* n. sp. — continental.
13. *Amussium schrencki* n. sp. — continental und abyssal.

Also nur eine von diesen in grösseren Tiefen gedredschten Muscheln liess sich mit einer bekannten Form identificiren, mit dem australischen *Cardium exasperatum* Sow. Eine einzelne *Nucula*-Schale, welche wie das genannte *Cardium* im Golfe von Akaba gedredscht wurde, ist leider nicht zu bestimmen gewesen; die 11 verbleibenden Formen aber sind für die Wissenschaft unzweifelhaft neu und gehören Gattungen an, die in der Tiefsee zumeist eine weite Verbreitung haben und durch enormen Artenreichthum ausgezeichnet sind (beispielsweise die Gattungen *Cuspidaria* und *Amussium*). Zwei Formen haben mich bei der Bestimmung der Gattung in Verlegenheit gebracht: Erstens eine Form aus den grösseren Tiefen, die schliesslich — allerdings noch mit einigem Zweifel — als *Lyonsia* erkannt wurde, und zweitens jene hochinteressante, von vier Stationen vorliegende, bis in die abyssale Zone hinabreichende Muschel, die äusserlich an die kurz gerathenen *Cuspidarien* (*Neaeren*) oder gewisse *Montacula*-Formen erinnert, im Schlosse jedoch gewaltig abweicht und hier sehr bemerkenswerthe Verhältnisse aufweist, so dass ich mich genöthigt sah, eine neue Gattung darauf aufzubauen (*Pseudoneaera*).

Im Allgemeinen lässt sich nicht leugnen und ist es wohl auch sonst erklärlich, dass die nächsten Verwandten zu den Tiefsee-Muscheln des Rothen Meeres in jenen Formen zu suchen sind, die der »Investigator« in den indischen Gewässern gedredscht hat. Wir sehen dies am deutlichsten bei den *Cuspidarien*; hier liessen sich einige recht auffallende Vergleichspunkte finden, doch kam es dabei zu einer directen Identificirung der Arten allerdings nicht.

Bezüglich der Häufigkeit des Auftretens der Tiefsee-Formen möchte ich hervorheben, dass *Cuspidaria steindachneri* an 16 Stationen gedredscht worden, dass *Amussium siebenrocki* und *Cuspidaria brachyrhynchus* sechsmal, *Lyonsia intracta*, *Cuspidaria* (*Cardiomya*) *potti* und *Pseudoneaera thaumasia* je viermal, *Limopsis elachista* dreimal und *Amussium steindachneri* zweimal gefunden wurden, und dass die übrigen Arten nur von je einer Station vorliegen.

B. Verzeichnis der Stationen.

Nr.	Expedition und Datum	Östliche Länge Nördliche Breite	Tiefe	Grund	Arten
9	1. November 1895	37° 02′ 23° 21′	790 m	sandiger Schlamm	*Cuspidaria steindachneri* n. sp.
27	20. November 1895	37° 30′ 23° 51′	747 m	sandiger, gelber Schlamm	*Cuspidaria* (*Cardiomya*) *potti* n. sp.
44	6. December 1895	38° 42′ zwischen Mersa Mubarek und Jedda	2110 m	ziegelrother, sandiger Schlamm und braune, schlecker artige, obenhin Schale vereinzelt	*Cuspidaria brachyrhynchus* n. sp.
45	7. December 1895	38° 55′ 22° 46′ vor Jedda	602 m	sandiger Schlamm	*Amussium siebenrocki* n. sp.
47	21. December 1895	38° 0′ 21° 41′ bei Jemba	610 m	gelber, sandiger Schlamm	*Cuspidaria steindachneri* n. sp.
48	27. December 1895	37° 45′ 21° 45′ vor Jemba	700 m	gelber, sandiger Schlamm	*Cuspidaria steindachneri* n. sp. *Cuspidaria brachyrhynchus* n. sp. *Cuspidaria* (*Cardiomya*) *potti* n. sp. *Pseudoneaera thaumasia* n. sp. *Limopsis elachista* n. sp. *Amussium steindachneri* n. sp.

Nr.	Expedition und Datum	Östliche Länge Nördliche Breite	Tiefe	Grund	Arten
51	(d) 28. December 1895	35° 37' / 24 15 bei Sherm Sheikh	562 m	sandiger Schlamm	Cuspidaria (Cardiomya?) polii n. sp.
56	(d) 2. Jänner 1896	34° 55' / 28 23 bei Mersa Dhiba	582 m	sandiger Schlamm	Cuspidaria (Cardiomya) polii n. sp.
61	(d) 8. Jänner 1896	36° 51' / 24 35 nächst den Hassani-Inseln	828 m	fast reiner Sand	Cuspidaria steindachneri n. sp.
72	(d) 1. Februar 1896	34° 50' / 27 25 bei der Insel Shadwan	1082 m	gelber, zäher Schlamm und Sand	Lyonsia nitrata n. sp. / Cuspidaria steindachneri n. sp. / Pandoraeaea thaumasia n. sp. / Amussium siebenrocki n. sp.
76	(d) 5. Februar 1896	34° 47' / 27 43 südlich der Insel Senafir	909 m	fast reiner Sand, etwas gelber Schlamm	Cuspidaria steindachneri n. sp.
81	(d) 13. Februar 1896	35° 33' / 26 34 unweit von Ras Abu Massahrib (= Nôman)	825 m	sandiger Schlamm	Cuspidaria steindachneri n. sp.
87	(d) 4. März 1896	32° 56' / 29 7 6 bei Ras Mallap im Golf von Suez	50 m	Schlamm mit wenig Sand	Cultellus cultellus (L.) / Solecurtus coarctatus (Gm.) / Raeta brachdon n. sp. / Psammobia pulchella Lm. / Macoma truncata (Linn.) / Tapes textrix (Chemn.) / Isocardia vulgaris Rve. / Anomalocardia clathrata Rve.
	(d) 12. März 1896	33° 35 3' / 28 9 3 bei El Tor im Golf von Suez	58 m	Schlamm mit wenig Sand	Solecurtus coarctatus (Gm.) / Tellina casus Sow. / Tapes textrix (Chemn.) / Anomalocardia clathrata Rve.
91	(d) 2. April 1896	34° 34 5' / 28 21 2 südlicher Theil des Golfes von Akaba	978 m	dicker, zäher Schlamm	Amussium siebenrocki n. sp.
94	(d) 12. April 1896	34° 43 7' / 28 58 6 bei Nawibi im Golf von Akaba	314 m	dicker, zäher Schlamm	Solecurtus subcandidus n. sp. / Cuspidaria steindachneri n. sp. / Nucula sp. indet.
95	(d) 17. April 1896	34° 47 8' / 29 43 5 nördlicher Theil des Golfes von Akaba	350 m	Schlamm	Cuspidaria steindachneri n. sp. / Cardium exasperatum Sow. / Cardita akabana n. sp.

Nr.	Expedition und Datum	Östliche Länge Nördliche Breite	Tiefe	Grund	Arten
106	(I) 2. October 1897	38° 41·4' 21 2 südlich von Jidda	805 m	sandiger Schlamm	Cuspidaria dissociata n. sp. Cuspidaria brachyrhynchus n. sp. Limopsis elachista n. sp. Amussium siebenrocki n. sp.
109	(I) 3. October 1897	37° 39' 21 19 westlich von Jidda	890 m	sandiger Schlamm	Cuspidaria steindachneri n. sp. Amussium siebenrocki n. sp.
114	(I) 4. October 1897	37° 55·1' 19 38 zwischen Suakim und Lidth	535 m	sandiger Schlamm und braune Knollen	Lyonsia intracta n. sp.
117	(I) 5. October 1897	37° 33·5' 20 16·9 südlich von Raveyn	638 m	sandiger Schlamm	Limopsis elachista n. sp.
121	(I) 6. October 1897	39° 5·4' 18 51·9 westlich von Kunfuda	690 m	dicker Schlamm, mässig viel Sand	Lyonsia intracta n. sp. Cuspidaria steindachneri n. sp. Cuspidaria brachyrhynchus n. sp. Pseudoneaera thaumasia n. sp.
128	(I) 23. October 1897	39° 11·2' 18 7·7 bei Akik Seghir	457 m	dicker, zäher Schlamm mit wenig Sand	Cuspidaria brachyrhynchus n. sp. Amussium steindachneri n. sp.
130	(I) 24. October 1897	39° 37' 19 47 westlich von Kunfuda	439 m	ziemlich zäher Schlamm	Lyonsia intracta n. sp. Cuspidaria brachyrhynchus n. sp. Pseudoneaera thaumasia n. sp. Amussium steindachneri n. sp.
138	(I) 26. October 1897	40° 14·7' 18 3 südlich von Kunfuda	1308 m	dicker, zäher Schlamm	Cuspidaria steindachneri n. sp.
145	(I) 29. October 1897	41° 13·5' 16 2·6 östlich von Dahalak	800 m	Sand	Cuspidaria steindachneri n. sp.
156	(II) 4. Februar 1898	38° 2' 22 51 nördlich von Jidda	712 m	lichtgelber Schlamm und wenig Sand	Cuspidaria steindachneri n. sp.
170	(II) 23. Februar 1898	35° 17·4' 27 0·2 bei der Insel Noman	690 m	gelber Schlamm	Cuspidaria steindachneri n. sp.
176	(II) 27. Februar 1898	34° 36' 25 57 bei Koseir	612 m	gelber Schlamm und viel Sand	Cuspidaria steindachneri n. sp.

C. Systematische Aufzählung und Besprechung der gedredschten Arten.

1. Cultellus cultellus (l.).

Von Station 87 (50 m); 1 kleines (junges) Exemplar.

2. Solecurtus coarctatus (Gm.).

Von den Stationen 87 und 88 (50 und 58 m): einzelne Schalen in geringer Anzahl.

Diese ursprünglich nur von den Nicobaren bekannte Art ist später nicht bloss für das Rothe Meer, sondern auch für das Mittelmeer constatirt worden, was zu verschiedenen Bemerkungen in der Literatur Anlass gab. Cooke[1] neigt zu der Ansicht, dass die um England und im Mittelmeer vorkommende Form als *antiquatus* Pult. anzusprechen sei, betont aber auch gleichzeitig, dass die ihm zur Prüfung vorgelegten Stücke aus dem Rothen Meere nicht unbedingt sicher zu *S. coarctatus* Gm. zu zählen seien.

Was die Exemplare der »Pola«-Expedition betrifft, so kann wohl kein Zweifel sein, dass sie der Gmelin'schen Art angehören; doch will ich hier nicht unerwähnt lassen, dass sie auch eine gewisse Ähnlichkeit mit *S. debilis* Gld.[2] haben, von welcher Art sich im naturhistorischen Hofmuseum sehr hübsche Exemplare aus der Sammlung weiland des Kronprinzen Rudolf (Fauna japonica) befinden.

3. Solecurtus subcandidus n. sp.

Taf. I, Fig. 1—4.

Ein einziges Exemplar von Station 94 (314 m).

Die Muschel klafft an beiden Enden, ist wenig gewölbt, langgestreckt oval, ziemlich festschalig, schwach durchscheinend und ein wenig glänzend, aussen weiss mit Spuren gelber Zeichnung, innen rein weiss.

Die Sculptur derselben ist im Allgemeinen fein und undeutlich. Aus der dichten concentrischen Streifung treten gegen die Ränder der Schalen zu mehrere Anwachsstreifen kräftig hervor; eine Radiärstreifung fehlt nur in der vorderen Schalenpartie, in der Mitte treten sehr schief gestellte Streifen auf, in der hinteren Schalenpartie stehen aufrechte Streifen, die jedoch ein- bis zweimal gekrümmt sind, und zwar oben mit dem Bogen nach vorne, unten mit dem Bogen nach hinten (vide Fig. 1).

Der Oberrand der Muschel weicht wenig von einer Geraden ab, vorne ist er schwach abfallend, hinter dem Wirbel minimal eingebogen; der Unterrand ist ganz gerade; Vorder- und Hinterrand gehen oben und unten mit »runden Ecken« in Ober- und Unterrand über.

Der Wirbel steht vor der Mitte, ist schwach zugespitzt und überragt den Schlossrand wenig.

Aus der Schlossleiste ragen in der rechten Schale 2 spatenförmige Zähne hervor, von denen der hintere bedeutend kräftiger entwickelt und länger ist; in der linken Schale befindet sich nur 1 schwächerer Hauptzahn, der vorne und rückwärts von einer Grube umstellt wird. Hinter den genannten Zähnen liegt auf vorgezogenem Rande das Ligament.

Die Mantelbucht ist zungenförmig und reicht bis über die Wirbelregion hinaus in die vordere Schalenpartie.

Die Länge der Muschel beträgt 30, die Breite 12·4, die Dicke circa 7 mm.

Die nächstverwandten Arten sind *S. divaricatus* Lischke aus Japan und *S. candidus* Renier aus dem Mittelmeer und dem Atlantischen Ocean. Die erstgenannte Art unterscheidet sich hauptsächlich dadurch, dass die Querlinien vorne nicht so schief gestellt sind wie bei der neuaufgestellten Form, und dass sie rückwärts, respective oben runzelig werden, auch anders geknickt erscheinen. Bei *S. candidus* Renier

Ann. & Mag. Nat. Hist. ser. 5, vol. 18 (1886), p. 108.
[2] P. Bost. Soc. VIII, 26 (Lour Chou Isl.).

ist die Quer- (oder Radial-)streifung ähnlich ausgebildet wie bei *S. subcaudidus* m., doch ist jene Muschel gewölbter und relativ höher. Beiden in Vergleich gezogenen Arten gegenüber ist die neue Art überdies durch die besonders stark entwickelte Bezahnung ausgezeichnet.

4. Lyonsia intracta n. sp.

Taf. III, Fig. 7—9.

Von den Stationen 72, 114, 121 und 130 (535—1082 m); meist nur einzelne Schalen oder Bruchstücke.

Die Muschel ist mittelgross, mässig gewölbt, gerundet oval, am Hinterende ein wenig klaffend. Die zarten, ungleichseitigen Schalen sind durchscheinend, glasig und spröde, besitzen aussen und innen einen schönen Perlmutterglanz und sind aussen dicht mit Punkten besetzt, die in zahlreichen, dichtstehenden Radialreihen angeordnet sind und der ganzen Muschel eine rauhe Oberfläche verleihen. Von querstehenden Anwachsstreifen sind nur einige wenige, ganz zarte sichtbar.

Die Wirbel liegen in der vorderen Schalenpartie und kehren ihre Spitzen nach innen und vorne, überragen also den Schlossrand. Schief und im Bogen vom Wirbel nach vorne abfallend, zeigt die Muschel am Übergange in den schön convexen Unterrand keinen Winkel, während am Übergange des schief abfallenden hinteren Oberrandes in den abgestutzten Hinterrand ein stumpfer Winkel zu verzeichnen ist. An jener Stelle ist das Hinterende der Muschel schwach abgeflacht und vorgezogen, und über diese Partie zieht ein äusserst schwach ausgeprägter Radialstreifen vom Wirbel herab zum Übergange von Hinter- und Unterrand, indem gewissermassen eine Radialreihe von Punkten zu einer geschlossenen Linie vereinigt ist.

Das Schloss ist zahnlos, besitzt aber ein Ligament, das — im Gegensatze zu den Merkmalen der Gattung *Lyonsia* — nicht unter dem Rande, das heisst im Innern der Muschel gelegen ist, sondern noch am Rande selbst liegt, so dass es im zusammengeklappten Zustande der Muschel noch von aussen zu sehen ist. Für die Aufnahme oder Lagerung des Ligaments ist eine seichte Grube direct unter dem Wirbel jeder Schale bestimmt, aus der sich bei einiger Vorsicht jenes lichtgelb gefärbte Ligament herausheben lässt; sie liegt in dem Schalenrande, der an der betreffenden Stelle (direct unter dem Wirbel) sockelartig verdickt ist, und verläuft horizontal nach rückwärts. Noch wäre zu erwähnen, dass der Hinterrand einer jeden Schale — gleich hinter dem äusseren Ligamente — lamellenartig aus der Mittellinie hervortritt, und dass diese horizontal gestellten Lamellen beiderseits von einem Kielstreifen abgegrenzt werden, der am Wirbel entspringt und gegen das klaffende Hinterende der Muschel zieht (hinteres schmales Feld, area). Vorne ist ein solches Feldchen (lunula) kaum wahrzunehmen.

	Ex. von Stat. 114	Ex. von Stat. 121	Ex. von Stat. 130
Länge der Muschel in Millimetern . . .	11·5	12·7	12
Höhe »	9·4	10·4	9·4
Dicke »	6·6	7·4	7

Der eigenthümliche Glanz der Schale, ferner die Andeutung von Radialrippchen am Hinterende (man beachte jenes eine erwähnte!) deuten auf die Gattung *Lyonsia*, zu deren Charakteren allerdings die Anlage des Ligaments oberhalb des Schlossrandes nicht recht passen will.

5. Cuspidaria steindachneri n. sp.

Taf. I, Fig. 5—9.

Von den Stationen 9, 47, 18, 61, 72, 76, 81, 94, 96, 109, 121, 138, 145, 156, 170, 176 (1—1008 m).

Die Muschel ist verhältnissmässig gross und dickschalig, aufgeblasen, aussen schmutzigweiss, fein concentrisch gestreift, innen rein weiss, glatt und glänzend. Sie ist mit einem langen, relativ schmalen (bloss circa 2½ ,mm breiten) Rostrum ausgestattet, dessen Ränder parallel zu einander verlaufen und dessen Ende schwach gerundet abgestutzt ist.

Der Wirbel ist nach rückwärts und innen gebogen und liegt, da der Schnabel der Muschel so mächtig entwickelt ist, in der vorderen Hälfte der Schale. Vorne fällt die Muschel in gerundetem Bogen in den Vorderrand ab, der sich ebenso in den Unterrand fortsetzt, rückwärts tritt dieselbe zu dem ungefähr in der Mitte ihrer Gesammthöhe hervortretenden Schnabel in einem concaven Bogen. Auch der Unterrand buchtet sich rückwärts am Ursprunge des Rostrums ein wenig ein. Vom Wirbel läuft schief herab zu dieser letzterwähnten Einbuchtung eine Depression, ferner in der Diagonale des Schnabels ein ebenfalls vom Wirbel herabziehender Wulst. Dieser trennt den noch concentrisch (längs-) gestreiften unteren Theil des Schnabels von seinem senkrecht gestreiften oberen Theil. Der Schlossrand ist von dem Wirbel bedeutend überragt; ungefähr parallel zu seiner hinteren Partie verläuft eine am Wirbel entspringende Linie, wodurch ein langes, schmales Feld entsteht, das überdies etwas vertieft liegt (area). Die Bezahnung der rechten Schale besteht aus 2 leistenförmigen Seitenzähnen, von denen aber nur der hintere gut entwickelt ist und deutlich hervorragt, während der vordere sozusagen nur eine Verdoppelung des vorderen Oberrandes darstellt. Zwischen den beiden liegt schief nach hinten gekehrt die Ligamentgrube, und dem hinteren Zahne folgt ein starker Muskeleindruck. Die linke Schale besitzt ausser der Ligamentgrube keine eigentlichen Schlossbestandtheile; der hintere Oberrand ist nur zuweilen leistenförmig verlängert und verräth bloss durch eine undeutliche Vertiefung die Stelle, wo der Zahn der rechten Schale einlenkt.

Die Proportionen von Länge, Höhe und Dicke der Schalen wechseln wie folgt:

	Ganzes Ex. von Stat. 9	Ganzes Ex. von Stat. 72	Ganzes Ex. von Stat. 96	Ganzes Ex. von Stat. 121	Rechte Schale eines Ex. von Stat. 138	Linke Schale eines Ex. von Stat. 145	Ganzes Ex. von Stat. 176
	Millimeter						
Länge der Schale	17·1	18·2	22·2	24·0	26·2	29·2	20·4
Höhe	9·1	9·2	11·1	11·1	12·6	12·6	10·7
Dicke	6·5	7·1	8·2	9·0	5·0×2	5·6×2	8·0
Schnabellänge	4·75	5·0	7·3	9·5	7·6	12·0	6·0
Länge der vorderen Schalenpartie . .	7·6	8·2	8·7	8·0	11·2	11·0	8·9
hinteren . .	9·5	10·0	13·5	16·0	15·0	18·2	11·5

Die nette Art ist verwandt mit der vom Investigator an der Westküste von Indien erbeuteten *Cusp. macrorhynchus* E. Smith[1]. Der Schnabel der letzteren entspringt aber in horizontaler Verlängerung des hinteren Oberrandes, also bedeutend höher als bei der eben besprochenen Art aus den Tiefen des Rothen Meeres, so dass auch der Sinus an der Basis des Schnabels grösser erscheint.

6. Cuspidaria dissociata n. sp.
Taf. II, Fig. 7—10.

Einige wenige Schalen (halbe Exemplare) und Fragmente von Station 106 (805 m).

Die Muschel ist mittelgross, mässig gewölbt, ziemlich festschalig, kurz und breit geschnabelt, aussen grob längsgestreift und schmutzig weiss, innen rein weiss, ziemlich glatt und glänzend.

Die Wirbel liegen in der vorderen Hälfte und überragen die Schlossleiste.

Indem die Muschel in einem ziemlich runden Bogen schief abfällt, geht der vordere Oberrand ohne Winkelbildung in den Vorderrand über, und dieser ist ebenso mit dem Unterrand verbunden, dessen hinterer

Investigator Illustr. 3, fig. 5, 5a und Ann. & Mag. Nat. Hist. (6. ser., vol. XVI, 1895, p. 12, pl. 2, fig. 5, 5a.

Theil am Ursprunge des Schnabels, wo eine leichte Depression vom Wirbel herabläuft, schwach eingebuchtet ist. Der hintere Oberrand der Schale bildet die schief abfallende obere Begrenzung des kurzen und verhältnissmässig breiten Schnabels.

Das Schloss der rechten Schale ist durch einen relativ sehr mächtigen, horizontal gelegenen Zahn hinter dem Wirbel ausgezeichnet, während die linke Schale keine solche Differenzirung des Schlossrandes erkennen lässt; die Ligamentgruben sind in beiden Schalen gering entwickelt.

	Rechte Schale	Linke Schalen	
		Millimeter	
Länge der Schale	9·3	10·2	11·5
Höhe » »	6·1	6·6	8·3
Dicke einer einzelnen Schale	2·5	2·7	3·0
Schnabellänge	ca. 2·0	ca. 2·0	[to Rostrum beschädigt]
Länge der vorderen Schalenpartie . . .	4·3	4·0	
» » hinteren » . . .	5·0	6·2	

Mit der vorhergehenden Art haben die eben betrachteten Exemplare die Streifung der Oberfläche, mit der folgenden die Grösse und die Gestalt gemeinsam. Mit *C. brachyrhynchus* m. war sie auf dem Grunde der Station 106 vergesellschaftet gefunden worden.

7. Cuspidaria brachyrhynchus n. sp.

Taf. II, Fig. 1—6.

Von den Stationen 41, 48, 106, 121, 128 und 130 (439—2160 *m*); einzelne Schalen oder Exemplare.

Die Muschel ist mittelgross, schön gewölbt, dünnschalig, durchscheinend, kaum gestreift. Sie fällt vorne schief herab und endigt rückwärts unter starker Einschnürung der Schale mit einem kurzen schmalen Rostrum.

Der Wirbel liegt wenig vor der Mitte und überragt den Schlossrand. Der Übergang von Vorder- und Unterrand vollzieht sich nicht unter Winkelbildung, sondern im Bogen; rückwärts ist der Unterrand seicht eingebuchtet, da wo sich der schwach gestreifte Schnabel ansetzt und vom Wirbel herab mehr oder minder senkrecht die Depression zieht. Der hintere Oberrand ist ziemlich gerade (nicht concav) und bildet eine sanft herabgleitende obere Begrenzung des Rostrums.

Im Schlosse der rechten Schale ist der hintere Zahn relativ gut entwickelt und vorstehend; die Ligamentgrube ist klein und schief nach hinten geneigt, eine Leistenbildung vor derselben kaum sichtbar. In der linken Schale sind bloss die Schlossränder beiderseits etwas vorgezogen und ist auch hier die Ligamentgrube klein und schief.

	Rechte Schale von Stat. 41	Ganzes Ex. von Stat. 121	Linke Schale von Stat. 130
		Millimeter	
Länge der Muschel	10·3	10·0	10·6
Höhe » »	6·6	6·0	8·3
Dicke » »	3·6	5·4	3·0
Schnabellänge	ca. 2·5	ca. 5·3	ca. 3·0
Länge der vorderen Schalenpartie . . .	4·7	4·5	5·9
» » hinteren » . .	5·6	5·5	7·7

Diese neue Art hat die Gestalt der vom »Investigator« an den »Andaman Islands« gedredschten *Cuspidaria approximata* E. A. Smith[1], mit der sie nahe verwandt zu sein scheint. Sie ist von ihr nur durch die geringere Grösse unterschieden (*C. approximata* misst 15 : 11 : $9\frac{1}{2}$ mm) und durch den gänzlichen Mangel von Radialrippen.

8. Cuspidaria (Cardiomya) potti n. sp.

Taf. I, Fig. 10—16.

Von den Stationen 27, 48, 51, 56 (562—747 m); einzelne ganze Exemplare oder Schalen.

Die Muschel ist sehr klein, zart, milchweiss, durchscheinend, kurz geschnabelt. Die Schalen sind mässig gewölbt, mit zarten, aber deutlichen Radialrippchen und dazwischen concentrischer Streifung ausgestattet. In der vorderen Schalenpartie stehen dicht aneinander Radialrippchen von verschiedener Stärke, nach hinten folgen auf sie in weiteren Abständen 3 kräftigere Rippen, zwischen denen allerdings mitunter noch einzelne schwächere eingeschlossen sind. Die concentrische Streifung ist vorne allenthalben deutlich ausgeprägt, wodurch sie zu einer schönen Gittersculptur führt, in der hinteren Partie ist sie hauptsächlich unten am Rande ausgebildet; frei davon bleibt meist die Partie zwischen Wirbel und Rostrum.

Der Oberrand ist gerade, horizontal und wird durch die ziemlich median gestellten Wirbel in 2 ungleiche Theile getrennt. Der kurze vordere Oberrand geht unter einem ziemlich weiten Winkel in den schief abfallenden Vorderrand über, der hintere Oberrand bildet die obere Begrenzung des senkrecht abgestutzten Rostrums, das hier noch mit einigen schiefen (diagonalen) Rippchen geziert ist. Der Unterrand ist schön convex bis zum Grunde des Schnabels, wo dann der Rand concav wird. Hier, am Grunde des Schnabels und an den Endigungen der stärkeren Radialrippen ist entsprechend dem eingebuchteten Schalenrande auch die concentrische Streifung nach oben gewölbt. Im Inneren der Schale scheinen die Radialrippen der Aussenseite durch und ist die Kerbung des Unterrandes (eine Folge der Radialsculptur!) besonders ins Auge fallend.

Bezüglich des Schlosses der rechten Schale ist zu sagen, dass unter dem Wirbel eine kleine Ligamentgrube liegt und darauf nach rückwärts ein kräftiger Zahn folgt, der, gerade hervorstehend, mit der Schale durch eine Stützlamelle verbunden ist. Der folgende hintere Oberrand ist verdickt und lamellenartig vorgezogen, unter demselben liegt eine schiefe, faltenartige Erhöhung oder Verdickung der Schalenwand als hintere Grenze zu dem scharfen und tiefen Muskeleindrucke. Der vordere Oberrand ist gleichsam verdoppelt.

Das Schloss der linken Schale besitzt eine Ligamentgrube, hinter welcher der Oberrand eine zahnartige Verdickung oder einen deutlich vorragenden Zahn trägt.

Die Proportionen der Schale sind die folgenden:

	Millimeter			
Länge der Muschel	5·3	5·4	5·8	6·4
Höhe	3·5	3·7	3·7	4·3
Dicke	halbe Ex.		3·1	3·8

Von verwandten Formen nenne ich die viel grössere und mit 4—5 Hauptradien ausgezeichnete *Cuspidaria (Cardiomya) alcocki* Smith[2], welche der »Investigator« in der »Bay of Bengal« gedredscht hat, ferner die erythräische Art *Neaera (Cardiomya) pulchella* A. Ad.[3], die aber ebenfalls grösser ist und einen convexen Oberrand besitzt.

---

[1] Investigator-Illustr., t. 8, fig. 2, 2 a und Ann. & Mag. Nat. Hist. (6. ser.), vol. XVIII, 1896, p. 373.

[2] Investigator-Illustr., t. 3, fig. 6 und Ann. & Mag. Nat. Hist. (ser. 6), vol. XIV, 1894, p. 170, t. 5, fig. 8.

[3] Proc. Zool. Soc. 1870, p. 789, t. 48, fig. 4.

Die neue Art habe ich zu Ehren des Commandanten der „Pola", des Herrn Linienschiffs-Capitäns Paul Edlen von Pott, benannt.

9. Pseudoneaera (n. g.) thaumasia [1] n. sp.

Taf. II, Fig. 13—16.   *Compare Volcanomya, Dall*

Von den Stationen 18, 72, 121 und 130 (439—1082 m); meist nur einzelne Schalen.

Die Muschel ist milchweiss, durchscheinend, gewölbt und besitzt ein schwach schnabelförmig vorgezogenes Hinterende, an dem sie etwas klafft. Die Wirbel sind aufgeblasen, kehren sich mit ihren Spitzen zu einander nach innen und hinten und überragen den Schlossrand. Ihre Stellung ist ungefähr in die Mitte der Muschel verlegt. Ein eigentlicher Oberrand fehlt, indem die Muschel nach vorne sowohl wie rückwärts schief abfällt. Die vordere Begrenzung ist im Umrisse ein schwach convexer, die rückwärtige ein ziemlich gerader, die untere ein stark convexer Rand; die ersteren bilden miteinander einen Winkel von mehr als 90°. Der Unterrand buchtet sich rückwärts ähnlich wie bei den echten *Cuspidarien* seicht ein, wodurch unter gleichzeitiger Abflachung der hinteren Schalenpartie eine geringe Schnabelbildung entsteht. An der hinteren Abdachung der Muschel ist eine schmale, flach ausgebreitete, etwas längsgestreifte Partie durch einen beiderseits von der Wirbelgegend zum Hinterende verlaufenden Kiel abgegrenzt (area). Von einer Längsstreifung der Oberfläche ist gewöhnlich nur rückwärts etwas wahrzunehmen; noch seltener, und zwar nur bei durchfallendem Lichte, gewahrt man eine äusserst zarte und unregelmässige Radialstreifung.

Das Schloss der rechten Schale besteht aus einer ganz seichten, undeutlichen Grube für das innere Ligament und zwei divergirenden Zähnen, die an ihren nach dem Inneren der Muschel gekehrten Enden frei stehen und ungleich lang sind. Sie entspringen von den Oberrändern und sind, scharf davon abstehend, durch eine kurze und zarte Brücke mit denselben verbunden. Betrachtet man die rechte Schale von oben, so sieht man vor dem vorgezogenen Wirbel einen kurzen Stumpf, hinter demselben einen längeren schief abstehen; es sind die beiden vorerwähnten Zähne.

In der linken Schale gewahrt man unter dem Wirbel eine schief nach unten und hinten gestellte Ligamentgrube und vor dieser ein schwaches, kaum hervortretendes Zähnchen.

Die Muskeleindrücke der Schale erinnern an die Verhältnisse bei den *Cuspidarien*.

	Ein ganzes Ex. von Stat. 18	Eine Schale von Stat. 18	Ein ganzes Ex. von Stat. 121	Eine Schale von Stat. 130
	Millimeter			
Länge der Schale	7·0	7·1	6·0	8·0
Höhe	6·0	6·0	5·6	6·5
Dicke	4·2		3·1	

Als Commentar zu den eben angeführten Beispielen der Proportionen sei erwähnt, dass das Exemplar von Station 121 relativ schmal, also weniger aufgeblasen ist; dass bei dem grösseren Exemplare von Station 18 eine concentrische Streifung deutlicher ausgeprägt ist, als die Regel wäre, und auch die Schnabelbildung mehr ins Auge fällt; und dass dies endlich auch bei dem Exemplare von Station 130, dem grössten der vorliegenden, der Fall ist. Bei dem letzteren ist überdies die erwähnte Bildung einer hinteren, horizontalen Partie, die kantig begrenzt wird, besonders hervorzuheben, sowie die zarte und unregelmässige, nur bei durchfallendem Lichte wahrnehmbare Radialstreifung.

---

[1] θαυμάσιος = befremdend.

Die neue Art, welche hier als der Typus einer neuen Gattung aufgestellt wird, sieht von aussen der mediterranen *Neaera abbreviata* Forbes vollständig gleich, hat aber — wie zur Genüge hervorgehoben wurde — ein gut verschiedenes Schloss. Wenn ich schliesslich mit einigen Worten noch die Gattung *Montacuta* streife, so geschieht es nur, um die grosse Ähnlichkeit der *M. acuminata* Smith[1] mit *Pseudo-neaera thaumasia* m. in der äusseren Gestalt hervorzuheben.

10. Raëta bracheon[2] n. sp.

Taf. III, Fig. 1—6.

Von Station 87 (50 *m*), eine rechte und eine linke Schale, die jedoch nicht zueinander gehören.

Die Muschel ist gross, *Cuspidaria*-förmig, mässig gewölbt, dünn, durchscheinend, aussen milchweiss, matt, concentrisch gefaltet, innen glänzend.

Der Wirbel liegt ein wenig vor der Mitte der Schale und überragt den Schlossrand nicht besonders stark. Die vordere Hälfte der Schale ist gewölbt, die hintere abgeflacht und schnabelförmig ausgezogen.

Der vordere Oberrand geht im Bogen in den gewölbten Vorderrand und dieser ebenso in den convexen Unterrand über. Der hintere Oberrand fällt schief ab zum abgerundeten Hinterende des Schnabels, die untere Begrenzung des Schnabels ist ebenfalls von einer schiefen Linie gebildet; der Winkel des Rostrums ist circa 60°.

Zwischen den concentrisch angeordneten Falten der Oberfläche, welche nach innen vollständig durch-geprägt sind, liegen noch mikroskopisch feine concentrische Streifen (in der Regel 5—6 Streifen zwischen 2 Falten). Gegen den Unterrand zu werden die Zwischenräume der Faltung enger; die Falten selbst sind, entsprechend der Form der Schale, in ihrem Verlaufe mehrfach geknickt, besonders am Oberrande.

Von Muskeleindrücken sind im Inneren der Schale zu sehen: ein langgestreckter, fast senkrecht stehender, nur wenig gekrümmter vorne nächst dem Vorderrande und ein etwa kreisförmiger rückwärts am hinteren Oberrande, wo das Rostrum entspringt.

Von oben betrachtet, lässt die Muschel ein undeutlich begrenztes, schmales und längliches Feld vor dem Wirbel erkennen (lunula).

Das Schloss besitzt ein inneres Ligament, welches in einer länglichen, etwa dreieckigen Grube liegt: unmittelbar davor stehen in der rechten Schale zwei senkrecht gestellte Mittelzähne parallel zu einander, über demselben, also am Schlossrande und gewissermassen als obere Begrenzung der Ligamentgrube, liegt ein ziemlich starker Zahn von gleicher Länge wie die Ligamentgrube; ferner sind leistenförmige Seiten-zähne, vorne und rückwärts je einer, zu constatiren; dieselben sind vom Oberrande durch Vertiefungen getrennt. In der linken Schale ist nur ein senkrechter Mittelzahn wahrnehmbar, welcher vor der Ligament-grube steht; im übrigen liegen hier die Schlossverhältnisse wie in der rechten Schale.

Die vorliegende rechte Schale ist 30·5 *mm* lang und 20 *mm* hoch, die linke Schale 29 *mm* lang und 19·5 *mm* hoch.

Die neue, anscheinend nur geringe Tiefen des Rothen Meeres bewohnende *Raëta*-Art ist nun die erste für das eigentliche erythräische Seebecken bisher bekannt gewordene aus dieser Gattung. In Aden kommt nach Shopland *R. abercrombiei* Melvill vor, deren Originalfundort Bombay[3] ist, und mit der meine Art nicht zu verwechseln ist.

11. Psammobia pulchella Lm.

Von Station 87 (50 *m*); 3 einzelne Schalen.

Challenger-Werk, p. 265, t. 12, fig. 3, 3a.
βραχέων, -ίω = seichte Stellen, Untiefen.
Mem. Manchest. Soc. VII, 1893, p. 13, t. 1, fig. 25.

12. Tellina caseus Sow.

Von der Station 88 (58 *m*), sowie von der Dredschung im Hafen von Halaib am 18. November 1895.

13. Macoma truncata (Jonas).

Von Station 87 (50 *m*); zwei halbe Exemplare; die eine Schale misst bloss 31:22 *mm*, die andere 50 : 40 *mm*.

14. Tapes textrix (Chemn.).

Von den Stationen 87 und 88 (50 —58 *m*); je ein Exemplar.

15. Cardium exasperatum Sow.

Von Station 96 (350 *m*); eine einzelne Schale.

Während alle anderen in der continentalen und abyssalen Zone des Rothen Meeres gedredschten Muscheln — mit Ausnahme etwa noch der undeterminirbaren *Nucula* — sich als neue Arten erwiesen, liess sich das vorliegende Exemplar mit einer bereits bekannten Art identificiren. Es passt recht gut zu der Abbildung und Beschreibung im Reeve[1] und stimmt auch mit Exemplaren des naturhistorischen Hofmuseums überein.

Cardium exasperatum Sow., ein Element der indo-australischen Meeresfauna, wurde von S. M. Sch. «Pola» im Golfe von Akaba gedredscht.

16. Isocardia vulgaris Rve.

Von Station 87 (50 *m*); eine Schale.

Diese Art findet sich in der Literatur bisher nicht für das Rothe Meer angegeben.

17. Cardita akabana n. sp.

Taf. III, Fig. 10—12.

Von Station 96 (350 *m*); zwei einzelne linke Schalen.

Die Schale ist gross, abgerundet, aufgeblasen und ungleichseitig, aussen ockergelb mit hellen, unregelmässig vertheilten Flecken, innen rein weiss.

Der Wirbel ist nach innen und vorne gedreht und überragt den Schlossrand um ein Bedeutendes; vor ihm liegt vertieft eine herzförmige, gestreifte Lunula. Vom Wirbel ziehen radial angeordnet 23 Rippen zum Rande. Sie sind meist gleich breit und breiter als ihre vertieft liegenden und undeutlich oder schwach quergestreiften Zwischenräume; in der hinteren Partie der Schale allerdings können mitunter die Rippen (etwa 5—6 an Zahl) weniger breit sein und dafür die Zwischenräume relativ weiter von einander abstehen. Die Rippen sind dicht mit geldrollenartig angeordneten Querwülsten oder Scheiben besetzt, die umso grösser sind, je weiter sie vom Wirbel entfernt liegen.

Der Rand der geöffneten Muschel ist kreisförmig, und nur am Übergange des Hinterrandes in den Unterrand ist eine schwache Winkelung zu verzeichnen. Entsprechend den Endigungen der Radialrippen sind die Ränder stark crenelirt.

Das Schloss der linken Schale besteht aus einem stumpfen Zahn, der direct unter dem Wirbel aus einer Schlossleiste hervortritt, und aus einer kleinen zahnartigen Erhebung vor demselben am Oberrande dort, wo die erste kurze Radialrippe endigt. Hinter dem Mittelzahn liegt eine lange und tiefe Schlossgrube, und auf diese folgt ein langer, dicker, bogiger und lamellenartiger Hinterzahn, der von dem das äussere Ligament tragenden hinteren Oberrande noch durch eine Vertiefung getrennt und oben fein quergestreift ist. Unter der Schlossleiste liegt die tiefe Aushöhlung der Wirbelgegend.

---

[1] Reeve, Conch. Ic. *(Cardium)*, pl. XX, fig. 107.

Die eine linke Schale ist $26 \cdot 2$ *mm* lang, $27 \cdot 7$ *mm* hoch und $12 \cdot 2$ *mm* dick; die andere (ebenfalls linke) misst $28 \cdot 7$, respective $30 \cdot 2$ und $14 \cdot 1$ *mm*.

Die neue Art, von der mangels rechter Schalen das Schloss leider nur unvollständig beschrieben werden konnte, erinnert einigermassen an *Cardita cardioides* Rve.

18. Anomalocardia clathrata Rve.

Von den Stationen 87 und 88 (50—58 *m*); meist abgestorbene Exemplare.

Es sei hier daran erinnert, dass sowohl die Adams'sche *A. pygmaea* wie die Reeve'sche *A. rotundi-costata* zu *clathrata* Rve. zu ziehen ist.[1]

19. Limopsis elachista n. sp.

Taf. IV, Fig. 1—4.

Von den Stationen 48, 106, 117 (638—805 *m*); einige wenige Schalen.

Die Schale ist winzig klein, schwach gewölbt, ein wenig schief gewachsen, doch nahezu kreisförmig, so hoch wie breit.

Der Oberrand ist gerade und wird von den ein wenig aus der Mitte nach vorne gerückten Wirbeln überragt. Vorder-, Unter- und Hinterrand sind gerundet. Die äussere Sculptur besteht aus einer zarten, aber deutlichen Streifung im Sinne des Wachsthums, sowie aus Radialstreifen, die entweder nur die vordere und mittlere Partie der Schale auszeichnen, oder, was die Regel ist, bis rückwärts reichen; die davon betroffenen Stellen zeigen also ein feines Gitterwerk.

Die Grundfarbe der Muschel ist schmutzigweiss bis gelblich; darüber ziehen in der Regel drei radial gestellte, gelbbraune Bänder, die jedoch von wechselnder Breite sind und in verschiedener Combination fehlen können.

Das Innere der Schale ist vor Allem mit einem relativ kräftigen Schloss ausgestattet. Dieses besteht in jeder Schale aus 7 Zähnen, und ist diese Zahnreihe in der Wirbelgegend unterbrochen, so dass die Formel $3 : 4$, respective $4 : 3$ zu verzeichnen ist; mitunter gesellt sich zu den 7 normalen Zähnen in der rechten Schale noch je ein ganz kleiner Zahn an den beiden äussersten Enden der Reihe. Das Innere der Schale ist ferner noch durch eine stark gekerbte Peripherie und durch eine verwischte Radialstreifung ausgezeichnet.

Die Länge und Höhe der Muschel misst $3 \cdot 5$—$3 \cdot 7$ *mm*, die Dicke beträgt circa $2 \cdot 2$ *mm*.

Es sind nur wenig Exemplare, die bei der Abfassung der Diagnose in Betracht kommen konnten. Wie sehr trotzdem die oben angedeuteten wechselnden Charaktere der neuen Art bei den verschiedenen vorliegenden Schalen sich combiniren, mögen die folgenden Beispiele zeigen.

Eine linke Schale von Station 48 ist bänderlos und zeigt hauptsächlich in ihrer hinteren Partie die Gittersculptur; eine zweite (rechte) Schale von derselben Station ist allenthalben gegittert und hat ein breites Mittelband, während die seitlichen Radialbänder nur schwach ausgebildet sind. Von der Station 106 liegen zwei rechte, allenthalben gegitterte Schalen vor; bei der einen ist nur das hintere Radialband ausgebildet, die andere ist wieder bänderlos. Von Station 117 habe ich das hier abgebildete, mit drei Bändern ausgezeichnete Exemplar vor mir (deren Bezahnung sich ausdrücken lässt mit der Formel: rechts $5 + 4$, links $4 + 3$), sowie ein solches, bei dem das vordere Band fehlt.

Die neue Art ist verwandt mit *L. torresi* Smith[2] aus der Torresstrasse.

20. Nucula spec.

Von Station 94 (511 *m*); eine einzelne Schale.

Das vorliegende, mit Sicherheit nicht determinirbare und auch für eine Beschreibung nicht geeignete Exemplar aus dem Golfe von Akaba ist verwandt mit *N. sulcata* Bronn aus dem Mittelmeer, jedoch etwas schwächer sculptirt und flacher als diese Art.

---

[1] Cooke, Ann. Mag. Nat. Hist. (ser. 5), vol. 18, 1886, p. 94.

[2] Challenger-Werk, p. 255, t. 18, fig. 4—4 a.

21. **Amussium steindachneri** n. sp.

Taf. IV, Fig. 9–12.

Von den Stationen 128 und 130 (439–457 *m*); einzelne Schalen.

Die Muschel ist klein, ungleichschalig, fast kreisförmig, schwach gewölbt und glänzend, besitzt zarte, fein zugespitzte Wirbel und darunter in der Schlossleiste eine dreieckige Ligamentgrube.

Die rechte Schale ist kleiner, aber dicker als die linke, ist milchweiss und durchscheinend. An ihrer ziemlich glatten, nur von ein paar stärkeren, aber unregelmässig auftretenden Anwachslinien durchzogenen, sehr stark glänzenden Aussenseite scheinen 6 weisse Rippen durch, die an der Innenseite radial angeordnet sind und bis an den Rand reichen, wo sie mit schwachen, knopfförmigen Verdickungen endigen. Überdies verläuft über die innere Basis eines jeden Öhrchens noch eine Rippe, die allerdings nur schwach entwickelt ist und nach aussen kaum durchzuscheinen vermag.

Das vordere Öhrchen ist vorne abgerundet (convex) und schwach quer gestreift, d. i. concentrisch mit dem Vorderrande; das hintere ist fast rechtwinkelig abgestutzt. Der Oberrand der rechten Schale ist zart gekerbt.

Die linke Schale ist grösser, aber dünner als die rechte, ist glatt bis auf mikroskopisch feine Spuren von Quer- und Radialstreifen und stark durchscheinend. Durch zahlreiche über die ganze Aussenseite verbreitete Flecken von weisser Farbe und hauptsächlich gegen den Rand zu auftretende Flecken oder Streifchen von gelber oder orangerother Farbe gewinnt die etwas mehr gewölbte Schale ein charakteristisches Aussehen, das noch erhöht wird durch die kräftig orangeroth oder gelb durchblickenden Radialrippen der Innenseite. So wie in der rechten Schale sitzen auch in der linken Schale 6 knotig verdickte Hauptrippen, welche in der Wirbelgegend, nicht weit vom Schlossrande entfernt, ihren Ursprung nehmen und, radial verlaufend, in einiger Entfernung vom convexen Rande endigen; ferner kommen auch hier noch zwei kleinere Rippchen an der inneren Basis der Öhrchen hinzu.

Das vordere Öhrchen ist hier ein wenig concav, das hintere rechtwinkelig abgestutzt. Beide sind zum Unterschiede vom Haupttheile der Schale etwas deutlicher senkrecht gestreift.

	Von rechten Schalen			Von linken Schalen		
	Millimeter					
Breite	8·3	9·0	9·7	12·0	12·1	13·7
Höhe	9·4	9·4	10·0	12·5	12·8	14·0

Angesichts der bunten linken Schale dieser neuen Art wird man an die gefleckte Form erinnert, die Dall[1] von seinem *A. pourtalesianum* erwähnt.

Dass im Gegensatze zu den Verhältnissen der rechten Schale die inneren Radialrippen der linken Schale weit entfernt vom Unterrande endigen, steht im Zusammenhange mit der grösseren Ausdehnung, dem grösseren Umfange der linken Schale. Sind nämlich die Schalen zusammengeklappt, so decken sich gewissermassen Anordnung und Länge der beiderseitigen Radialrippen vollständig und ragt der glatte, radienlose Unterrand der linken Schale um so viel hervor, als diese Schale eben grösser ist. Diese Thatsache ist sowohl bei *A. steindachneri* m. wie bei der folgenden Art zu constatiren.

22. **Amussium siebenrocki** n. sp.

Taf. IV, Fig. 5–8.

Von den Stationen 44, 48, 72, 91, 106, 109 (700–1082 *m*); einige wenige Schalen.

---

[1] Rep. »Blake«, p. 211, t. 4, fig. 3, t. 5, fig. 12.

Die Muschel ist klein, ungleichseitig, sehr wenig gewölbt, von fast kreisförmiger Gestalt, schmutzig weisser oder gelber Farbe aussen und milchweisser Farbe innen. Der fein zugespitzte Wirbel ist mittelständig; unter ihm liegt an der Schlossleiste die kleine Ligamentgrube.

Die rechte Schale ist kleiner und flacher als die linke, ist aussen gleichförmig concentrisch gestreift in ihrer Hauptpartie und mit Radialsculptur versehen auf dem vorderen Öhrchen, indem nämlich hier dicht aneinandergereiht 6—8 beschuppte Rippchen vom inneren Winkel nach dem convexen vorderen Ende des Öhrchens ziehen. Das hintere Öhrchen besitzt gleichsam als Fortsetzung der allgemeinen concentrischen Streifung feine, hier fast senkrecht gestellte Linien. Die Innenseite der rechten Schale besitzt 10 weisse Radialrippchen, die knapp vor dem Rande knotig verdickt endigen, und ausser ihnen lassen sich meist noch die Andeutungen von je einer Rippe an der inneren Basis der Öhrchen constatiren. Die 10 Hauptrippen scheinen nach aussen als weisse Radiallinien schwach durch. Der Oberrand ist äusserst schwach gekerbt.

Die linke Schale ist grösser und aussen ganz anders sculptirt. Es findet sich hier ausser der concentrischen Streifung noch eine sehr wechselnde, nichts weniger als constante Anzahl von Radialrippen vor. Einige davon beginnen in kurzer Entfernung vom Wirbel, andere etwa erst in der Mitte der Schalenhöhe; bei allen ist aber an ihren Kreuzungspunkten mit der concentrischen Streifung eine schwache Schuppenbildung zu constatiren. An den Öhrchen sind wieder die Querstreifen der Hauptpartie in senkrechter Richtung fortgesetzt, am vorderen Öhrchen sogar ein paar Radialrippen vorhanden. Das Innere der linken Schale ist glänzend; hier tritt die Berippung in gleicher Anzahl auf wie in der rechten Schale; aber die weissen Rippen reichen hier nicht bis hart an den Rand, sondern endigen mit ihren Verdickungen schon etwas entfernter davon.

Die Proportionen wechseln wie folgt:

	Rechte Schalen				Linke Schalen		
	Millimeter						
Länge	5·2	5·9	6·0	6·0	6·0	7·6	5·5	6·0	6·5
Breite	5·1	5·9	6·2	6·3	7·0	6·6	6·0	6·1	6·7

Abweichend von dem in der Diagnose erwähnten regelrechten Verhalten erscheint eine rechte Schale von der Station 44 (6·0 : 7·0 *mm*); hier schieben sich zwischen die vorderen Radialrippen der Innenseite noch 3 ganz kurze Rippchen, welche, da sie unten am Rande stehen, die relativ weiten Abstände von je 2 Rippenendigungen gleichsam ausfüllen.

Die neue Art ist verwandt mit der Tiefsee-Form des Mittelmeeres. *A. hoskyusi* Forbes.

II. THEIL.

Litorale Aufsammlungen im Rothen Meere.

A. Übersicht.

Es gelangen im II. Theile 126 Lamellibranchiaten-Arten zur Aufzählung, wovon 8 für die Wissenschaft neu sind und beschrieben werden.

Es sind dies: 1. *Gastrochaena deshayesi*, 2. *Gastrochaena pexiphora*, 3. *Gastrochaena weinkauffi*, 4. *Chione hypopta*, 5. *Tellina siebenrocki*, 6. *Diplodonta raveyensis*, 7. *Scintilla sulphurea* und 8. *Scintilla variabilis*.

Aussererythräisch zwar schon bekannt, aber erst durch die Aufsammlungen der Herren Hofrath Dr. Steindachner und Custos Fr. Siebenrock auch für das Rothe Meer festgestellt, erscheinen die folgenden 11 Arten: 1. *Solen truncatus* Sow., 2. *Machaera japonica* (Dkr.). 3. *Thracia adenensis* Melv., 4. *Tellina sericata* Melv., 5. *Donax trifasciatus* Rve., 6. *Tivela ponderosa* (Koch). 7. *Dione philippinarum* (Hanl.), 8. *Tapes ceylonensis* (Sow.), 9. *Cardita antiquata* (L.). 10. *Modiola perfragilis* (Dkr.) und 11. *Pecten luculentus* Rve.

Es resultirt aus diesen beiden Listen für die (bisher bekannt gewordene) Lamellibranchiaten-Fauna des Rothen Meeres ein Gesammtzuwachs von 19 Arten.

Die Vermischung der mediterranen erythräischen Fauna hat keine besonderen Fortschritte gemacht. Diejenigen Arten, welche von S. M. Schiff Pola im Suez-Canal gefunden wurden, sind zum grössten Theile als wandernd bereits bekannt. Von *Soletellina rosea* Gm. lässt sich ein Vordringen nach Norden bis in den Timsah-See constatiren, während sie bisher höchstens im Bittersee gefunden wurde; ferner haben die Wanderung aus dem Rothen Meere in den Canal angetreten *Chione römeriana* (Iss.), *Lucina fischeriana* Iss., und, wenn eine solche Thatsache auch aus dem Vorfinden von leeren Schalen geschlossen werden kann, *Anomalocardia clathrata* (Rve.).

Von den nachfolgend genannten, dem Rothen Meere eigenthümlichen Arten sind die hier mit einem * bezeichneten bisher nur in dessen nördlicher Hälfte constatirt worden: *Gastrochaena deshaysi* Stur., *G. pexiphora* Stur., *G. weinkauffi* Stur., *Aspergillum vaginiferum* Lm., *Mactra olorina* Phil., *Soletellina rosea* Gm., *Tellina pharaonis* Hanl., *T. pura* H. Ad., *T. cascus* Sow., *T. siebenrocki* Stur., *Strigillina lactea* Dkr., *Circe crocea* Gr., *Chione hypopta* Stur., *Hemicardium fornicatum* (Sow.), *Lucina macaudreae* H. Ad., *Diplodonta rareyensis* Stur., *Scintilla sulphurea* Stur., *Sc. variabilis* Stur., *Crenella ehrenbergi* Iss., *Lithophaga hanleyana* Dkr., *Perna attenuata* Rve., *P. caudata* Rve., *P. nucleus* Lm. und *Pectunculus lividus* Sow.

Wollte man alle Arten, die nur im nördlichen Theile des Rothen Meeres vorkommen, im südlichen aber fehlen, ohne Rücksicht auf ihre aussererythräische Verbreitung, aufzählen, so käme zu den obigen mit einem * bezeichneten Arten noch eine Reihe anderer hinzu; ein Beweis, dass das Rothe Meer noch lange nicht gänzlich erforscht ist, denn diese letzteren (aus der am Schlusse der Arbeit folgenden Tabelle unschwer festzustellenden) sind auf ihrer vormaligen Wanderung aus dem Indischen Ocean nach dem nördlichsten Theile des Rothen Meeres sicherlich nicht ohne Hinterlassung von Spuren im südlichen Theile vorgedrungen und lassen sich hier wohl auch noch finden.

Nur dem südlichen Theile des Rothen Meeres scheinen von den hier zur Aufzählung gelangenden Arten nach dem gegenwärtigen Stande unserer Kenntnis ausser der neuen *T. siebenrocki* mihi noch die folgenden 11 Arten anzugehören, welche eine aussererythräische Verbreitung besitzen: 1. *Solen truncatus* Sow., 2. *Machaera japonica* (Dkr.), 3. *Thracia adenensis* Melv., 4. *Mactra decora* Desh., 5. *Donax trifasciatus* Rve., 6. *Tivela ponderosa* (Koch), 7. *Tapes ceylonensis* (Sow.), 8. *Anaitis foliacea* Phil., 9. *Cardium australe* Sow., 10. *Modiola perfragilis* (Dkr.) und 11. *Avicula macroptera* Lm.

B. Verzeichnis der Localitäten.

1. Ismaila am Timsah-See, 17. October 1895 } Suezcanal.
2. Bittersee, 18. October 1895 }
3. Suez, Januar, 1. Februar, Ende März 1896
4. Zafarana, 16—18. März 1896
5. Rás Mallap, 5. März 1896
6. Rás Abu Zenihme, 5—7. März 1896   Golf von Suez.
7. Rás Gharib, 13. März 1896
8. El Tor, 10. März 1896
9. Akaba, 14—16. April 1896
10. Nawibi, 9—10. April 1896   Golf von Akaba.
11. Bir al Mashiya, 18—19. April 1896
12. Dahab, 6. April 1896

13. Senafir J., 23.—24. April 1896

14. Sherm Sheikh, 1. April 1896

15. Rás Muhammed, 1. April 1896

16. Shadwan J., 18.—20. Februar 1896

17. Noman J. (Ras Abu Massahrib), 14. Februar 1896

18. Ras Abu Somer, 15.—16. Februar 1896

19. Brothers J., 27.—28. October 1896

20. Sherm Abban (Habban), 12. Jänner 1896

21. Koseir, 16. Januar 1896 u. 25. Febr. 1898

22. Mersa Dhiba, 2.—3. Januar 1896

23. Dädalus Riff, September 1897

24. Hassani-J., 5.—7. Januar 1896

25. Sherm Sheikh (Mersa Sheikh), 30.—31. December 1895

26. Jembo, 29. December 1895

27. Pt. Berenice, 24.—26. November 1895

28. St. Johns-I., 21. November 1895

29. Sherm Rabegh, 3.—4. December 1895

30. Mersa Halaib, 18. November 1895

31. Jidda (Djeddah), 3.—8 November, 10. und 16. December 1895, 1. December 1898

32. Raveya (= Mohammed Ghul), 29.—30. September 1897

33. Lidth, 8. October 1897

34. Suakim, 15. October 1897 und 22. Januar 1898

35. Kunfuda, 16.—17. Januar 1898

36. Akik Seghir, 19.—21. October 1897

37. Ras Turfa, 11. Januar 1898

38. Sarso J., 8. Januar 1898

39. Harmil J., 1. und 11. Januar 1898

40. Kadhu J., 2. Januar 1898

41. Massaua, 16. November 1897 und 28.—31. December 1897

42. Dahalak J., resp. Nokra Khor J., 19.—20. November 1897

43. Kamaran J., 1.—3. November 1897

44. Zebejir J., 23. December 1897

45. Ghulejfaka (—Landzunge Ras Medjamila), 20—21. December 1897

46. Hanfila J., 23. November 1897

47. Djebel Zukur J., 17. December 1897

48. Abayil J., 27—28. November 1897

49. Asab, 1. December 1897

50. Perim J., 3.—4. December 1897

Nördlichster Theil des grossen Rothen Meer-Beckens; 28.°—26.° NBr.

26.°—24.° NBr.

24.°—22.° NBr.

22.°—20.° NBr.

20.°—18.° NBr.

18.°—16.° NBr.

16.°—14.° NBr.

Vom 14.° NBr. bis zur Strasse Bab el Mandeb.

Die Localitäten 4, 7, 10, 12, 16, 18, 19, 21, 22, 25, 27, 28, 30, 32, 34, 36, 39, 40, 41, 42, 46, 48, 49 liegen an der Westküste, die Localitäten 5, 6, 8, 11, 17, 20, 24, 26, 29, 31, 33, 35, 37, 38, 43, 44, 45, 47 an der Ostküste; alle übrigen sind Endpunkte (z. B. 3, 9, 50) oder sind in der Mitte des Rothen Meeres gelegene Inseln (z. B. 13 und 23).

C. Systematische Aufzählung und Besprechung der litoral aufgesammelten Arten.

1. Gastrochaena deshayesi n. sp.

Taf. V, Fig. 1—7.

Von der Localität 37 (Ras Turfa); einige wenige abgestorbene Exemplare.

Die Muschel liegt eingeschlossen in einem Kalkgehäuse, das aus 6—7 aneinander gegliederten Ringen besteht. Der vorderste ist kopfförmig oder kugelig aufgeblasen und am grössten, nach hinten zu verschmälern sich die Ringe, und der letzte, kleinste besitzt die Öffnung für den Austritt der Siphonen. Das Kalkgehäuse sitzt meist einer fremden Molluskenschale auf oder ist mit dem Gehäuse eines zweiten Individuums verklebt.

Die Muschel ist länglich oder nahezu viereckig, stark gewölbt und gedreht, ziemlich dickschalig, ventral weit geöffnet, so dass ein lang herzförmiger Hiatus entsteht, und hat ihre wenig eingedrehten Wirbel fast am vordersten Rande stehen, wo die Muschel am höchsten ist. Ober- und Unterrand sind mitunter parallel; ersterer verläuft vom Wirbel nach hinten zuerst aufwärts, dann ein wenig concav, letzterer ist stark nach aussen gebogen und verläuft überdies etwas concav. Der Vorderrand fällt nahezu senkrecht vom Wirbel herab, der Hinterrand ist ein convexer, aufrecht stehender Bogen.

Die Schalen sind schmutzigweiss bis gelb und werden diagonal, d. i. vom Wirbel zum Unterrande, von einer Depression durchzogen, wodurch sie sich hier abflachen und einander nähern. In der vorderen, stark gewölbten Hälfte der Schale, also vor der Depression, ist eine grobe Längsstreifung bemerkbar, in der hinteren und oberen Partie (hinter der Depression) treten aus der hier aufrecht stehenden Streifung in der Regel 5 mit dem Hinterrande gewissermassen concentrisch gestellte Wachsthumslinien auf. Dieselben sind auch im Inneren der Schale markirt und dürften mit der Articulation der äusseren Kalkhülle mehr minder correspondiren, d. h. gleichzeitig mit der Anlage eines neuen Ringes aussen dürfte innen ein Wachsthum der Schale stattfinden.

Im Inneren der Schale liegt hinter der Mitte ein grosser, runder Muskeleindruck, vorne am Vorderrande liegen ein paar ganz kleine, undeutliche Eindrücke unter einander.

Die Bezahnung des Schlossrandes ist in der Regel gleich Null; nur ausnahmsweise tritt rechts ein zahnförmiger Stumpf auf, dem dann links eine kleine Grube entspricht.

	Millimeter			
Länge der ausseren Kalkhülle	19·0	19·0	20·0	18·5
Breite » » »	11·0	11·0	10·5	9·0
Länge der Schale	13·0	12·6	11·1	10·2
Höhe » »	5·7	5·2	4·8	4·4
Breite (Dicke) der Schale	7·0	6·5	6·2	5·1

Reeve bildet in seiner Monographie der Gattung *Gastrochaena* einige Formen ab, die mit der vorliegenden als neu beschriebenen Art zweifellos grosse Ähnlichkeit besitzen. Es ist dies vor Allen die Sowerby'sche *G. ovata*[1] von Panama. Während die Fig. 16 a bei Reeve zwei mit einander verklebte Kalkgehäuse darstellt, ganz ähnlich einem mir vorliegenden Doppelexemplar von Ras Turfa, sind in Fig. 16 b die vom Kalkgehäuse eingeschlossenen Schalen zur Abbildung gebracht. Die letzteren zeigen wohl ebenfalls die Merkmale der stark hervortretenden Anwachsstreifen in der hinteren Schalengegend; doch kann ich mich zu einer Identificirung der Exemplare aus dem Rothen Meere mit *G. ovata* mit Rücksicht auf das Vorkommen der letzteren in Panama nicht entschliessen.

---

[1] Sowerby in Proc. Z. Soc. 1834, p. 21, und Reeve, Conch. Icon. t. 3, fig. 16 a, b.

Die zweite bei Reeve abgebildete Form, welche ein ähnliches Kalkgehäuse besitzt, ist *G. pupina* Desh.[2] In der bisherigen Literatur über die Mollusken des Rothen Meeres stösst man auf eine Angabe Mc. Andrew's,[2] wonach im Suez-Golfe *Terado (Uperotis) pupina* Desh. vorkommen soll; diese Bestimmung wird später von Cooke[3] in *Gastera lagenula* Gould (= *cymbium* Spengl.)« richtig gestellt. Wenn man bedenkt, dass diese beiden Bestimmungen sich auf das gleiche Material beziehen, so fällt es schwer, sich vorzustellen, was für eine *Gastrochaena*-Form den beiden Herren eigentlich vorgelegen war; denn *G. pupina* Desh. scheint etwas ganz Anderes zu sein als *G. lagenula* Gould. Ist Mc. Andrew der Sache näher gekommen, so kann es wohl sein, dass die Exemplare aus dem Golfe von Suez denen ganz gleichgestaltet waren, die hier beschrieben wurden, d. h. dass sie von einem gegliederten Kalkgehäuse, ähnlich dem von Reeve, Fig. 17, abgebildeten, eingeschlossen sind. Es würden dann die Angaben Mc. Andrew's und Cooke's die Literatur-Vorläufer zu der hier neu begründeten Art vorstellen und möglicherweise auch die (citirte) Deshayes'sche Beschreibung hieher zu ziehen sein als die blosse Bekanntmachung der äusseren Kalkhülle. *Gastrochaena ovata* Sow. aber ist jedenfalls die nächstverwandte Form dazu.

Betreffs der Methode, nach der die Öffnung der festen Kalkhülle zu empfehlen ist, möchte ich mittheilen, dass es mit einer kräftigen Pinzette wohl möglich ist, vom untersten Ende, an der Sipho-Öffnung ansetzend, kleine Stücke soweit abzubröckeln, dass man die im Innern liegende Muschel (respective deren Schalen) erreichen kann. Verlässlicher ist es aber, über die Länge des ganzen Kalkgehäuses Salzsäure aufzustreichen und, diesen Vorgang mehrmals wiederholend, die Hülle endlich zu durchbrechen.

2. Gastrochaena pexiphora n. sp.[1]
Taf. VI, Fig. 1—3.

Von den Localitäten 27 und 31; einige wenige Exemplare.

Die Muschel ist langgestreckt, vorne am niedrigsten, in der Mitte oder rückwärts am höchsten, von schmutzigweisser bis gelber Farbe, dickschalig, in ihrer ganzen Ausdehnung stark gewölbt, mit einer besonders auffallenden Verdickung am Hinterende, an der Bauchseite von vorne bis rückwärts offen, so dass ein eiförmiger Hiatus entsteht.

Die Anwachsstreifen sind in der vorderen Partie parallel dem Unterrande, in der hinteren Partie parallel dem Hinterrande angeordnet, erfahren also entsprechend der Diagonale der Schale eine Knickung; sie sind vorne stärker und dichter, rückwärts zarter und schwächer. Die Wirbelgegend ist frei von einer concentrischen Streifung, ebenso das verdickte Hinterende der Muschel.

Der Wirbel steht fast am vorderen Ende der Muschel; der niedrige, convexe Vorderrand ist über denselben nur ein wenig vorgezogen, der Oberrand verläuft nach oben und rückwärts in einem ziemlich starken Bogen, der Hinterrand fällt steil und schwach convex herab und bildet mit dem hinteren Oberrand sowohl wie mit dem Unterrande einen rechten Winkel. Der Unterrand ist stark nach aussen gewölbt, verläuft aber sonst ziemlich gerade.

Das äussere Ligament ist gelbbraun und reicht vom Wirbel bis kaum zur Hälfte der Muschel; die Schlossleiste ist mit einem deutlichen Zahne ausgestattet.

	Millimeter			
Länge der Schale . . .	13·1	13·5	14·2	17·1
Höhe . . .	5·5	6·4	6·6	7·6
Breite	6·1	6·0	6·7	7·3

Deshayes, Proc. Zool. Soc. 1854, p. 326. — Reeve, Conch. Ic. t. 2, fig. 17.
[2] Ann. Mag. Nat. Hist. (4) VI, 1870, p. 445.
[3] Ann. Mag. Nat. Hist. (5) XVIII, 1886, p. 109.
[1] πέξις = die Verdickung.

3. Gastrochaena weinkauffi n. sp.

Taf. V, Fig. 8—11.

Von den Localitäten 12, 25, 27, 32, 41 und 43; ganz junge und erwachsene Exemplare in geringer Anzahl.

Die Muschel ist stark gewölbt, in der vorderen Partie ventral offen, vorne am niedrigsten, rückwärts am höchsten; sie ist im Allgemeinen von ovaler Gestalt und zeigt eine starke, dicht-stehende Streifung im Sinne des Wachsthums; die Streifen ziehen entlang dem Unterrande, dann im Bogen aufwärts, concentrisch mit dem runden Hinterrande, um schliesslich am Oberrande zu endigen In der Jugend sind die Streifen zart und fein, im Alter kräftiger.

Die Wirbel sind ausgehöhlt und stehen nahezu an der vordersten Spitze der Schale; von einem ganz kurzen, niedrigen Vorderrand entspringt der schief nach unten und hinten gleitende, stark nach aussen gewölbte Unterrand, dem sich der halbkreisförmige Hinterrand als äussere Begrenzung der rückwärts mächtig entwickelten Schale anschliesst. Der hintere Oberrand verläuft gerade und geht ohne Winkelbildung in den Hinterrand über.

Das äussere Ligament ist hornbraun oder dunkel und reicht ungefähr bis zur Mitte der Schale. Von einer Bezahnung kann nicht die Rede sein, wohl aber von einer Verdickung des Schlossrandes; nur bei jungen Exemplaren tritt der Rand etwas zahnartig hervor.

	Junge Exemplare			Erwachsene Exemplare		
			Millimeter			
Länge der Schale	8·0	9·0	10·4	17·0	17·7	28·5
Höhe der Schale	4·5	5·0	5·2	9·5	9·0	17·2
Breite (Dicke) der Schale .	3·7	4·7	4·2	8·4	8·1	13·2

Die hier beschriebene Art erinnert im Allgemeinen an *Gastr. dubia* Penn., ferner speciell das grosse Exemplar (von Berenice) an *G. grandis* Desh.[1] Es ist möglich, dass wir es mit derselben Form zu thun haben, welche Weinkauff aus dem Rothen Meere vor sich gehabt hat, und die ihn veranlasste, die mediterrane *G. dubia* Penn. auch für dieses Gebiet anzugeben; ich habe aber von einer Identificirung der mir vorliegenden Exemplare mit der Pennant'schen Art aus mehreren Gründen absehen müssen.

Vor Allem will ich die hier besprochene Art nicht mit *G. rüppellii* Desh.[2] verwechselt wissen, die von den meisten späteren Autoren[3] für ein Synonym der *G. dubia* Penn. angesehen wird, was mir im Hinblicke auf die bisher publicirten Abbildungen derselben jedoch gewagt erscheint; ferner scheint mir die »neue« im Rothen Meer ziemlich weit verbreitete Art, respective Form, zu deren Beschreibung ich mich gewiss nicht leichten Herzens entschlossen habe, durch die Verleihung eines neuen Namens und durch eigene Abbildungen gebührend hervorgehoben zu sein und eine neuerliche Revision der Frage viel eher zu gestatten, als wenn sie blindlings mit *G. dubia* Penn. identificirt worden wäre.

4. Aspergillum vaginiferum Lm.

Von der Localität 18; nur Bruchstücke.

---

[1] Deshayes in Proc. Zool. Soc. 1854, p. 330 und Dunker, Moll. Mar Jap. p. 171, t. 11, fig. 10—11.

[2] Deshayes in Proc. Zool. Soc. 1854, p. 328. Reeve, Conch. Ic. fig. 11 und System. Conch. Cab. Mart. Chemn. III. 1880, p. 0, t. 3, fig. 11—12.

[3] Cooke in Ann. Mag. Nat. Hist. (5) XVIII. 1886, p. 109. Smith in Proc. Z. Soc. 1891, p. 390.

5. Solen truncatus Sow.

Von der Localität 45; prächtige, tadellos erhaltene Exemplare.

Die Autoren Smith,[1] Jousseaume[2] und Shopland[3] führen diese Muschel für Aden an; aus dem Rothen Meere s. str. jedoch ist sie bis jetzt noch nicht bekannt geworden. Meine Bestimmung stützt sich auf die Abbildung in Reeve's Monographie (Fig. 1).

6. Cultellus cultellus (L.)

Von der Localität 37; 2 Exemplare.

Bisher wurde nur *C. marmoratus* (Dkr.) für das Rothe Meer angegeben, eine Art, die allerdings vielfach als mit *C. cultellus* (L.) synonym erkannt wird.[4] Nach Clessin[5] jedoch sind die beiden Arten noch zu trennen und müsste ich mich für die Determination *C. cultellus* (L.) entscheiden. Diese Art wurde auch im Golfe von Suez bis zu 50 *m* (s. oben) gedredscht.

7. Machaera japonica (Dkr).

Von der Localität 37; drei schöne Exemplare.

Auch diese Art wurde im Rothen Meere s. str. noch nicht gefunden und findet sich in der Literatur nur für Aden angegeben (Smith 1891 und Shopland 1896).

8. Anatina subrostata Lm.

Von den Localitäten 37 und 45; je ein Exemplar.

9. Thracia adenensis Melv.

Von der Localität 50; einige schön erhaltene Exemplare.

Diese von Melvill[6] beschriebene und in Aden entdeckte Art kommt also auch im südlichsten Theile des Rothen Meeres vor. Die vorliegenden Stücke sind etwas niedriger und kürzer als das von Melvill abgebildete Exemplar.

10. Mactra decora Desh.

Von den Localitäten 45, 48, 50.

Diese Art scheint nur den südlichsten Theil des Rothen Meeres zu bewohnen und hier gewissermassen die folgende Art zu vertreten, die merkwürdiger Weise nur in der nördlichen Hälfte des Rothen Meeres vorzukommen scheint.

11. Mactra olorina Phil.

Von den Localitäten 1, 2, 5, 10, 12, 13, 14, 18.

Die im Suez-Canal vorkommende Form als eigene Art von *M. olorina* Phil. zu trennen, wie es Jousseaume[7] thut, scheint mir denn doch kein Grund vorhanden zu sein.

---

[1] Proc. Zool. Soc. 1891, p. 428.
[2] Mém. Soc. Zool. France 1888, p. 198.
[3] Journ. Bombay N. H. Soc. X, 1896, p. 230.
[4] Cooke, Ann. Mag. Nat. Hist. (5. XVIII 1886, p. 108.

12. **Asaphis violascens** Forsk. (= *deflorata* L.).

Von den Localitäten 10, 11, 12, 13, 14, 16, 17, 18, 35, 48, 49, 50; zahlreich.

13. **Psammobia elegans** Desh.

Von der Localität 10; ein kleines Exemplar.

14. **Psammobia pulchella** Lm.

Von den Localitäten 37 und 45; je 1 Exemplar.
Diese Art wurde auch in einer Tiefe von 50 m im Golfe von Suez gedredscht (s. oben).

15. **Soletellina rosea** Gm.[1]

Von den Localitäten 1 und 20.

16. **Tellina crucigera** Lm.

Von der Localität 18; ein weisses, aber mit deutlichem Kreuz ausgestattetes Exemplar von relativ bedeutender Höhe. Die Muschel misst nämlich 49 mm in der Länge, 32½ mm in der Höhe und 14 mm in der Dicke.

Die echte *T. crucigera* Lm. ist bis jetzt für das Rothe Meer noch nicht angegeben worden, wohl aber die nahverwandte *T. cuculla* Gould, welche von Cooke[2] sogar für ein Synonym der ersteren erklärt wird.

17. **Tellina cumingii** Hanl.

Von der Localität 10; eine rechte Schale.

18. **Tellina pharaonis** Hanl.

Von der Localität 13; ein halbes Exemplar.

19. **Tellina rastellum** Hanl.

Von den Localitäten 25 und 50.

20. **Tellina rugosa** Born.

Von den Localitäten 9, 11, 12, 13, 14, 16, 17, 18, 21, 22, 49.

21. **Tellina striatula** Lm.

Von der Localität 37; ein gut erhaltenes Exemplar.
Diese Art ist nach Cooke mit *hippopoidea* Jonas synonym.

22. **Tellina sulcata** Wood.

Von den Localitäten 4 und 18.

23. **Tellina venusta** Desh.

Von der Localität 4 und 18; ein Exemplar.

---

[1] = *Psammotella oblonga* Desh. = *rugyvittata* Rve.
[2] Ann. Mag. Nat. Hist. (5) XVIII, 1886 p. 105.

24. Tellina virgata L.

Von den Localitäten 11, 12, 14.

T. jubar Hanl., welche allgemein als Variatät der *virgata* L. angenommen wird, ist von Caramagna[1] für den südlichsten Theil des Rothen Meeres (Assab) angegeben worden. Es ist nun jedenfalls interessant zu sehen, dass die echte *virgata* L. auch im nördlichen Rothen Meere, wo sie bis jetzt noch nicht gefunden wurde, vorkommt.

25. Tellina pura H. Ad.

Von der Localität 50; ein schlecht erhaltenes Exemplar.

Diese bisher nur für den Golf von Suez bekannt gewordene Art tritt uns nun auch an der Perim-Insel entgegen.

26. Tellina pinguis Hanl.

Von der Localität 10.

Unter dem Namen *T. saviguyi* H. Ad. bereits für das Rothe Meer bekannt. Cooke[2] hat die Zusammengehörigkeit dieser 2 Formen nachgewiesen.

27. Tellina scobinata L.

Von den Localitäten 10 und 11.

28. Tellina sericata Melv.

Von der Localität 30; ein Exemplar.

Das vorliegende Exemplar aus dem Golfe von Akaba musste mit der von Melvill zur Gruppe *Angulus* gestellten *T. sericata*[3] identificirt werden, die in »Muscat, Arabia« ihren Originalfundort hat. Es weicht in der Grösse etwas von der kleineren Melvill'schen Art ab, indem es 17·1 *mm* lang, 11·1 *mm* hoch und 5·3 *mm* dick ist; es ist ferner vorne etwas weniger abschüssig gebaut und besitzt regelmässigere Streifen. Seine Innenseite ist hell citronengelb und die Mantelbucht reicht bis an den vorderen Muskeleindruck. Zu einer specifischen Isolirung des Exemplares liegt aber kein Anlass vor.

29. Tellina caseus Sow.

Von den Localitäten 27 und 30; mehrere Exemplare.

Wurde im Golfe von Suez auch gedredscht (s. oben?) und ist nahe verwandt mit *T. rhomboides* Qu. et Gaim. (respective deren Synonymen *silicula* Desh. und *erythraeensis* H. Ad.), sowie mit *exilis* Lm.

30. Tellina siebenrocki n. sp.

Taf. VI, Fig. 4—7.

Von der Localität 45; ein einziges, aber schön erhaltenes Exemplar.

Die Muschel ist dickschalig, ungleichseitig und fast gleichschalig, wenig gewölbt, eiförmig mit schnabelig vortretendem Hinterende; aussen stark glänzend und etwas opalisirend, rosafarbig im Grundtone und purpurroth gefärbt in der Wirbelgegend, innen glänzend und mehr minder orangegelb, in der Wirbelgegend schwach durchscheinend. Sie ist concentrisch gestreift, und zwar ziemlich dicht und unregelmässig (etwas gröber am Unterrande) und ist durch Spuren von radialer Streifung aussen sowohl wie innen ausgezeichnet.

Die Wirbel sind mittelständig und stehen einander am Schlossrande dicht gegenüber. Vor dem Wirbel fällt der Rand der Schale in schwachem, etwas herausgekrümmten Bogen schief herab; er verbindet sich bogig mit Vorder- und Unterrand; hinter dem Wirbel senkt sich der Rand schief und etwas convex herab zu dem kurzen,

---

[1] Bull. Soc. Mal. It. XIII, 1888, p. 110.

[2] Ann. Mag. Nat. Hist. (5) XVIII, 1886, p. 103.

[3] Melvill in Mem. & Proc. Manch. Lit. & Philos. Soc. vol. 12 1898, part. II, Nr. 4, p. 35, t. 2, fig. 18.

und abgeschlossenen Rostrum, das unten, am Übergange in den schwach convexen Unterrand, eine schwache Concavität aufweist.

Das Schloss der rechten Schale besitzt direct unter dem Wirbel zwei divergirende, freistehende Cardinalzähne, wovon der hintere gespalten ist, einen nahe herangerückten vorderen und einen längeren, ebenfalls nicht weit entfernt stehenden Lateralzahn; über diese Lateralzähne ist der Rand leistenförmig hervorgezogen. In der linken Schale ist ein kaum gespaltener Cardinalzahn zu verzeichnen, eingefasst von Gruben für die gegenüberstehenden Zähne der rechten Schale. Die Seitenzähne werden hier vertreten durch zahnartig vorgezogene Ränder vorne und rückwärts, welche in die entsprechenden Vertiefungen zwischen den Lateralzähnen und Rändern der rechten Schale passen. Das braune Ligament der Muschel liegt aussen hinter dem Wirbel.

Vom Wirbel zieht in jeder Schale eine schwache kielförmige Erhebung zum schnabelförmigen Ende der Schale, wodurch also rückwärts eine lanzettförmige Area entsteht.

Die Muskeleindrücke sind deutlich; der vordere ist aufrechtstehend oval, der hintere rund. Die Mantelbucht reicht bis zum vorderen Muskeleindruck, steigt unter dem Wirbel ziemlich hoch hinauf und endigt vorne ziemlich spitz.

Länge der Muschel 15·7, Höhe 11·3 und Dicke 6·2 mm.

Die neue Art hat die Gestalt einer *T. producta* Sow.,[1] einer *T. culter* Hanl.[2] (d. i. eine Form von den Philippinen, die auch eine ähnliche Farbe besitzt), einer *T. cuspis* Hanl.[3], einer *T. brevicostata* Sow.[4] etc., die beiden letzteren sind, abgesehen von anderen viel wichtigeren Unterschieden, auch viel grösser in ihren Umrissen.

31. **Strigillina lactea** Dkr.

Von den Localiten 5, 8, 14, 21.

32. **Donax trifasciatus** Rve.

Von der Localität 48; ein Exemplar.

In der Sammlung des naturhistorischen Hofmuseums befinden sich einige ganz ähnliche Exemplare aus Massaua, die seinerzeit von Herrn v. Kimakowicz mit der Determination *D. trifasciatus* Rve. eingeschickt worden sind. In der Literatur findet sich diese Art allerdings bis jetzt noch nicht für das Rothe Meer angegeben, wohl aber die verwandte *D. faba* Chemn., welche Caramagna[5] für Assab anführt.

Von *D. abbreviatus* Lm., zu dem die Reeve'sche Art gewöhnlich als Synonym oder wenigstens als Varietät gestellt wird[6], weicht das hier zu besprechende Exemplar ein wenig ab: es ist 20 mm hoch, 15¹/₂ mm breit und 8 mm dick; die Radialstrahlen sind im Innern der Schale ebenso lebhaft rosenroth gefärbt wie aussen, und von feinsten Radialstreifen ist aussen kaum etwas zu sehen. Mit Rücksicht auf diese kleinen Unterschiede wählte ich den Reeve'schen Namen für das vorliegende Exemplar.

33. **Paphia glabrata** (Lm.).

Von den Localitäten 3, 9, 10, 11, 12, 13, 16, 17, 18, 20, 24, 30, 46 und 50; meist zahlreich.

34. **Tivela ponderosa** (Koch).

Von der Localität 48; meist grosse, nicht zusammenpassende Schalen.

---

1 Reeve, Conch. Icon. t. 46, fig. 267.
2 Reeve, Conch. Icon. t. 29, fig. 161.
3 Reeve, Conch. Icon. t. 16, fig. 80.
4 Reeve, Conch. Icon. t. 43, fig. 254.
5 Bull. Soc. Mal. It. XIII, 1888, p. 140.
6 Conch. Cab. Mart. Chemn. X 3 (1870), p. 34.

Diese Art, welche für das Rothe Meer s. str. noch nicht bekannt geworden ist, nach Shopland[1] und Smith[2] jedoch in Aden vorkommen, habe ich nach der ausgezeichneten Monographie Römer's[3] mit Sicherheit identificiren können.

35. Callista florida (Lm.) und var.

Von den Localitäten 4, 10, 12, 14, 25 und 50.

Im Golfe von Akaba treten die Varietäten *pulchra* Gr. und *semisulcata* Sow. etwas zahlreicher auf.

36. Dione philippinarum (Hanl.).

Von der Localität 10.

Diese Art ist für die Fauna des Rothen Meeres neu.

37. Lioconcha arabica (Chemn.).

Von den Localitäten 6, 8, 9, 10, 11, 12, 13, 14, 16, 17, 18, 20, 21, 22, 25, 27, 28 und 50; in reicher Auswahl von Farbenvariationen.

38. Lioconcha picta (Lm.).

Von den Localitäten 12, 18, 20 und 30; einige wenige Exemplare.

39. Crista pectinata (L.).

Von den Localitäten 1, 2, 3, 4, 8, 11, 13, 25, 31, 50.

40. Circe corrugata (Chemn.).

Von den Localitäten 3 und 50.

41. Circe crocea Gr.

Von den Localitäten 4, 10, 17 und 18.

42. Circe scripta (L.).

Von der Localität 18.

43. Circe sulcata Gr.

Von den Localitäten 9 und 10; die vorliegenden Exemplare sind im Vergleiche zu der Abbildung in der Römer'schen Monographie[1] auffallend klein (14 : 12 : 6½ mm).

44. Tapes ceylonensis (Sow.).

Von der Localität 45; mehrere prächtig erhaltene Exemplare.

Diese für die Fauna des Rothen Meeres neue Art zeigt eine sehr variirende Zeichnung der Wirbelregion, so zwar, dass einige Exemplare ähnlich wie *T. pinguis* (Chemn.)[5] aussehen.

45. Tapes deshayesii (Hanl.).

46. Tapes textrix (Chemn.).

Von der Localität 45; mehrere Exemplare.

Die Art wurde auch bis zu 58 m Tiefe im Golfe vom Suez gedredscht (s. oben).

47. Anaitis foliacea (Phil.).

Von der Localität 37.

48. Chione reticulata (L.).

Von den Localitäten 8, 10, 13, 21, 33, 45, 40.

49. Chione römeriana (Iss.).

Von den Localitäten 2, 10, 25, 30.

Diese einstmals zu *Venus* oder *Tapes* gestellte Muschel scheint die Wanderung ins Mittelmeer ange-treten zu haben, denn sie wurde bereits im Bittersee gefunden.

Für einige Schalen von Mersa Sheikh (Loc. 25) und Shadwan (Loc. 16), sowie für ein Exemplar von Nawibi (Loc. 10) konnte ich eine sichere Determination nicht erzielen; ich vermuthe, dass sie jungen Thieren der für das Rothe Meer bisher noch nicht constatirten *Chione marica* (L.) angehören, und bin fast versucht, auch die *Venus römeriana* Issel bloss für die Jugendform der *Ch. marica* (L.) zu halten.

50. Chione hypopta n. sp.[1]
Taf. VII, Fig. 10—14.

Von den Localitäten 10 und 16.

Die Muschel ist oval bis dreieckig, dickschalig, wenig gewölbt, aussen weiss bis gelb mit unregel-mässig in grösseren oder kleineren braunen Flecken vertheilter Zeichnung, innen violett oder weiss.

Die Schale ist an ihrer Oberfläche radial und der Länge nach von Furchen durchzogen, die tief ein-schneiden und eine bemerkenswerthe Felderung hervorrufen. So stehen mehr als dreissig derbe Radial-rippen dicht aneinander, die am Wirbel schwach entspringen und gegen den Rand zu stark werden, und welche oben durch die Querfurchen eine Gitterung erhalten. In der hinteren Schalenpartie sind die Felder schuppig oder dornig ausgebildet, doch ist dies nur bei jungen Exemplaren gut zu sehen.

Die an der Spitze violett oder roth gefärbten Wirbel stehen etwas vor der Mitte der Schale und über-ragen den Schlossrand nur wenig. Der vordere Oberrand fällt vom Wirbel schief und etwas bogig herab in den gerundeten Vorderrand, welcher auch mit dem Unterrand bogig verbunden ist.

Der hintere Oberrand verläuft etwas schief nach rückwärts und hinab zum Hinterrand, mit dem er unter einem kaum merklichen, stumpfen Winkel sich verbindet, während wieder Hinter- und Unterrand an dem im Alter etwas ausgezogenen Hinterende der Muschel bogig verbunden sind. Eine Kerbung der Ränder, entsprechend den äusseren Endigungen der Radialrippen, ist nur bei jungen Exemplaren auffallend ent-wickelt; bei diesen ist dann innerhalb der Kerbung auch jene allen *Chionen* zukommende Strichelung besonders gut zu sehen, die bereits an den Oberrändern beginnt und ringsum zieht.

Vor den Wirbeln liegt eine deutlich begrenzte, lanzettförmige Lunula, hinter derselben das äussere Ligament. Die Schlossleiste trägt im Allgemeinen 2 divergirende Zähne und 3 Gruben in der rechten Schale sowohl wie in der linken. Bei jungen Exemplaren ist des Näheren zu sehen, dass die Grube vor dem vorderen Zahn der rechten Schale noch von einem schwachen Zähnchen überstellt ist, ferner dass der hintere Hauptzahn der linken Schale vorne etwas gespalten ist und darauf noch ein schwacher, ... Zahn folgt, der schief nach rückwärts läuft.

Der Mantelrand ist rückwärts kurz zungenförmig eingebuchtet.

---

[1] ὕποπτος = bedenklich, Verdacht erregend.

(Sturany.)   5

	Junges Exemplar	Erwachsene Exemplare		
	Millimeter			
Länge der Muschel	9·7	19·6	20·5	21·0	23·2
Höhe	7·8	16·2	17·5	17·6	20·0
Dicke einer Schale	2·5	5·5	6·0	5·8	6·5

51. Dosinia erythraea Röm.

Von den Localitäten 1 und 18.

Zwei prächtige Exemplare vom Timsah-See weisen eine unregelmässige Radialbänderung auf, wie wohl jene Stücke, die Issel für *D. radiata* Rve. gehalten hat, besessen haben mögen. Cooke[1] setzt an Stelle des Römer'schen Namens den Reeve'schen, *erythrostoma.*

52. Dosinia histrio Gm.

Von den Localitäten 9, 10, 11.

Bisher für das Rothe Meer unter dem Namen *D. variegata* (Chemn.) angeführt.

53. Venerupis macrophylla Desh. (= irus L.).

Von der Localität 13.

54. Cypricardia coralliophaga (Gm.).

Von den Localitäten 27 und 32.

55. Petricola hemprichii Iss.

Von den Localitäten 3 und 27.

56. Cardium arenicolum Rve.

Von der Localität 36; ein schönes Exemplar.

Da über die eventuelle Synonymie von *C. unaenlosum* Wood und *C. arenicolum* Rve. noch nicht das letzte Wort gesprochen ist, so führe ich die beiden Arten hier noch getrennt auf. Das vorliegende, hiehergehörige Exemplar stimmt mit der Abbildung in der Reeve'schen Monographie[2] sehr gut überein.

57. Cardium maculosum Wood.

Von der Localität 10; eine Schale.

Mit der Abbildung bei Reeve[3] ziemlich gut übereinstimmend; im Vergleiche mit der vorigen »Art« ist sie etwas verbreitert, auch hat sie mehr Rippen als jene.

58. Cardium edule L.

Von den Localitäten 1 und 2.

59. Cardium rugosum Lm. (= magnum Chemn.).

Von den Localitäten 10, 12, 13, 18.

---

[1] Ann. Mag. Nat. Hist. (6) XVIII, 1896, p. 102.
[2] Reeve, Conch. Icon. fig. 78.
[3] Reeve, Conch. Icon. fig. 76.

Bezüglich eines sehr schön erhaltenen Exemplares von Akik Seghir (Loc. 30), welches in Gesellschaft von *C. arenicolum* Rve. gefunden wurde und an der Innenseite nächst dem Wirbel 2 hübsche Purpur-flecken in radialer Anordnung besitzt, bin ich noch im Unklaren, ob es zu *C. rugosum* Lm. oder aber zu dem ähnlich gebauten *C. assimile* Rve. gehört, mit dessen Abbildung in der Reeve'schen Monographie[1] es grosse Ähnlichkeit besitzt und das nach Shopland in Aden vorkommt. Es will mir übrigens fast scheinen, als wäre *C. assimile* Rve. sowohl wie *C. rubicundum* Rve.[2] in die Synonymie der obigen Art zu verweisen.

60. Cardium australe Sow.

Von den Localitäten 48 und 50.

61. Cardium tenuicostatum Lm. juv.

Von den Localitäten 10, 12, 17, 30.

Die Bestimmung dieser Exemplare wie der sub 60 berücksichtigten, wurde mehr nach der Sammlung des naturhistorischen Hofmuseums als nach den complicirten Literaturangaben ausgeführt.

62. Laevicardium biradiatum (Brug.).

Von der Localität 17; eine Schale.

63. Hemicardium auricula (Forsk.).

Von den Localitäten 4, 5, 6, 13.

64. Hemicardium nivale (Rve.).

Von den Localitäten 10, 13, 14, 16, 17; zumeist einzelne Schalen; ein Exemplar ist schön roth gefärbt.

65. Hemicardium fornicatum (Sow.).

Von den Localitäten 9 und 10.

66. Hemicardium retusum (L.) (subretusum Sow.).

Von den Localitäten 9, 13, 16, 18.

67. Chama rüppellii Rve. (= cornucopia Rve.).

Von den Localitäten 13, 16, 27.

68. Tridacna elongata Lm.

Von den Localitäten 8, 10, 11, 12, 13, 14, 16, 17, 18, 20, 41, 43; in zahlreichen jungen wie aus-gewachsenen Exemplaren.

Die stattliche Reihe der vorliegenden Schalen veranlasst mich, die in der Reeve'schen Monographie abgebildete *Tr. compressa*[3] als Jugendform der *elongata* Lm. aufzufassen und ihren Namen einzuziehen, hingegen eine Varietät besonders hervorzuheben, die systematisch zur *Tr. squamosa* Lm. hinüberführt. Diese mit *squamosina* nov. var. zu bezeichnende Form liegt von den Localitäten 12, 41 und 43 in mehreren Exemplaren vor und ist durch die hauptsächlich gegen den Unterrand blättrig aufgestellten Querschüppchen der Rippen ausgezeichnet.

[1] Reeve, Conch. Icon. fig. 45.
[2] Reeve, Conch. Icon. fig. 44.
[3] Reeve, Conch. Icon. t. 6, fig. 5 a, t. 7, fig. 5 b, c.

Das grösste der vorliegenden *elongata*-Exemplare, von Shadwan herrührend, misst 330:190 *mm*; es ist bei demselben bemerkenswerth, dass gegen den Schalenrand zu die Schuppen auf den Rippen sich verbreitern, so dass eine ähnliche Erscheinung wie bei *Tr. rudis* entsteht, nämlich ein Hinübergreifen und Verschmelzen der Schuppen benachbarter Radialrippen. Was also bei *Tr. rudis* die Regel ist, scheint bei *Tr. elongata* erst im Alter zu geschehen, denn nur so ist es zu erklären, dass das hier in Rede stehende Exemplar am Wirbel bezüglich der Schuppenbildung normal gebildet ist und erst am Rande die *rudis*-Merkmale aufweist.

69. Tridacna rudis Rve.

Von den Localitäten 8, 10, 11, 12, 13, 16, 17, 18, 20, 21, 25, 27, 31, 32, 41; zahlreiche junge und erwachsene Exemplare.

Diese Art lässt sich in allen Altersstufen von *Tr. elongata* Lm. leicht unterscheiden, indem sie in der Schale die folgenden Merkmale besitzt:

1. Es sind 4 Hauptradialrippen vorhanden und eine Nebenrippe, die mehr oder minder undeutlich ausgebildet ist. (*Tr. elongata* besitzt 7 Hauptrippen und mehrere kleine Nebenrippen.)

2. Die Rippen sind viel breiter als die Zwischenräume.

3. Die Rippen sind mit dicht aneinandergedrängten, nicht sehr hohen Schuppen besetzt, die öfters mit den Schuppen der benachbarten Radialrippen in Verbindung stehen; so können quer über die ganze Schalenlänge verlaufende Schuppenbänder entstehen, die nirgends unterbrochen sind. (*Tr. elongata* hat relativ hohe, durch weite Zwischenräume getrennte Rippen, deren Schuppen äusserst selten sich in diesem Sinne verbinden.)

4. Die Zwischenräume sind radialgestreift; es sind 1—4 schwach rippig sich erhebende Streifen zu zählen. (Bei *Tr. elongata* sind es in der Regel mehr.)

5. Auch über die schuppentragenden Radialrippen können Streifen hinwegziehen, in welchem Falle dieselben natürlich durch die Querschuppen unterbrochen sind. Meist sind diese zarten Rippchen nur an den Embryonalschalen gut sichtbar. (*Tr. elongata* lässt diese Streifung der Rippen niemals erkennen, nicht einmal im Jugendzustande).

Wie variabel bei *Tr. rudis* Rve. die Form der Schale ist, sei bloss durch die folgenden Beispiele der Proportionen angedeutet. Bei einem Exemplare messen Länge, Höhe und Dicke 107, 55 und 63 *mm*, bei einem anderen 77, 51 und 47 *mm* (der Vordertheil ist hier höher als lang, dort länger als hoch) u. s. w. Und so wie die Form der Schale absolut nicht massgebend bei der Determinirung von *Tridacnen* sein kann, so sind ferner belanglos: Form und Ausdehnung der Öffnung für den Austritt des Byssus, die Faltenbildung an der Begrenzung dieser Öffnung und die Farbe des Schalenrandes. Was bei *Tr. elongata* öfters vorkommt, eine blätterförmige Umgestaltung der Schuppen auf den Rippen (var. *squamosina* m.), tritt bei *Tr. rudis* nur selten auf. Ich kann dieses Verhalten nur bei einem Exemplare von Ras Abu Somer constatiren.

Über die Anatomie der beiden *Tridacna*-Arten hat vor Kurzem Prof. Grobben ausführlich berichtet. (Diese Denkschr. Band LXV.)

70. Lucina dentifera Jonas.

Von den Localitäten 10, 16, 20, 30.

71. Lucina semperiana Iss.

Von den Localitäten 10 und 13; zahlreich.

72. Lucina macandreae H. Ad.

Von der Localität 30; einige schöne Exemplare.

73. Lucina exasperata Rve.

Von den Localitäten 8, 9, 11, 13, 16, 30, 40.

Von *L. Oberina* L. ist diese Art kaum zu trennen.

74. Lucina fibula Rve.

Von den Localitäten 13, 16, 17, 19, 20, 31.

75. Lucina interrupta (l.m.).

Von der Localität 10.

76. Lucina fischeriana Iss.

Von den Localitäten 1, 2.

Diese Art ist also bereits in den Suez-Canal vorgedrungen und befindet sich auf der Wanderung in's Mittelmeer.

77. Lucina globosa Forsk.

Von den Localitäten 8, 10, 11, 12, 14, 16, 22.

78. Lucina quadrisulcata d'Orb.

Von den Localitäten 10, 11, 12, 13, 14, 17, 18.

79. Diplodonta savignyi Vaill.

Von der Localität 17.

80. Diplodonta raveyensis n. sp.

Taf. VI, Fig. 8—11.

Von der Localität 32; ein tadelloses Exemplar.

Die Muschel ist fast kreisförmig im Durchschnitte, ziemlich festschalig, stark gewölbt, aussen etwas glänzend, mit feiner, dicht stehender, concentrischer Punktstreifung ausgestattet, in der Farbe schmutzig-weiss bis gelblich mit einigen hellgrauen, nach innen durchschimmernden Zonen; innen reinweiss, glatt und glänzend am Rande, rauh und matt in der Mitte.

Die Wirbel sind stark ausgehöhlt, stehen vor der Mitte, sind mit ihren stumpfen Spitzen nach innen und vorne gekehrt und stehen sich an dem Schlossrande gegenüber, den sie nicht viel überragen. Eine Lunula ist kaum ausgebildet.

Der vordere Oberrand fällt schief ab und geht im Bogen in den Vorderrand über; ebenso ist der Übergang von Vorder- in Unterrand und von Unter- in Hinterrand schön gerundet, nur der vom Wirbel schief abfallende hintere Oberrand bildet an seinem Übergange in den Hinterrand einen schwach ausgeprägten Winkel, der nicht viel mehr als 100—110° beträgt.

Das Schloss besteht aus einem inneren Ligament direct unter dem Rande und aus einer auffallenden Bezahnung. Die letztere besteht in der rechten Schale in 2 divergirenden Mittelzähnen unter dem Wirbel, von denen der hintere gegabelt ist und die von einander durch eine dreieckige Grube getrennt sind. In der linken Schale sind ebenfalls zwei Mittelzähne zu sehen, von denen aber der vordere gespalten ist und der hintere einfach bleibt. Auch hier sind dieselben von einander durch eine dreieckige Grube in der breiten Schlossleiste getrennt, und hier wie dort liegt vor dem vorderen Mittelzahne eine schwache Vertiefung, die nach vorne rinnenförmig verläuft, und hier wie dort liegt das Ligament gleich hinter dem hinteren Mittelzahn, schief vom Wirbel herab nach hinten ziehend.

Der Mantelrand verläuft parallel dem unteren Rande der Schale und endigt vorne und rückwärts an den Muskeleindrücken.

Länge der Muschel 10·4, Höhe 9·8, Dicke 7·5 *mm.*

In der Gestalt ist diese neue Art wohl ähnlich der *Lucina globularis* Lam.[1], welche nach Joussaume[2] auch im Rothen Meere vorkommen soll; ferner der nunmehr in die Gattung *Diplodonta* verwiesenen *Lucina rotundata* Turton[3], für welche die Bezahnung ganz so beschrieben wird, wie wir sie bei der neuen Art gesehen haben und die von Reeve für »Mediterranean and southern shores of Britain«, von Smith[4] und Shopland[5] für Aden, von Caramagna[6] sogar für Assab im südlichsten Theile des Rothen Meeres angegeben wird. Von dieser *L. rotundata* Turton ist aber meine Art schon durch die geringe Grösse genügend verschieden.

Mysis tumida A. Ad.[7], in der Gestalt der neuen Art ebenfalls ähnlich, ist nur wenig grösser, jedoch durch das Merkmal »striolis confertis radiantibus et concentricis obsolete decussata« hinreichend als verschieden gekennzeichnet.

81. Scintilla sulphurea n. sp.
Taf. VII, Fig. 6—9.

Von der Localität 25; ein einziges Exemplar.

Die Muschel ist elliptisch gestaltet, mässig gewölbt, an den Rändern ganz schliessend, ziemlich dickschalig, durchscheinend, dicht und ziemlich stark concentrisch gestreift, aussen und innen schwefelgelb gefärbt und glänzend.

Der Wirbel überragt den Schlossrand nur wenig und endigt mit einem winzigen, glashell glitzernden Bläschen vor der Mitte der Schale am Schlossrande. Die Schlossleiste trägt, entsprechend dem Gattungscharakter[8], ausser einem nahe herangerückten Nebenzahn noch einen kräftigen Hauptzahn in der rechten Schale und 2 Hauptzähne in der linken Schale, von denen der vordere stärker als der hintere ist. Das braungefärbte Ligament liegt in dem grubenförmigen Zwischenraume zwischen Haupt- und Nebenzahn (Fig. 7), welchen es jedoch nicht ganz ausfüllt, und ist bei der geschlossenen Muschel von aussen nur wenig sichtbar.

Der vordere Oberrand fällt sanft nach vorne und bildet mit dem nahezu senkrecht gestellten, also ziemlich gerade (sogar wenig nach rückwärts) abgestutzten Vorderrand fast einen Winkel (eine sogenannte »runde Ecke«). Ebenso gestaltet ist der Übergang von Vorder- in Unterrand; der letztere verläuft nicht ganz gerade, sondern zeigt eine geringe Concavität und verbindet sich in rundem Bogen mit dem convexen Hinterrande, der andererseits auch mit dem etwas aufwärts ziehenden hinteren Oberrande im Bogen verbunden ist.

Länge der Muschel 9·0, Höhe 6·3, Dicke 4·7 mm.

Es wollte mir nicht gelingen, die hier beschriebene Form mit einer der zahlreichen bestehenden Arten zu identificiren, von denen als die nächst verwandten genannt seien: *Sc. tenuis* Desh.[9], *semiclausa* Sow.[10], *oblonga* Sow.[11], *pisum* Sow.[12] und *hydrophana* Desh.[13]

---

[1] Reeve, Conch. Icon. t. 9, fig. 53.
[2] Soc. Zool. France 1888, p. 210, »Ile Cameran«
[3] Turton, Conch. Dithyra Brit. p. 113, pl. 7, fig. 3 — Reeve, Conch. Icon. *(Lucina)* t. 7, fig. 36.
[4] Proc. Zool. Soc. 1891, p. 430.
[5] Journ. Bombay N. H. Soc. X 1896, p. 293.
[6] Bull. Soc. Mal. It. XIII 1888, p. 138.
[7] Proc. Zool. Soc. 1870, p. 791, pl. 48, fig. 16.
[8] Deshayes, Proc. Zool. Soc. 1855, p. 172 ff.
[9] Proc. Zool. Soc. 1855, p. 176; Reeve, Conch. Icon. t. 1, fig. 7.
[10] Reeve, Conch. Icon. t. 2, fig. 9.
[11] Reeve, Conch. Icon. t. 4, fig. 28.
[12] Thesaurus sp. 27 und Reeve, Conch. Ic. t. 6, fig. 47.
[13] Proc. Soc. 1855, p. 178; Reeve, Conch. Ic. t. 6, fig. 48.

82. Scintilla variabilis n. sp.

Tafel VII, Fig. 1—5.

Von den Localitäten 27, 30 und 41.

Die Muschel ist von elliptischer Gestalt, mässig gewölbt, dickschalig, an den Rändern sich vollständig schliessend, dicht und ziemlich stark concentrisch gestreift, schwach durchscheinend, innen und aussen milchweiss und glänzend. Der Wirbel überragt den Schlossrand nur mit seinem bläschenförmigen Ende und steht in der vorderen Hälfte der Schale.

Das Schloss besteht in der rechten Schale aus einem kräftigen Hauptzahn[1] und einem nahe herangerückten Seitenzahn; in der linken Schale aus 2 schwächeren, ungleich starken Hauptzähnen und einem Nebenzahne. Das dunkelgefärbte Ligament ist von aussen schwach zu sehen, ist auch hauptsächlich erst unter dem Schlossrande, wo für seine Aufnahme ein Ausschnitt der Schlossleiste zwischen Haupt- und Seitenzahn besteht, stärker, und zwar etwa kugelig entwickelt (Fig. 2 und 4).

Bei älteren Exemplaren ist der Umriss der Muschel fast der einer Ellipse; nirgend sind sogenannte »Ecken« gebildet, sondern alle Übergänge (von Ober- und Unter- in Vorder- und Hinterrand) sind abgerundet. Bei jüngeren Schalen jedoch grenzen sich die verschiedenen Ränder etwas schärfer von einander ab und ist hier und dort eine »stumpfe Ecke« oder ein Winkel gebildet. Auch ist hier zu bemerken, dass Ober- und Unterrand nicht streng parallel zu einander verlaufen müssen, sondern dass sich die höchste Stelle der Muschel in der Regel rückwärts befindet, indem die Muschel vorne etwas niedriger gebaut ist.

	Exemplar von Halaïb			Ex. von Massaua	Ex. von Berenice
	Millimeter				
Länge der Muschel	10·0	8·4	7·4	6·3	7·0
Höhe · ·	7·2	6·0	5·4	5·0	5·0
Dicke · ·	4·0	4·1	3·5	3·1	3·3

Leider habe ich mich veranlasst gesehen, der stattlichen Artenreihe der Gattung *Scintilla* einen neuen Namen hinzuzufügen, da sich die vorliegende, in verschiedenen Altersstufen verschieden aussehende Form mit keiner der zahlreichen bisher bekannt gewordenen *Scintillen* mit Sicherheit identificiren lässt. Als die nächsten Verwandten möchte ich u. A. *Sc. cumingii* Desh.[2] von Panama und *Sc. candida* Desh.[3] von den Philippinen bezeichnen.

83. Cardita angisulcata Rve.

Von den Localitäten 8, 10, 13, 14, 17.

84. Cardita antiquata (L.).

Von der Localität 48; zwei einzelne Schalen.

Für das Rothe Meer s. str. ist diese Art noch nicht nachgewiesen worden, wohl aber für Aden (Smith[4] und Shopland[5]).

Nach Exemplaren des naturhistorischen Hofmuseums, sowie nach den Abbildungen in der Reeve'schen Monographie[6] zu urtheilen, muss ich an der obigen Bestimmung festhalten.

[1] Bei dieser und der vorangegangenen Species steht gleich hinter dem kräftigen Mittelzahn noch eine winzige zähnartige Erhebung.
[2] Proc. Zool. Soc. 1855, p. 173; Reeve, Conch. Ic. 4, fig. 3.
[3] Proc. Zool. Soc. 1855, p. 177; Reeve, Conch. Ic. 4, fig. 4.
[4] Proc. Zool. Soc. 1891, p. 429.
[5] Journ. Bombay N. H. Soc. X. 1896, p. 283.
[6] Reeve, Conch. Icon. sp. 20, fig. 20 a, b.

85. Mytilicardia variegata (Brug).

Von den Localitäten 13, 14, 16, 17, 27, 30, 31.

86. Mytilus cumingianus Récl. (= Septifer bilocularis l. juv.).

Von der Localität 25.

Betreffs der interessanten Synonymie vide Challenger-Werk p. 271.

87. Mytilus variabilis Krss.

Von den Localitäten 1, 2, 3, 7, 12, 13, 17, 18, 28.

88. Crenella ehrenbergi Iss.

Von der Localität 30; ein Exemplar.

89. Modiola auriculata Krss.

Von den Localitäten 8, 9, 10, 11, 12, 13, 16, 17, 18, 22, 30, 31, 39.

90. Modiola perfragilis (Dkr.).

Von der Localität 37; ein Exemplar.

Diese Art ist für das Rothe Meer neu. Die Bestimmung stützt sich auf die Beschreibungen und Abbildungen in der Monographie Reeve's[1] und im Conchylien-Cabinete.[2]

91. Modiola subsulcata (Dkr.).

Von der Localität 28; ein Exemplar.

92. Lithophaga cinnamomea (Lm).

Von den Localitäten 13, 18, 25, 27, 30.

93. Lithophaga gracilis (Phil.).

Von den Localitäten 12, 13, 18, 25, 27, 30, 31, 32, 33.

94. Lithophaga hanleyana Dkr.

Von den Localitäten 8, 10, 12, 13, 25, 27, 30, 31, 32, 33, 38, 41, 43.

95. Avicula ala-corvi (Chemn).

Von den Localitäten 13, 26, 27, 28, 30, 31, 32, 38, 41, 43.

Einige Exemplare erinnern an *A. malleoides* Rve. (Loc. 27, 30), andere wieder an Varietäten von *spadicea* Dkr. (Loc. 41), nämlich an *rutila* Rve. und *cornus* Rve.

96. Avicula macroptera Lm.

Von der Localität 43.

---

[1] Reeve, Conch. Icon. t. 8, fig. 42 (Madagas.).
[2] Conch. Cab. Mart. Chemn. (Küster et Kessin) VIII. 3. p. 104, t. 27, fig. 11—12.

97. Meleagrina margaritifera (Lm.) et var.

Von den Localitäten 3, 6, 9, 10, 11, 12, 13, 17, 20, 21, 24, 25, 28, 30, 31, 41, 43, 44, 48, 50.
Die var. *cumingii* (Rve.) liegt besonders schön von den Localitäten 12, 21, 24, 25 und 48 vor.

98. Perna attenuata Rve.

Von der Localität 25; ein Exemplar.

99. Perna caudata Rve.

Von den Localitäten 7, 12, 18, 25.

100. Perna nucleus Lm.

Von den Localitäten 7, 12, 13, 14, 25.

101. Pinna hystrix Hanl.

Von den Localitäten 4, 8, 12, 17, 20, 21, 27, 41.
Ein Exemplar von den Xonian-Inseln (Loc. 17) ist ähnlich der Abbildung von *P. penna* Rve.[1], ein grosses, langes Exemplar von El Tor erinnert — allerdings nur in der Gestalt — lebhaft an *P. nobilis* L.

102. Pinna nigra Chemn.

Von den Localitäten 14, 21, 31, 41; prächtige Exemplare sammt den Weichtheilen.

103. Pinna saccata L.

Von den Localitäten 10 und 25.

104. Arca arabica Forsk.

Von den Localitäten 30, 41; je 1 Exemplar.

105. Barbatia decussata (Sow.).

Von den Localitäten 10, 11, 13, 16, 17, 18, 20, 22, 24, 25, 30, 31, 32, 35, 41, 44, 45, 46, 48.

106. Barbatia fusca (Brug.).

Von der Localität 18; eine einzige Schale.

107. Barbatia nivea (Chemn.)

Von der Localität 18; eine einzige, etwas an *B. velata* Sow., noch mehr aber an *helblingi* Chemn. erinnernde Schale.

108. Barbatia setigera (Rve.).

Von den Localitäten 13, 18; schlecht erhaltene Schalen.

109. Barbatia divaricata (= plicata Chemn.)

Von den Localitäten 12, 13, 18, 20, 21, 25, 27, 28, 30, 31, 32, 41.

---

[1] Reeve, Conch. Icon. t 24, f. 30 (Philippinen).
(Stossich)

110. Anomalocardia scapha (Chemn.)

Von den Localitäten 10, 11, 12, 13, 14, 16, 17, 18, 20, 30, 36, 41, 48, 49.

Ein Exemplar von Ras Abu Somer ist ähnlich der *A. holoserica* Rve., die von Kobelt[1] als Synonym zu *A. corpygmachata* Bory gesellt wird.

111. Anomalocardia clathrata (Rve.)

Von der Localität 1: eine einzelne Schale.

Ob diese in geringen Tiefen des Golfes von Suez (s. oben) auch gedredschte Muschel auf der Wanderung nach dem Mareilmeer begriffen ist, lässt sich vorläufig nicht mit Bestimmtheit sagen, da die im Timseh-See gefundene leere Schale dahin auch auf passivem Wege gelangt sein kann.

112. Pectunculus lividus Sow.

Von den Localitäten 9, 10, 13, 16, 17, 18; in Anzahl, darunter einige interessante junge Exemplare.

113. Pectunculus pectiniformis Lm.

Von den Localitäten 8, 10, 12, 13, 14, 16, 17, 18, 48.

114. Limopsis multistriata (Forsk.)

Von der Localität 13.

115. Pecten australis Sow.

Von der Localität 45, schöne Exemplare.

116. Pecten denticulatus Ad. & Rve.

Von der Localität 27.

117. Pecten lividus Lm.

Von den Localitäten 3, 9, 21, 31, 45.

118. Pecten luculentus Rve.

Von den Localitäten 9, 12, 21, 36, 38, 45.

Für das Rothe Meer s. str. noch nicht angegeben, wohl aber für Aden (Smith[2] und Shopland[3]).

119. Vola filosa (Rve.)

Von der Localität 1.

120. Lima paucicostata Sow.

Von den Localitäten 12, 13, 16, 31.

121. Spondylus aculeatus Chemn.

Von den Localitäten 10, 12, 13, 18, 27, 31, 41.

---

[1] Conch. Cab. 2. Aufl., Mart. Chemn. VIII 2, p. 85.
[2] Proc. Zool. Soc. 1891, p. 434.
[3] Journ. Bombay N. H. Soc. 1886, p. 234.

122. Plicatula ramosa L. m.

Von den Localitäten 4, 17, 21.

123. Vulsella attenuata Rve.

Von der Localität 43; ein schönes Exemplar.

124. Vulsella spongiarum L. m.

Von der Localität 28.

125. Ostrea crenulifera (Sow.).

Von den Localitäten 21, 25 die typische Form; von den Localitäten 30 und 31 jene Form, die Paetenstecher *O. plicatula* Gm. var. *pinnicola* nennt, ferner von den Localitäten 20 und 24 eine Varietät, die noch am ähnlichsten (zumindest nach dem Vorkommen) der *tridacnicola* Paetenst. ist.

126. Ostrea cucullata Born.

Von den Localitäten 3, 6, 12, 18, 20, 24, 41.

Ein Klumpen von Dahalak enthält nur einige wenige Exemplare, die an *O. cucullata* Born erinnern; die meisten Schalen, die hier zusammengeballt sind, sind verlängert, entbehren der Radialfalten und sind im Innern ziemlich einfarbig weiss, während dunklere Zonen der Aussenseite an jene *O. bicolor* Hanl. erinnert, die nach Keller[1] im Suez-Canal vorkommen soll.

Ein Riesenexemplar von der J. Hassani misst 21·25cm, während wieder ein junges hellgefärbtes Exemplar von der Loc. 41 an *Ostrea limacella* L. m. (= *frons* L.) erinnert, jene wesonderche Form, die von mehreren Autoren für den südlichsten Theil des Rothen Meeres und für Aden angegeben wird.

D. Tabelle.

Mit *P* sind die Funde der »Pola«-Expeditionen, d. h. die litoralen Aufsammlungen der Herren Hofrath Dr. Steindachner und Custos Fr. Siebenrock eingetragen, mit *A* die bisherigen Angaben der Autoren.

In der Rubrik »Bemerkungen« sind Synonyme verzeichnet, ferner besagt hier ein ⟶, dass die betreffende Art auch aussererythäisch verbreitet, und zwar über den Meerbusen von Aden hinaus verbreitet ist, d. h., wenn nichts Gegentheiliges hinzugefügt ist, im Allgemeinen eine indo-australische Verbreitung hat, ein *, dass die Art bisher nur im Rothen Meere s. str. gefunden wurde.

---

[1] Keller, Neue Denkschr. d. allg. schweiz. Ges. d. ges. Naturw., Bd. 24.3, (Abth.) 1883, p. 23-27.

Nr.	Art-Namen								
1	Gastrochaena dubia Stur.								
2	" pseudosma Stur.								
3	" weinkauffi Stur.								
4	Aspergillum vaginiferum Lm.								
5	Solen truncatus Sow.								
6	Ceratisus vaghthes L.								
7	Machra ovg. sow (Dkr.)								
8	Anatina subrostrata Lm.								
9	Thracia distorta Mtg.								
10	Mactra laevis Brch.								
11	" obscura Phil.								
12	Aoglus reducens Brow.								
13	Psammobia depressa Desh.								
14	" pulchella Lm.								
15	Scintilla cruciata								
16	Tellina crassa Lm.								
17	" cumingii Hanl.								
18	" planatus Hanl.								
19	" rostrum Hanl.								
20	" rugosa Born.								
21	" striatula Lm.								
22	" staurella Wood								
23	" truncata Desh.								
24	" rugula								
25	" perii H. Ad.								
26	" pyguis Hanl.								
27	" scobinata L.								
28	" sericata Mch.								
29	" carus Sow.								
30	" stauranski Stur.								

31	*Strigilla lactea* Dkr.				P	A, P		incl. *obbliterata* Lm.
32	*Donax* cf. *fasciatus* Rve.	A	P	? A, P		P	—	
33	*Psphia gladiata* (Lm.)	A	P	A		P	A, P	
34	*Tivela ponderosa* (Koch)	A	P	A		P	—	
35	*Callista florida* (Lm.) et var.	A	P	A	P	P	A, P	
36	*Dione philippinarum* (Hanl.)	A	A, P	A, P		P	A, P	
37	*Lioconcha arabica* (Chemn.)	A	P	—		P	A, P	
38	*— picta* (Lm.)	A	A	—		P	A	
39	*Circe pectinata* (L.)	A	P	P		P	A, P	A, P
40	*Circe corrugata* (Chemn.)	A	P	P		P	A, P	
41	*— crocea* Gr.	A	P	P		P	A, P	
42	*— scripta* (L.)	A	A, P	—		P	A	
43	*— sulcata* Gr.	A	P	—		3P	—	
44	*Tapes cerbonensis* (Nowe.)	A	A	P		P	A, P	
45	*— deshayesii* (Hanl.)	A	?A	A, P		P	A	P
46	*— textrix* (Chemn.)	A	P	P	A	P	A, P	
47	*Anaitis fulvoica* (Phil.)	A		A, P		P	A	
48	*Chione reticulata* (L.)	A	P	A, P	P	P	A, P	P
49	*— rimerianus* (Rve.)	—		A	—	3P	A	
50	*— hypopta* Sturp.	—		—	—	—	—	
51	*Dosinia erythraea* Raim.	A	P	P	P	P	A	
52	*— histrio* Gm.	A	?A	P	P	—	A	
53	*Venerupis macrophylla* Desh.	A		—	P	—	A	incl. *variegata* (Chemn.)
54	*Gyrodes corallineobagga* Gm.	—		—	—	—	—	*mivea* L. (mediatr.)
55	*Petricola brugnerichi* Iss.	A	?1	A, P	A	3P	A, P	= *lithophaga* Rve. (mediatr.)
56	*Cardium arenicolum* Rve.	—		—	—	?	—	(Synonyma?)
57	*— maculosum* Wood.	—		—	—	—	A, P	
58	*— edule* L.	—	?A	?P		P	—	mediterran' (eingewandert)
59	*— rogosum* Lm.	A, P		—		P	A	= *magnum* Chemn.
60	*— costale* Sow.		P	—		P	—	
61	*— — * Lm.			P		P	A, P	
62	*Laevicardium bicaudatum* Brug.			P		P	A	
63	*Hemicardium auricula* (Forsk.)			—		P	A	
64	*— — * Rve.			—		—	A	
65	*— fasciatum* Sow.			—		P	—	incl. *subrotatum* Sow.
66	*— retiarum* L.			—		—	—	

Art-Namen									
67	Chama rugosella Rve.								
68	Tridacna elongata Lam.								
69	rudis Rve.								
70	Lucina dentifera Jonas								
71	semperiana Iss.								
72	maculifera H. Ad.								
73	caryodea Rve.								
74	fibula Rve.								
75	reticulata (Lam.)								
76	fischeriana Iss.								
77	globosa Forsk.								
78	quadrisulcata d'Orb.								
79	Diplodonta savignyi Vaill.								
80	corrugata Stur.								
81	Scintilla subglabra Stur.								
82	vesiculosa Stur.								
83	Cardita angustidata Rve.								
84	antiquata (L.)								
85	pravicyana (Reeg.)								
86	Mytilus cummingianus Reel								
87	variabilis Krss.								
88	Crenella divaricata Iss.								
89	Modiola auriculata Krss.								
90	perfragilis (Dkr.)								
91	subsulcata (Dkr.)								
92	Lithophaga chamaeroea (Lam.)								
93	gracilis (Phil.)								
94	hanleyana Rve.								
95	Avicula alacorne (Chemn.)								
96	macroptera Lam.								

(Pers. G.)   (Pers. Golf. Honduras)   (Pers. Golf.)   (Pers. Golf.)

incl. var. crassagui (Rve.)

= Placila Chemn.

Syn. zygomata (Ad.), rubrastzatala (Rve.)

Syn. forskalia Chemn.

97. Meleagrina margaritifera (Lm.) . . . .
98. Perna africana Rve. . . . . . .
99. " candida Rve. . . . . . .
100. " anculus Lm. . . . . . .
101. Pinna bystrix Hanl . . . . . .
102. " nigra Chemn. . . . . . .
103. " savignyi Forsk. . . . . . .
104. Avicula ... Forsk. . . . . . .
105. Barbatia decussata (Sow.) . . . . . .
106. " fusca (Brug.) . . . . . .
107. " nivea (Chemn.) . . . . . .
108. " setigera (Rve.) . . . . . .
109. " decorticata (Sow.) . . . . . .
110. Arcopaticardia scapha (Chemn.) . . . . . .
111. " clathrata (Rve.) . . . . . .
112. Pectunculus livulus Sow. . . . . . .
113. " pectiniformis Sow. . . . . . .
114. Limopsis multistriata (Forsk.) . . . . . .
115. Pecten auricularis Sow. . . . . . .
116. " denticulatus Ad. & Rve. . . . . . .
117. " lividus Lm. . . . . . .
118. " lincolensis Rve. . . . . . .
119. Pinna plana (Rve.) . . . . . .
120. Lima paucicostata Sow. . . . . . .
121. Spondylus occhodes Chemn. . . . . . .
122. Plicatula ramosa Lm. . . . . . .
123. Placunella ... Rve. . . . . . .
124. " spongiarum Lm. . . . . . .
125. Ostrea cucullata Sow. & var. . . . . . .
126. " cucullata Born . . . . . .

Tafel I.

Tafel I.

Fig. 1—4: *Scheartus subraudatus* n. sp. von Stat. 94 (314 m), u. zw. Fig. 1 linke Schale von aussen, Fig. 2 dieselbe von innen, Fig. 3 rechte Schale von innen, Fig. 4 dieselbe von oben. — 2malige Vergrösserung.

Fig. 5—9: *Cuspidaria steindachneri* n. sp. von Stat. 121 (60 m), u. zw. Fig. 5 linke Schale von aussen, Fig. 6 dieselbe von innen, Fig. 7 rechte Schale von aussen, Fig. 8 dieselbe von innen, Fig. 9 die ganze Muschel von oben. — 2malige Vergrösserung.

Fig. 10—16: *Cuspidaria (Cardiomya) pelli* n. sp. von Stat. 51 (562 m), u. zw. Fig. 10 die ganze Muschel von oben, Fig. 11 die linke Schale von aussen, Fig. 12 das Schloss derselben von innen, Fig. 13 das Schloss derselben von unten, Fig. 14 rechte Schale von aussen, Fig. 15 das Schloss derselben von innen, Fig. 16 das Schloss derselben von unten. — 8—9malige Vergrösserung.

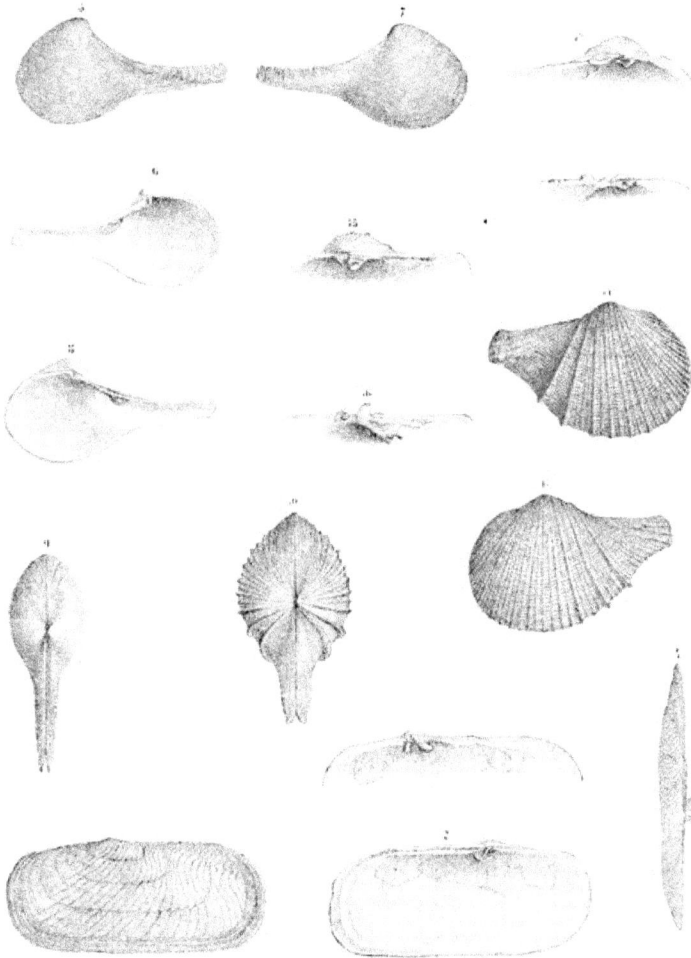

Tafel II.

Tafel II.

Fig. 1—6: *Cuspidaria brachyrhynchus* n. sp. von Stat. 121 (600m), u. zw. Fig 1 linke Schale von aussen, Fig. 2 dieselbe von innen, Fig. 3 rechte Schale von aussen, Fig. 4 dieselbe von innen, Fig. 5 die ganze Muschel von oben, Fig. 6 Schloss der rechten Schale von unten. — 4 malige Vergrösserung.

Fig. 7—10: *Cuspidaria dissociata* n. sp. von Stat. 106 (805 m), u. zw. Fig. 7 linke Schale von aussen, Fig. 8 rechte Schale von innen, Fig. 9 dieselbe von aussen, Fig. 10 linke Schale von innen. — 4 malige Vergrösserung.

Fig. 11—16: *Pseudoneaera* (n. g.) *thaumasia* n. sp. von Stat. 48 (700 m), u. zw. Fig. 11 linke Schale von aussen, Fig. 12 Schloss derselben von innen, Fig. 13 rechte Schale von aussen, Fig. 14 Schloss derselben von innen, Fig. 15 Schloss derselben von oben, Fig. 16 ganze Muschel von oben. — Circa 5 malige Vergrösserung.

A. Swoboda n.d.Nat gez u lith. Lith. Anst.v.Th.Bannwarth,Wien.

Denkschriften d. kais. Akad. d. Wiss. math. naturw. Classe, Bd. LXVIII.

Tafel III.

Tafel III.

Fig. 1—6: *Pecta brachcsa* n. sp. von 87 (50 m), u. zw. Fig. 1 rechte Schale von aussen, Fig. 2 Schloss derselben von innen, Fig. 3 Schloss der linken Schale von unten, Fig. 4 linke Schale von aussen, Fig. 5 Schloss derselben von innen, Fig. 6 Schloss der rechten Schale von unten. — 1½ malige Vergrösserung.

Fig. 7—9: *Lyonsia intracta* n. sp. von Stat. 121 (690 m), u. zw. Fig. 7 linke Schale von aussen, Fig. 8 Gesammtansicht von oben, Fig. 9 rechte Schale von aussen. — 3½ malige Vergrösserung.

Fig. 10—12 *Cardita abdians* n. sp. von St. 96 (350 m), linke Schale, u. zw. Fig. 10 Ansicht von innen, Fig. 11 von oben, Fig. 12 von aussen. — 2 malige Vergrösserung.

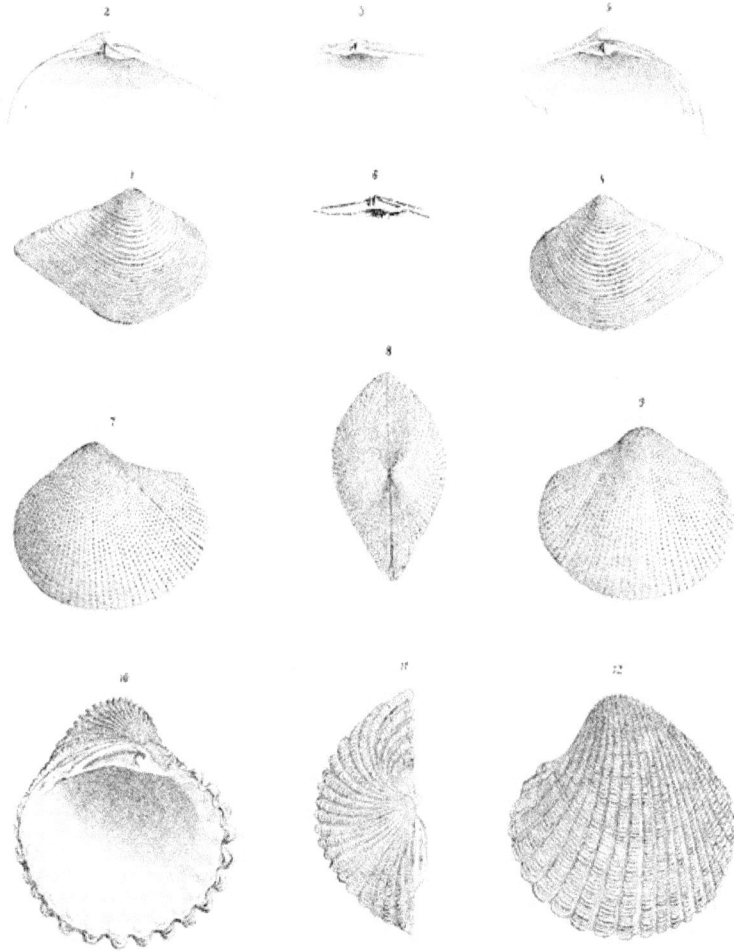

Tafel IV.

Tafel IV.

———

Fig. 1—4. *Limopsis chuchesta* n. sp. von Stat. 117 (868 m), u. zw. Fig. 1 linke Schale von aussen, Fig. 2 dieselbe von innen, Fig. 3 rechte Schale von aussen, Fig. 4 Ansicht der Muschel von oben. — Circa 10 malige Vergrösserung.

Fig. 5—8. *Amussium sibenzecki* n. sp. von Stat. 72 (1082 m), u. zw. Fig. 5 rechte Schale von aussen, Fig. 6 dieselbe von innen, Fig. 7 linke Schale von aussen, Fig. 8 dieselbe von innen. — Circa 6 malige Vergrösserung.

Fig. 9—12. *Amussium steindachneri* n. sp. von Stat. 128 (457 m), u. zw. Fig. 9 linke Schale von aussen, Fig. 10 dieselbe von innen, Fig. 11 rechte Schale von aussen, Fig. 12 dieselbe von innen. — 3—4 malige Vergrösserung.

———

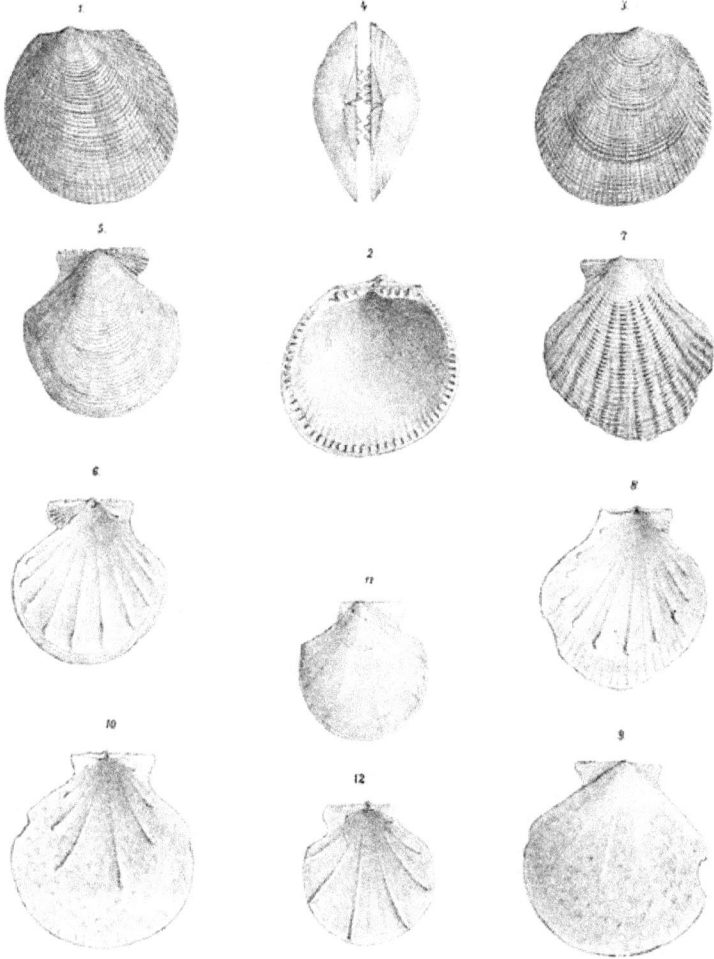

A. Swoboda nd Nat gez u lith.   Lith Anst v Th Bannwarth Wien

Denkschriften d. kais. Akad. d. Wiss. math. naturw. Classe, Bd. LXVIII.

Tafel V.

Tafel V.

Fig. 1—7: *Gastrochaena deshayesi* n. sp. von Ras Turfa, u. zw. Fig. 1 Ansicht des äusseren Kalkgehäuses, schwach vergr., aufsitzend auf einer *Callista*-Schale, Fig. 2 das bezahnte Exemplar von unten, Fig. 3 Ansicht der Muschel von vorne, Fig. 4 von unten, Fig. 5 von oben, Fig 6 Schalen auseinandergeklappt von innen und Fig. 7 dieselben von aussen gesehen. — Fig. 2—7 in zumeist 3—4 maliger Vergrösserung.

Fig. 8—11: *Gastrochaena neukauffi* n. sp., u. zw. Fig. 8 erwachsenes Exemplar (rechte Sch.) aus Berenice von aussen, Fig. 9 dasselbe von innen, Fig. 10 junges Exemplar aus Dahab von oben, Fig. 11 dasselbe von unten. — Fig. 8—9 in circa 2 maliger, Fig 10—11 in 4 maliger Vergrösserung.

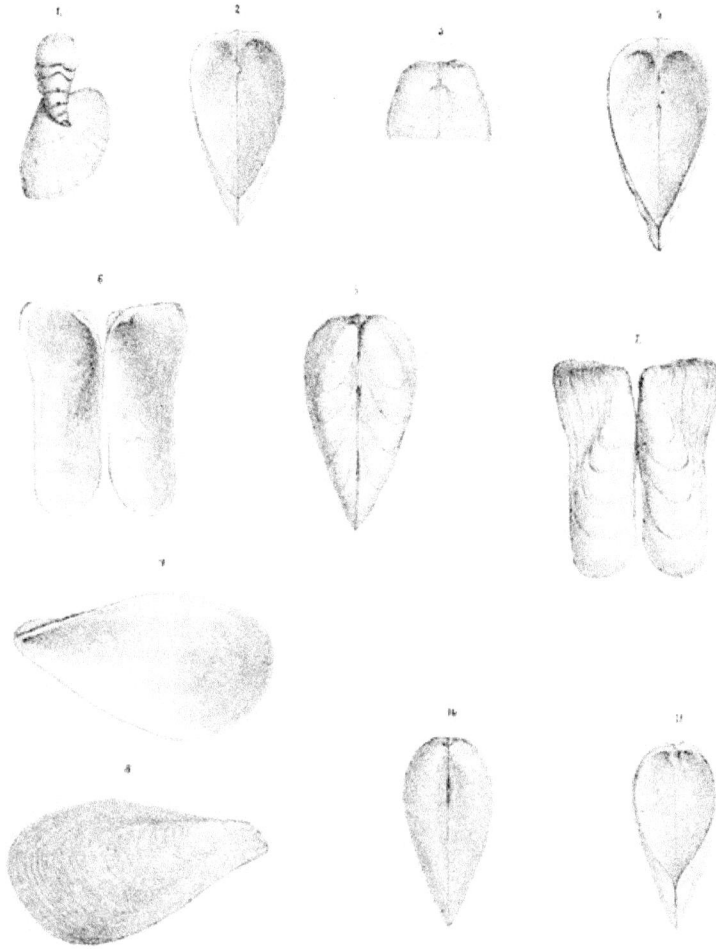

A. Swoboda nd. Nat gez u lith.   Lith. Anst v.k.B.u.m.w. Wien

Denkschriften d. kais. Akad. d. Wiss. math. naturw. Classe. Bd. LXVIII.

Tafel VI.

Tafel VI.

Fig. 1—3: *Gastrochaena euphora* n. sp. von Djeddah, linke Schale, Fig. 1 Ansicht von aussen, Fig. 2 von innen, Fig. 3 von unten. — Circa 4malige Vergrösserung.

Fig. 4—7: *Tellina siebenrocki* n. sp. von Gholejtaka, u. zw. Fig. 4 linke Schale von aussen, Fig 5 dieselbe von innen, Fig. 6 rechte Schale von innen, Fig. 7 die ganze Muschel von oben. — 3malige Vergrösserung.

Fig. 8—11: *Diplodonta ravepensis* n. sp. von Raveya, u. zw. Fig. 8 linke Schale von aussen, Fig. 9 dieselbe von innen, Fig. 10 rechte Schale von innen, Fig. 11 Gesamtansicht von oben. — 4malige Vergrösserung.

J. Swoboda und Haas gez. u. lith.

Lith. Ansch & Lanzen...

Denkschriften d. kais. Akad. d. Wiss. math. naturw. Classe, Bd. LXVIII.

Tafel VII.

Tafel VII.

Fig. 1—5: *Sciutilla variabilis* n. sp., u. zw. Fig. 1 rechte Schale eines Exemplares von Halaib von aussen, Fig. 2 dieselbe von innen, Fig. 3 linke Schale von innen, Fig. 4 Ansicht von oben, Fig. 5 jüngeres Exemplar von Massaua (rechte Schale von aussen). — 4—5malige Vergrösserung.

Fig. 6—9: *Sciutilla sulphurea* n. sp. von Mersa Sheikh, u. zw. Fig. 6 rechte Schale von aussen, Fig. 7 dieselbe von innen, Fig. 8 linke Schale von innen, Fig. 9 Ansicht der Muschel von oben. — 5malige Vergrösserung.

Fig. 10—14: *Chione hyposta* n. sp., u. zw. Fig. 10 rechte Schale eines erwachsenen Exemplares von Shadwan von aussen, Fig. 11 linke Schale eines jüngeren Exemplares von Nawibi von aussen, Fig. 12 dieselbe von innen, Fig. 13 rechte (junge) Schale von innen, Fig. 14 Ansicht des jungen Exemplares von oben. — Fig. 10 in 2maliger, Fig. 11—14 in 4maliger Vergrösserung.

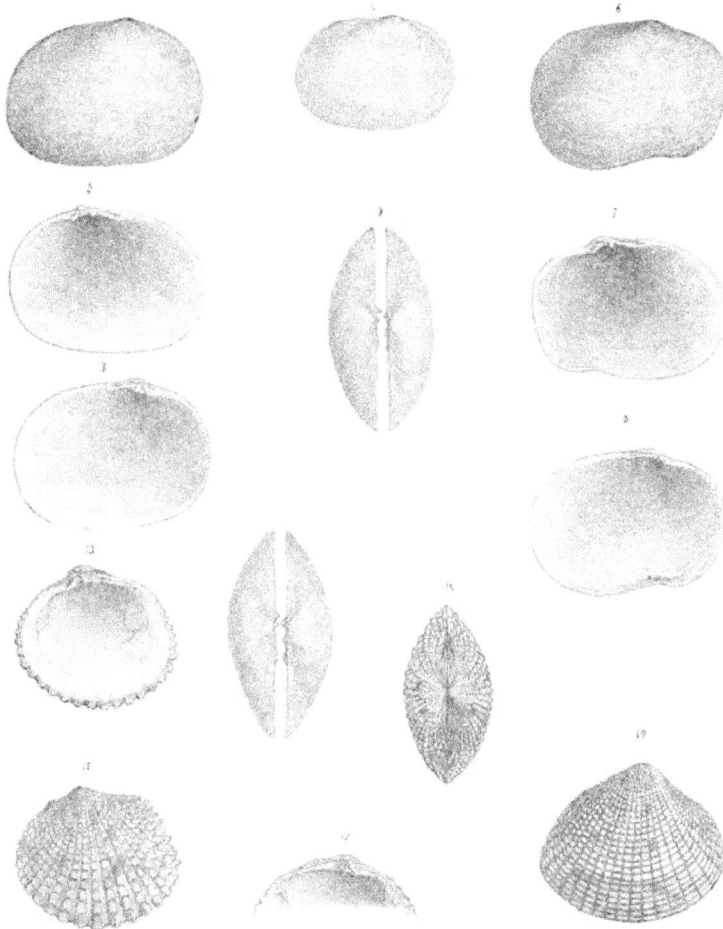

J. Swoboda u. d. Nat. gez. u. lith.
Lith Anst v.Th. Bannwarth, Wien.
Denkschriften d. kais. Akad. d. Wiss. math. naturw. Classe. Bd. LXVIII.

BERICHTE DER COMMISSION FÜR OCEANOGRAPHISCHE FORSCHUNGEN.

EXPEDITIONEN S. M. SCHIFF „POLA" IN DAS ROTHE MEER

NÖRDLICHE UND SÜDLICHE HÄLFTE

1895/96—1897/98

ZOOLOGISCHE ERGEBNISSE

XXIII.

GASTROPODEN DES ROTHEN MEERES

VON

DR RUDOLF STURANY,

CUSTOS-ADJUNCT AM K. K. NATURHISTORISCHEN MUSEUM.

Mit 7 Tafeln und 1 Textfigur.

BESONDERS ABGEDRUCKT AUS DEM LXXIV. BANDE DER DENKSCHRIFTEN DER MATHEMATISCH-NATURWISSENSCHAFTLICHEN CLASSE
DER KAISERLICHEN AKADEMIE DER WISSENSCHAFTEN.

WIEN 1903.

AUS DER KAISERLICH-KÖNIGLICHEN HOF- UND STAATSDRUCKEREI.

IN COMMISSION BEI CARL GEROLD'S SOHN,
BUCHHÄNDLER DER KAISERLICHEN AKADEMIE DER WISSENSCHAFTEN.

BERICHTE DER COMMISSION FÜR OCEANOGRAPHISCHE FORSCHUNGEN.

EXPEDITIONEN S. M. SCHIFF „POLA" IN DAS ROTHE MEER

NÖRDLICHE UND SÜDLICHE HÄLFTE

1895,96—1897/98.

ZOOLOGISCHE ERGEBNISSE.

XXIII.

GASTROPODEN DES ROTHEN MEERES

VON

DR RUDOLF STURANY,

CUSTOS-ADJUNCT AM K. K. NATURHISTORISCHEN HOF-MUSEUM.

Mit 7 Tafeln und 1 Textfigur.

(VORGELEGT IN DER SITZUNG AM 2. APRIL 1903.)

In Einklang gebracht mit dem bereits vor drei Jahren publicierten Bericht über die Lamelli-branchiaten des Rothen Meeres, behandelt die vorliegende Arbeit nicht bloß die Gastropoden, welche durch die Dredschoperationen der »Pola« gewonnen wurden, sondern auch das reiche, im Watwasser gefundene Material, welches durch die Bemühungen der Herren Intendant Hofrath Dr. Franz Stein-dachner und Custos Friedrich Siebenrock zustande gebracht worden ist. Es zerfällt mithin diese Arbeit in zwei Hauptabschnitte und jeder Hauptabschnitt wieder in einige Unterabtheilungen:

I. Theil. Dredschergebnisse im Rothen Meere. S. 2—27 [210—235].
    A. Übersicht. S. 2—5 [210—213].
    B. Verzeichnis der Stationen, welche Gastropoden geliefert haben, nebst namentlicher Angabe der Arten. S. 5—10 [213—218].
    C. Systematische Aufzählung und Besprechung der gedredschten Arten. S. 11—27 [219—235].
II. Theil. Litorale Aufsammlungen im Rothen Meere. S. 27—75 [235—283].
    A. Übersicht. S. 27—28 [235—236].
    B. Verzeichnis der Localitäten. S. 28—30 [236—238].
    C. Systematische Aufzählung und Besprechung der litoral aufgesammelten Arten. S. 30—61 [238—269].
    D. Tabelle zur Demonstration der Verbreitung der gefundenen Arten im Bereiche des Rothen Meeres. S. 62—75 [270—283].

Für die Fertigstellung meiner Arbeit als faunistische Studie war es von großer Wichtigkeit, dass mir von mehreren Seiten Material zur Verfügung gestanden hat. Vor allem war mir die große Sammlung des naturhistorischen Hofmuseums und die gute Bibliothek desselben von großem Wert für die oft recht schwierigen Bestimmungsarbeiten. Des weiteren wurde ich durch Herrn Dr. Carl F. Jickeli in Hermannstadt durch Zusendung des ihm noch übrig gebliebenen Theiles seiner vor 30 Jahren im Rothen Meere angelegten Molluskensammlung unterstützt und durch Herrn Dr. K. W. Levander in Helsingfors durch vorzüglich conserviertes Spiritusmaterial aus Massaua, Asab, Aden etc. aus den Jahren 1893 und 1894. Von einer vollständigen Einbeziehung des Jickeli-Levander'schen Materials in den Rahmen dieser Publication habe ich abgesehen, um das Gesammtbild der Pola--Ausbeute nicht zu stören und weil ich beabsichtige, die Liste jener Collectionen anderswo separat zu veröffentlichen; aber einigemale habe ich doch auch die Funde der genannten Herren berücksichtigt, insbesondere dann, wenn es sich um die Ausgestaltung der in der Schlußtabelle zusammengestellten Kenntnis von der Verbreitung einzelner Arten gehandelt hat.

Wesentlich gefördert wurde die Arbeit auch durch den gelegentlich einer Reise nach Berlin genommenen Einblick in die große Sammlung des Museums für Naturkunde, die mir mit der gütigen Erlaubnis des Directors, Herrn Geheimrathes Prof. Möbius, und unter der hochgeschätzten Führung und Berathschlagung von Seite des Herrn Geheimrathes Prof. Dr. E. von Martens zugänglich gemacht wurde. Das besonders reiche, typisch bestimmte Vergleichsmaterial dieses Museums hat mir über manche Identificierungsschwierigkeit hinweggeholfen, so dass ich bald in der Lage war, die vorliegende Arbeit abzuschließen. Es sei mir gestattet, allen den genannten Herren hiemit den verbindlichsten Dank abzustatten.

I. THEIL.

Dredschergebnisse im Rothen Meere.

(I. Expedition 1895/96, II. Expedition 1897/98.)

A. Übersicht.

Von den 37 Dredschoperationen, welche die I. Expedition ausgeführt hat, sind 16, von den 38 Dredschzügen der II. Expedition 22 namhaft zu machen, wenn es gilt, die gefundenen Gastropoden zu besprechen. Im ganzen sind es mithin 38 Stationen, die im nächsten Capitel aufgezählt werden. Berücksichtigen wir die Tiefe, die bei den erfolgreichen Dredschzügen berührt wurde, so lässt sich constatieren, dass 4mal in der litoralen Zone, 33mal in der continentalen und 1mal in der abyssalen Zone auf Gastropoden gestoßen wurde. Der litoralen Zone (Tiefen bis 300 m) gehören diejenigen Formen an, welche von den Stationen 1, 87, 88 und 143 gebracht wurden, und zwar stammt das Material der Stationen 1, 87 und 88 aus Tiefen unter 100 m, die besonders reiche und interessante Probe von Station 143 aus der Tiefe von 212 m. Die 33 Dredschzüge, welche in der continentalen Zone (in Tiefen von 300 bis 1000 m) arbeiteten, lassen sich zur besseren Übersicht und Beurtheilung der gefundenen Arten wieder in 3 Gruppen bringen: a) in solche, welche Tiefen bis 500 m explorierten, das sind die Stationen 94, 96, 124, 127, 128, 130, 135 und 179; b) in solche, welche in Tiefen zwischen 500 und 700 m operierten, das sind die Stationen 47, 48, 51, 54, 114, 117, 121, 170, 175, 176 und 177, und c) in solche, welche Tiefen zwischen 700 und 1000 m erreichten, das sind die Stationen 9, 20, 44, 76, 79, 81, 93, 107, 109, 145, 156, 165, 178, 184. Die einzige Station, welche aus der abyssalen Zone eine Gastropodenprobe zutage förderte, ist die Station 138; hier wurde aus einer Tiefe von 1308 m *Jauthina globosa* Swainson fragmentarisch gefunden.

Die folgende Zusammenstellung gibt eine Übersicht der gedredschten Gastropoden, ihre Vertheilung in den 3 genannten Zonen und den angedeuteten Unterzonen, sowie schließlich die Häufigkeit ihres Auftretens.

Nummer	Art-Namen	Litorale Zone 0–300 m		Continentale Zone 300–1000 m			Abyssale Zone mehr als 1000	Wie oft gedredscht
		0–100	100–300	300–500	300–700	700–1000		
				Meter				
1	Murex tribulus L.	✗		✗	✗	✗		13 mal
2	Murex (Ocinebra) contractus Rve.	✗						1 »
3	Triton (Epidromus) conaptus Sow.			✗				1 »
4	Ranella ? albivaricosa Rve.				✗			1 »
5	Fusus australis Quoy	✗						1 »
6	Fusus bifrons Stur. incl. f. punctiostriata Stur.					✗		18 »
7	Cantharus funcsus Dillw. var. rubiginosus (Rve.)		✗	✗				2 »
8	Nassa thanu+nassa Stur. incl. var. minor Stur.	✗		✗				3
9	Nassa steindachneri Stur.			✗	✗			5
10	Nassa vesta Stur.		✗					1 »
11	Nassa minuta Stur.					✗	—	3
12	Nassa sporadica Stur.							1 »
13	Nassa stiphra Stur.		✗					1
14	Nassa lathraia Stur.			✗	✗	✗		9 »
15	Mitra (Cancilla) filaris L.	✗						2
16	Mitra (Cancilla) naunhela Rve.	✗						2 »
17	Mitra (? Thala) gnathophora Stus.							2
18	Turricula (Costellaria) costa H. Ad.	✗	✗			✗		6
19	Ancillaria ? cinnamomica Lm.					✗		2
20	Columbella (Mitrella) erythraeensis Stur.							1
21	Columbella (Mitrella) nemaniensis Stur.							1
22	Conus aculeiformis Rve. f. torensis Stur.	✗						1
23	Conus planiliratus Sow. var. bathica Stur.			✗				4
24	Pleurotoma marmorata Lm.	✗		✗				5
25	Pleurotoma violacea Hinds	—						2
26	Pleurotoma (Gemmula) amabilis Fisch.							7
27	Pleurotoma (Drillia) flavidula Lm.		✗			✗		6
28	Pleurotoma (Drillia) pota Stur.							1
29	Pleurotoma (? Drillia) carinata Stur.					✗		1
30	Pleurotoma (Clavus) subcurvata Stur.							2 »
31	Pleurotoma (Surcula) nannodes Stur.							1
32	Mangilia perturbata Stur.							1
33	? Pleurotoma beblanensisa Stur.		✗					1
34	Terebra lima Dosh. f. præ clausa Rve.		✗	✗				2
35	Strombus (Gallinula) columba Lm.							2
36	Cypraea (Trivia) oryza Lm.							1
37	Pyrula (Sycotypus) dussumieri Val.		✗					1
38	Dolium spec.					✗		2
39	Cassis (Semicassis) ? saburon Adams							1
40	Natica (Mamma) ? porcistinta Rve.							1

Nummer	Art-Namen	Litorale Zone (0–300 m)		Continentale Zone (300–1000 m)			Abyssale Zone mehr als 1000	Wurde gedredscht
		0–100	100–300	300–500	500–700	700–1000		
				Meter				
41	*Turritella acroceramica* v. Marts	×						1 mal
42	*Omistus solaris* (L.)							2
43	*Solarium perspectivum* L.							1
44	*Janthina fragilis* Lm.							1
45	*Janthina globosa* Swains						×	4
46	*Cerithium pauxillum* Ad.							2
47	*Solarella illustris* Stur.							2
48	*Emarginula haemalensis* Stur.							1
49	*Atys (Roxania) litheasis* Stur.							1

Es wurden mithin in der litoralen Zone 30 Arten, in der continentalen Zone 35 Arten und in der abyssalen Zone 1 Art gedredscht. Der litoralen und continentalen Zone gemeinsam sind 16 Species, in der continentalen und abyssalen gleichmäßig vertheilt ist eine von den gefundenen Arten; als Bewohner der litoralen Zone allein haben demnach 14 und als Bewohner der continentalen Zone allein 19 Arten zu gelten, während wir in der Ausbeute keine einzige nur der abyssalen Zone eigenthümliche Art finden.

Von den 49 Gastropodenarten, welche im ganzen gedredscht wurden, sind 21 für die Wissenschaft neu, wenn wir eine nur in Fragmenten vorliegende Tiefseeform (*Dolium* spec.) miteinrechnen wollen; 28 Formen haben sich mit schon länger bekannten Arten identificieren lassen, wobei jedoch zu bemerken ist, dass einige davon ausgesprochene Localformen sind und als solche auch bezeichnet wurden (*Conus aculeiformis* f. *torensis* und *Conus planiliratus* var. *bathcou*). In welchen Zonen diese neuen und bekannten Arten gefunden wurden, geht wohl am besten aus der vorstehenden Tabelle hervor.

Was ich seinerzeit bei den Lamellibranchiaten constatieren konnte, dass nämlich fast alle in größeren Tiefen erbeuteten Formen sich als neue Arten herausgestellt haben und dass die Arten, welche mit schon bekannten identificiert werden konnten, zumeist der litoralen Zone angehören, lässt sich von den Gastropoden nicht ohneweiters ebenso sagen. Von Gastropoden sind nämlich auch in größeren Tiefen wohlbekannte Arten gefunden worden; ich nenne *Murex tribulus* L., eine sehr häufige Erscheinung im Materiale der einzelnen Dredschzüge (über die ich hier bloß sagen möchte, dass die Schalen von Watwasserexemplaren aus dem Rothen Meere wenig von den Schalen der gedredschten Stücke differieren), ferner *Triton (Epidromus) comptus* Sow., eine ursprünglich von Hongkong bekannt gewordene Art aus der continentalen Zone, *Turricula (Costellaria) casta* H. Ad., *Pleurotoma (Gemmula) amabilis* Jick. und *Pleurotoma (Drillia) flavidula* Lm., ein wohlbekanntes Trifolium aus den Küstenregionen des Rothen Meeres, das bis in die continentale Zone hinabreicht u. s. w.

Dem Gesammtcharakter nach gehört die Ausbeute der von der »Pola« ausgeführten Dredschungen, wie Th. Fuchs[1] in einer interessanten Abhandlung auseinandersetzte, der allgemeinen Fauna der archibenthalen Region an, und finden sich speciell bei den Mollusken Anklänge an die Fauna des Tertiärs und insbesondere des Badener Tegels. Den Gedanken von Herrn Director Theodor Fuchs aufgreifend, möchte ich hier wenigstens für die Gastropoden einige Beispiele anführen, welche für eine

[1] Über den Charakter der Tiefseefauna des Rothen Meeres auf Grund der von den österreichischen Tiefsee-Expeditionen »gewonnenen Ausbeute« (Sitzgsber. d. kaiserl. Akad. d. Wiss. Wien, mathem.-naturw. Cl., Bd. CX. Abth. I, 1901, S. 249–258).

habituelle Übereinstimmung der Tiefseefauna des Rothen Meeres mit der tertiären Fauna sprechen mögen. Es ist vor allem die wohlbekannte *Pleurotoma amabilis* Jickeli, welche, wie schon oben erwähnt, im Watwasser sowohl, wie in größeren Tiefen (von 212 bis 700 m) lebt und schon im Tertiär seine Vorläufer besitzt; *Pleurotoma subcoronata* Bell, für welche Bellardi im Jahre 1877 das Genus *Ronaltia* aufgestellt hat, ist unstreitig als eine sehr nahestehende Verwandte der Jickeli'schen Art anzusehen, und es ist nicht ausgeschlossen, dass wir einmal zur Vereinigung der genannten, durch Übergänge bereits innig miteinander verketteten Arten schreiten müssen. *Pleurotoma violacea* Hinds ist mit der tertiären *Pl. crispata* Jan. nahverwandt, die neue *Pleurotoma (Drillia) pottri* m. mit *Pl. sandleri* Partsch. Die neuen Tiefsee-Columbellen *(erythraeensis* und *nomaeensis)* gehören einer Gruppe an, die ebenfalls schon tertiär vorkommt; die in der continentalen Zone gedredschte Triton-Art *(comptus* Sow.) hat nahe Beziehungen zu *Triton suboobscurum* Hörnes, Auinger; der in den Tiefen des Rothen Meeres häufige *Fusus bifrons* m. ist entfernt ähnlich dem tertiären *Fusus longirostris* Brocchi, und auch die noch ungenügend bekannten *Dolium-* und *Cassis-*Formen der erythräischen Tiefen besitzen vielleicht in *Dolium denticulatum* Desh. und *Cassis texta* Bronn ihre fossilen Anverwandten.

B. Verzeichnis der Stationen.

Nummer	Expedition und Datum	Östliche Länge / Nördliche Breite	Tiefe	Grund	Arten
1	(I. 25. October 1895) anweit Suez	32° 29' / 29 37	48 m	grauer Sand mit Muschelfragmenten, wenig Schlamm	*Turritella annulata* v. Marts.
9	(I. 1. November 1895) südlich von Venbo	37° 37' / 23 24	701 m	sandiger Schlamm	*Murex trebelius* L. *Fusus bifrons* Stur. *L. pinceratata* Stur.
20	(I. 20. November 1895) nächst den St. Johns-Inseln	30° 20' / 23 20	780 m	feiner Sand	*Fusus bifrons* Stur
44	(I. 7. December 1895) vor Jidda	38° 33' / 21 36	902 m	sandiger Schlamm	*Dolium* spec.
47	(I. 21. December 1895) bei Venbo	38° 9' / 23 41	610 m	gelber, sandiger Schlamm	*Fusus bifrons* Stu.

Nummer	Expedition und Datum	Östliche Länge / Nördliche Breite	Tiefe	Grund	Arten
48	(J) 27. December 1895	37° 45' / 24 5 / vor Yenbo	700 m	gelber, sandiger Schlamm	Fusus bifrons Stur. / Nassa lathraia Stur. / Mitra (? Thala) gonatophora Stur. / Pleurotoma (Gemmula) amabilis Jick. / Pleurotoma (Surcula) nonmodes Stur. / Solariella illustris Stur.
51	(I) 28. December 1895	35° 37' / 24 15 / bei Sherm Sheikh	502 m	sandiger Schlamm	Murex tribulus L. / Nassa lathraia Stur. / Mitra (? Thala) gonatophora Stur.
54	(I) 29. December 1895	35° 25' / 24 48	535 m	sandiger Schlamm und steinharte Schlammplatten	Nassa spiendica Stur / Nassa lathraia Stur. / Columbella (Mitrella) erythraeensis Stur. / Pleurotoma (Drillia) flavidula L. m. / Cerithium pauxillum A.d.
76	(II) 5. Februar 1896	34° 42' / 27 43 / südlich der Insel Senafir	900 m	fast reiner Sand, voll von Pteropodenschalen	Murex tribulus L. / Fusus bifrons Stur. / Pleurotoma (Clavus) siebenrocki Stur. / Dolium spec.
79	(I) 6. Februar 1896	35° 17' / 26 53 / nächst der Noman-Insel	740 m	gelber, sandiger Schlamm und viele harte Schlammkrusten	Murex tribulus L.
84	(I) 13. Februar 1896	35° 33' / 26 34 / unweit von Ras Abu Massahrib (Noman Insel)	825 m	sandiger Schlamm	Fusus bifrons Stur. f. paucicostata Stur.
87	(I) 4. März 1896	32° 56' / 28 7·6 / bei Ras Mallap im Golfe von Suez	50 m	Schlamm mit wenig Sand	Murex tribulus L. / Murex (Ocinebra) contractus Rve / Fusus australes Quoy / Nassa thanmasia Stur / Mitra (Cancilla) filaris L. / Mitra (Cancilla) annulata Rve / Strombus (Gallinula) columba L. m. / Turritella auriciucta v. Marts. / Cunulus solaris (L.)

Nummer	Expedition und Datum	Östliche Länge Nördliche Breite	Tiefe	Grund	Arten
88	(I) 12. März 1896	33° 35·5' 28 9·3 bei Tor im Golfe von Suez	58 m	Schlamm mit wenig Sand	Mitra (Cancilla) filaris L. Mitra (Cancilla) annulata Rve. Turricula (Costellaria) costa H. A J. Conus aculeiformis Rve. f. forcens Stur. Pleurotoma marmorata Lm. Strombus (Gallinula) columba Lm. Natica (Mamma) ? powisiana Recl. Turritella auricincta v. Marts. Cerithium pauxillum A.J.
93	(I) 12. April 1896	34° 49·5' 29 7·3 bei Nawibi im Golfe von Akabah	920 m	dicker, zaher Schlamm	Murex tribulus L.
94	(I) 12. April 1896	34° 43·7' 28 58·6 bei Nawibi im Golfe von Akabah	314 m	dicker, zaher Schlamm	Murex tribulus L. Nassa thammassa Stur var. nana Stur. Nassa steindachneri Stur. Pleurotoma (Drillia) flavidula Lm. Terebra linea Desh (= pretiosa Rve.) Natica (Mamma) ? powisiana Recl. Turritella auricincta v. Marts. Solarium perspectivum L.
96	(I) 17. April 1896	34° 47·8' 29 13·5 nördlicher Theil des Golfes von Akabah	350 m	Schlamm und Pteropodenschlamm	Nassa thammassa Stur. var. nana Stur. Pleurotoma marmorata Lm. Pleurotoma (Drillia) flavidula Lm.
107	(II) 2. October 1897	38° 51' 20 27·5 südlich von Jidda	748 m	sandiger Schlamm	Fusus bifrons Stur. Nassa lithrans Stur. Turricula (Costellaria) costa H. A J.
109	(II) 3. October 1897	37° 39' 21 19 westlich von Jidda	880 m	sandiger Schlamm	Fusus bifrons Stur.
114	(II) 4. October 1897	37° 55·1' 19 38 zwischen Suakim und Lith	535 m	sandiger Schlamm und braune Knollen	Nassa lithrans Stur. Pleurotoma violacea Hinds. Mya (Hormia) lithrans Stur.

Nummer	Expedition und Datum	Östliche Länge / Nördliche Breite	Tiefe	Grund	Arten
117	(II) 5. October 1897	37° 33·5' / 20 16·9 südlich von Raveya	638 m	sandiger Schlamm	*Turricula (Costellaria) costa* H. Ad. *Ancillaria ? cinnamomea* Lm. *Pleurotoma (Drillia) flavidula* Lm.
121	(II) 6. October 1897	39° 5·4' / 18 51·9 westlich von Kunfidah	690 m	dicker Schlamm, mäßig viel Sand	*Fusus bifrons* Stur. *Nassa lathraia* Stur.
124	(II) 7. October 1897	39° 29·3' / 19 57·3 bei Lith	430 m	Schlammwasser ohne Absatz	*Nassa steindachneri* Stur. *Pleurotoma (Gemmula) amabilis* Jick.
127	(II) 23. October 1897	39° 42·3' / 17 42·2 südöstlich von Akik Seghir	341 m	sandiger Schlamm	*Triton (Epidromus) comptus* Sow. *Nassa lathraia* Stur. *Conus planiliratus* Sow. var. *bathron* Stur. *Pleurotoma marmorata* Lm.
128	(II) 23. October 1897	39° 41·2' / 18 2·7 bei Akik Seghir	457 m	dicker zäher Schlamm mit wenig Sand	*Conus planiliratus* Sow var *bathron* Stur. *Janthina globosa* Swains.
130	(II) 24. October 1897	39° 37' / 19 17 westlich von Kunfidah	430 m	ziemlich zäher Schlamm	*Nassa lathraia* Stur. *Turricula (Costellaria) costa* H. Ad. *Janthina globosa* Swains.
135	(II) 25. October 1897	39° 49' / 17 26·1 südöstlich von Akik Seghir	342 m	dicker, zäher Schlamm	*Nassa steindachneri* Stur *Nassa munda* Stur *Nassa lathraia* Stur. (Übergang zu *stiphra* Stur.) *Pleurotoma marmorata* Lm. *Pleurotoma (Gemmula) amabilis* Jick.
138	(II) 26. October 1897	40° 14·7 / 18 3 östlich von Akik Seghir	1398 m	dicker, zäher Schlamm voll Pteropodenschalen	*Janthina globosa* Swains.

BERICHTE DER COMMISSION FÜR OCEANOGRAPHISCHE FORSCHUNGEN.

EXPEDITIONEN S. M. SCHIFF „POLA" IN DAS ROTHE MEER

NÖRDLICHE UND SÜDLICHE HÄLFTE

1895/96—1897 98

ZOOLOGISCHE ERGEBNISSE

XXIII.

GASTROPODEN DES ROTHEN MEERES

VON

DR. RUDOLF STURANY,

CUSTOS-ADJUNCT AM K. K. NATURHISTORISCHEN MUSEUM.

Mit 7 Tafeln und 1 Textfigur.

BESONDERS ABGEDRUCKT AUS DEM LXXIV. BANDE DER DENKSCHRIFTEN DER MATHEMATISCH-NATURWISSENSCHAFTLICHEN CLASSE
DER KAISERLICHEN AKADEMIE DER WISSENSCHAFTEN

———◄———

Rec'd Oct, 14/03

WIEN 1903.

AUS DER KAISERLICH-KÖNIGLICHEN HOF- UND STAATSDRUCKEREI.

IN COMMISSION BEI CARL GEROLD'S SOHN,
BUCHHÄNDLER DER KAISERLICHEN AKADEMIE DER WISSENSCHAFTEN

Nummer	Expedition und Datum	Östliche Länge / Nördliche Breite	Tiefe	Grund	Arten
143	(II) 28. October 1897	39° 55' 17 7 nächst der Insel Harmil	212 m	schlammiges Wasser	Murex tribulus L. Cantharus fumosus Dillw. var. rubiginosus (Rve.) Nassa vesta Stur. Nassa stighra Stur. Turricula (Costellaria) costa H. Ad. Conus planiliratus Sow. var. bathoeus Stur. Pleurotoma marmorata Lm. Pleurotoma violacea Hinds Pleurotoma (Gemmula) annabilis Jick. Pleurotoma (Drillia) flavidula Lm. Pleurotoma (Drillia) petti Stur. Pleurotoma (Surcula) nannodes Stur. ? Pleurotoma beblammatus Stur. Terebra lima Desh. (= pretiosa Rve.) Cypraea (Trivia) oryza Lm. Pyrula (Sycotypus) dussumieri Val. Cassis (Semicassis) saburon Adans. var. Omystus solaris (L.) Solariella illustris Stur. Emarginula harmilensis Stur.
145	(II) 29. October 1897	41° 13·5' 16 2·6 östlich von J. Dahalak	800 m	Sand	Fusus bifrons Stur. Nassa nanode Stur. Turricula (Costellaria) costa H. Ad. Ancillaria ? cinnamomea Lm. Conus planiliratus Sow. var. bathoeus Stur. Pleurotoma (Drillia) flavidula Lm. Pleurotoma (? Drillia) inchoata Stur. Mangilia pertubulata Stur. Cassis (Semicassis) saburon Adans. var. Janthina fragilis Lm. Janthina globosa Swains.
156	(II) 4. Februar 1898	38° 2' 22 51 nördlich von Jidda	712 m	lichtgelber Schlamm und wenig Sand	Fusus bifrons Stur.
165	(II) 22. Februar 1898	35° 3·6' 27 37·4 nächst der Insel Senafir	780 m	hellgelber Schlamm und Sand	Fusus bifrons Stur., typ. & f. ? rostata Stur.

Nummer	Expedition und Datum	Östliche Länge Nördliche Breite	Tiefe	Grund	Arten
170	(II) 23 Februar 1898	35° 17·6' 27 0·2 bei der Insel Noman	600 m	gelber Schlamm	Murex tribulus L. Rawella ? albiloricans Rve. Fusus bifrons Stur. f. pancicostata Stur. Nassa steindachneri Stur. Nassa unuata Stur. Columbella (Metreila) romanensis Stur. Pleurotoma (Gemmula) amabilis Jick.
175	(II) 27. Februar 1898	34° 30' 26 4 bei Koseir	600 m	gelber Schlamm, viel Sand	Murex tribulus L. Fusus bifrons Stur., typ. & f. pancicostata Stur.
176	(II) 27. Februar 1898	34° 36·1' 25 57 bei Koseir	612 m	gelber Schlamm und viel Sand	Murex tribulus L. Fusus bifrons Stur. f. pancicostata Stur.
177	(II) 28. Februar 1898	34° 22·4' 26 14 bei Koseir	676 m	gelber, zäher Schlamm	Murex tribulus L.
178	(II) 28. Februar 1898	34° 24·5' 26 19 bei Koseir	720 m	gelber Schlamm und Sand	Fusus bifrons Stur. f. pancicostata Stur.
179	(II) 28. Februar 1898	34° 14·7' 26 34·5 bei Koseir	490 m	gelber Schlamm und Sand	Murex tribulus L. Fusus bifrons Stur. f. pancicostata Stur. Cantharus fuscous Dillw. var. rubiginosus Rve. Nassa steindachneri Stur.
184	(II) 1. März 1898	35° 25·5' 26 34 nächst den Brothers-Inseln	876 m	gelber Schlamm mit Sand und Pteropodenschalen	Fusus bifrons Stur. f. pancicostata Stur.

C. Systematische Aufzählung und Besprechung der gedredschten Arten.[1]

1. Murex tribulus L.

Von den Stationen 9, 51, 76, 79, 87, 93, 94, 143, 170, 175, 176, 177, 179 (50—920 m).

Die Tiefseeform von *Murex tribulus* unterscheidet sich von der litoral oder in geringer Tiefe lebenden durch das großblasige Embryonalgewinde, das überdies bei ihr auch um eine Windung mehr besitzt. Ein Vergleich von gedredschten und litoral gesammelten Exemplaren möge diese Unterschiede etwas deutlicher demonstrieren.

	Stat. 93 (920 m)	Stat. 94	Stat. 176 (612 m)	Stat. 143 (212 m)	Stat. 93	Stat. 93	Stat. 79 (740 m)	Ismaila (litoral)	Abayd-Insel (litoral)
Länge der Schale (in Millimetern)	27½	29	41½	57	60½	73	105	29	95
Länge der Mündung ohne Stiel	6½	5½	10½	11½	14	16½	23½	11	23
Länge des Stieles	15½	17½	19½	33½	33½	33	48	19	50½
Anzahl der Windungen	6	6	8	8	8	8	10	7	9

Es ergibt sich aus dieser Zusammenstellung, dass die Tiefsee-Exemplare ein verhältnismäßig höheres Gewinde besitzen, und zwar ist dies die Folge von der Mehranlage von Umgängen.

2. Murex (Ocinebra) contractus Rve.

Von Station 87 (50 m), 3 Exemplare.

Die vorliegenden Schalen stimmen gut überein mit den in Akabah gesammelten, auf S. 30 [238] besprochenen und auf Taf. VI, Fig. 1, zur Abbildung gebrachten.

3. Triton (Epidromus) comptus Sow.

Von Station 127 (341 m).

Das ausgezeichnet erhaltene, lebend gedredschte Exemplar besitzt eine Schale von 35 mm Länge und 14 mm Breite und eine Mündung im Ausmaße von 18½ : 8½ mm (wobei der Spindelcallus eingerechnet erscheint). Es ist also bedeutend kleiner als das Sowerby'sche Originalexemplar (in Proc. Zool. Soc. 1874, p. 598, t. 72, fig. 2, mit den Maßangaben long. 54, lat. 20 mm, apert. long. 20, lat. 10 mm publiciert), hat aber sonst alle Merkmale mit diesem gemeinsam, insbesondere die deutlich vorhandenen Spiralreihen von zu Binden sich gruppierenden dunkelbraunen Linien und die scharfe Cancellierung. Der Tryon'schen Auffassung, dass *T. comptus* Sow. mit *T. obscurus* Rve. identisch ist, möchte ich nicht beipflichten.

4. Ranella ?albivaricosa Rve.

Von Station 170 (690 m).

Die einzige Schale, welche vorliegt, ist von einem noch ganz jungen Exemplar, sie ist 11 mm hoch und 7½ mm breit und besteht aus 5 Umgängen, von denen etwa 3½ glatt sind, während der übrige

---

[1] Die Reihenfolge der Aufzählung im Sinne von Tryon-Pilsbry, Manual of Conchology.

Theil des Gewindes eine Sculptur aufweist, wie sie gewöhnlich nur R. *albivaricosa* Rve. besitzt. Der erste Varix erscheint erst in der Mitte der 5. Windung.

R. *albivaricosa* Rve. hat eine indo-australische Verbreitung und ist im Rothen Meere eine neue Erscheinung.

5. Fusus australis Quoy.

Von Station 87 (50 *m*).

Es liegt nur ein abgestorbenes, schlecht erhaltenes Exemplar vor, das aber zweifellos derselben Art angehört, zu der ich litoral gesammelte Exemplare vom Strande bei der Mosesquelle und von Ras Abu Somer rechnen mußte. (S. 33 [241].)

6. Fusus bifrons m.

Taf. I, Fig. 1—4.

(Anz. kais. Akad. d. Wiss. Wien, Sitzg. math. naturw. Cl. 5. Juli 1900, S. 197 und 198)

Von den Stationen 9, 20, 47, 48, 76, 81, 107, 109, 121, 145, 156, 165, 170, 173, 176, 178, 179, 184 (400—900 *m*).

Die Schale ist lang spindelförmig, ziemlich schlank, mehr oder minder fest und mit einem langen, kaum gedrehten Canal ausgestattet. Von den 11 stärker oder schwächer gewölbten Umgängen sind die ersten 1½ als glattes, bläschenförmiges Embryonalgewinde abgesetzt, auf welches einige zarte Querrippen folgen, die nun aber bald zu derberen Querwülsten anwachsen und als solche entweder bis auf die letzte Windung reichen (*f. typica*, Fig. 1 *a—b* und 3 *a—b*) oder nur 3 bis 4 Umgänge besetzen (*f. pauci-costata* m., Fig. 2 *a—b* und 4 *a—c*). Ferner ist eine deutliche, engstehende Spiralsculptur ausgeprägt: es wechseln stärkere und schwächere Spiralreifen ziemlich regelmäßig ab, welche entsprechend gewellt sind, wo sie über die Faltenrippen laufen. Die Spindel hat einen Belag, der schwach oder gar nicht gerunzelt ist. Die Mündung ist oval, nach oben etwas zugespitzt, der Gaumen mit engen Falten besetzt. Die Farbe des Gehäuses ist gelblichweiß, bei frischeren Exemplaren sind etliche Spiralreifen braun gefärbt.

Die Größenverhältnisse mögen an einigen Beispielen demonstriert werden:

a) Fusus bifrons typ. (vorliegend von den Stationen 20, 47, 48, 76, 107, 109, 121, 145, 156, 165 und 175).

	Stat. 20	Stat. 175	Stat. 145	
Anzahl der Umgänge	10	9¼	9¾	11½
		Millimeter		
Totallänge der Schale	67	67	82	139
Breite der Schale	16½	17	19	37
Länge der Mündung inclusive Canal	40	40	52	87
Breite der Mündung (inclusive Spindelcallus)	8 (Fig. 3 a—b)	7	8½	19 (Fig. 1 a—b)

b) *Fusus bifrous, F. paucicostata* (vorliegend von den Stationen 9, 81, 165, 170, 175, 176, 178, 179, 184).

	Stat. 175	Stat. 179	Stat. 170	Stat. 175	Stat. 81	Stat. 170	Stat. 165
Anzahl der Umgänge . . .	8¾	10 (?)	(–) 11	9 (–)	10 –	11	9 (+)
				Millimeter			
Totallänge der Schale . .	68	92	102	114	122	123	100
Breite der Schale	17½	21½	26	27½	31	31	38
Länge der Mündung . . .	41½	55½	60	67	68	70	92
Breite der Mündung . . .	8½	11	13	14½	15	17	17
	(Fig. 4 a–c)			(Fig. 2 a–b)			

Die als *F. paucicostata* bezeichnete Abweichung vom Typus verräth sich gewöhnlich schon bei jungen Schalen durch das relativ großblasige Embryonalgewinde (Fig. 4b), sowie durch das frühzeitige Aufhören der Querwülste, wodurch die folgenden Windungen flacher sich gestalten und gerade verlaufende Spiralreifen bekommen, das ganze Gehäuse auch specifisch leichter wird.

F. bifrous lässt sich weder mit *F. multicarinatus* Lam., noch mit *F. turricula* Kien. (= *forceps* Perry) glatt vereinigen, doch ist sie immerhin von der letztgenannten Art abzuleiten, von der sie durch eine weniger einschneidende Naht, feinere Spiralreifen und engere Berippung des Gaumens unterschieden ist. Sehr ähnlich ist ihr auch *F. forcuma* Mart. var. (Mart. Chemn. Conch. Cab. III 3b, t. 59, fig. 1) und aus dem Rothen Meere *F. leptorhynchus* Tapp. Can. (Ann. Mus. Civ. Stor. Nat. Genova VII, 1875, p. 627, t. 19, fig. 5).

Von fossilen Formen wäre *F. longiroster* Defr. als nächste Verwandte zu nennen.

7. Cantharus famosus Dillw. var. rubiginosus (Rve.).

Taf. IV, Fig. 4.

Von den Stationen 143 und 179 (212–490 m).

Tryon (Man. of Conch. III, p. 155) fasst *proteus* Rve. sowohl, wie *rubiginosus* Rve. unter dem Artnamen *famosus* Dillw. zusammen, lässt aber den fürs Rothe Meer charakteristischen *rubiginosus* Rve. wenigstens als Varietät einigermaßen gelten. Ich folge seiner Auffassung und gebe den angeführten Tiefsee-Exemplaren, welche sich vor litoral gesammelten Schalen (S. 34 [242]) besonders durch ihre Größe und die lebhafte Färbung (das weiße Spiralband ist deutlich und ebenso die zahlreichen spiral angeordneten braunen Linien) auszeichnen, den obigen Namen.

Die 3 Exemplare von Station 179, aus 8½–9 Umgängen aufgebaut, messen:

	Millimeter		
in der Totalhöhe	27	32	33
in der Totalbreite	13	16½	16
in der Mündungshöhe	13	16	16½
in der Mündungsbreite (inclusive Spindelverbreiterung)	6	7½	8¼
		(Taf. IV, Fig. 4)	

8. Nassa thaumasia m. [1]

Taf. II, Fig. 7 und 8.

(Anz. kais. Akad. d. Wiss. Wien, Sitzg. mathem.-naturw. Cl. 5. Juli 1900, S. 198 und 199.)

Bei der Aufstellung dieser neuen Art wurde von einer litoral (Ras Abu Somer, 15. Februar 1896) aufgesammelten Form ausgegangen (diese Arbeit S. 35 [243], Taf. II, Fig. 8a—b) und die folgende Diagnose gegeben: »Gehäuse festschalig, aus 10½ langsam zunehmenden, schwach stufig abgesetzten Windungen kegelig aufgebaut; das Embryonalgewinde glatt, die darauffolgenden Umgänge mit breiten Querwülsten und 4 bis 5 Spiralreihen ausgestattet, die Schlusswindungen (2½ oder mehr) abgeglättet bis auf eine zur Naht parallel ziehende Spiralfurche und eine Reihe von Spirallinien in der Nabelgegend im Umkreise des Ausschnittes der Mündungsbasis; auf gelblichweißem Grundtone sind gelbbraune Querstriemen in unregelmäßiger und spärlicher Vertheilung und auf dem letzten Umgange 2 breite, gelb-braune Längsbinden mehr oder minder ausgeprägt; kurz vor dem äußeren Mündungsrand ein dicker Wulst, im Gaumen, sowie auf dem Wulste der Spindel und der Mündungswand eine größere Anzahl von Falten; der untere Theil des äußeren Mündungsrandes etwas ausgezackt. Höhe der Schale 27·2, Breite 13·0 mm, Höhe der Mündung 14·0, Breite 7·5 mm.«

An diese Küstenform schließen sich ein paar Stücke von der Station 87 (50 m Tiefe) an, bei denen die Bänderung verschwommen ist und die Abglättung des Gehäuses weiter oben beginnt; Spuren von Spirallinien sind auch hier auf der letzten Windung zu erkennen. Die Messungen ergaben a) für ein aus 10 Windungen aufgebautes Exemplar eine Totallänge von 26 mm, eine Gehäusebreite von 13 mm, eine Mündungslänge von 13·5 und eine Mündungsbreite von 6·6 mm; b) für eine aus 11 Umgängen bestehende Schale die respectiven Zahlen 28·6 : 13·2 : 14·0 : 7·1.

In der continentalen Zone kommt eine kleinere Form vor, welche ich als var. nana bezeichnet und auf Taf. II, Fig. 7a—b, abgebildet habe, und zwar wurden ein paar Stücke von der Station 94 (314 m) und eines von der Station 96 (350 m) gebracht.

Die wichtigsten Maße von dieser Varietät sind:

	Millimeter				
Gehäuselänge (Höhe)	21½	21	21	20	20
Gehäusebreite	10½	11	10½	10¾	10¼

9. Nassa steindachneri m.

Taf. II, Fig. 9 a—c.

(Anz. kais. Akad. d. Wiss. Wien, Sitzg. mathem.-naturw. Cl. 5. Juli 1900, S. 199.)

Von den Stationen 94, 124, 135, 170 und 179 (314—690 m).

Das Gehäuse stimmt in Gestalt und Windungszahl mit demjenigen von N. thaumasia m. überein, ist aber durch die bis zur Mündung herabreichende Cancellierung gut unterschieden. Nur das Embryonalgewinde ist glatt, die übrigen Umgänge sind durch gröbere, etwas gekrümmte Querwülste und zarte Spirallinien regelmäßig gegittert, der oberste Theil der letzten 4 Windungen ist überdies von dem übrigen Theile derselben durch eine mit der Naht parallel laufende, tiefer einschneidende Spiralfurche als wulstige Körnchenreihe getrennt. Von den Binden der verwandten Art sind nur noch Spuren sichtbar (beispiels-weise bei einem Exemplar von Station 94).

---

[1] θαυμάσιος 3 = befremdend.

Über die Dimensionen möge die folgende Zusammenstellung Aufschluss geben.

	Stat. 135	Stat. 94	Stat. 179				Stat. 170
			Millimeter				
Gehäuselänge	19	21½	25	28	29	29½	30
Gehäusebreite	9½	10½	11½	13	13	13	13½
Mündungslänge	9	10	11½	12½	13	13	13
Mündungsbreite	5	5½	5½	6½	7	7	7
							(Taf. II, Fig. 9)

10. Nassa xesta m. [1]

Taf. II, Fig. 6 a—b.

(Anz. kais. Akad. d. Wiss. Wien, Sitzg. mathem.-naturw. Cl. 5, Juli 1900, S. 199 und 200.)

Von der Station 143 (212 m), ein einziges Exemplar.

Das Gehäuse ist kegelig aufgebaut, dickschalig, fettglänzend. Von den 9½ Windungen sind nur die 4. und 5. mit Querwülsten ausgestattet, die übrigen glatt, mit Ausnahme etwa noch des Basaltheiles der Schlusswindung, wo wieder, concentrisch angeordnet und am Außenrande der Mündung als Kerbung endigend, 5—6 Spiralreifen zu zählen sind. Eine Bänderung ist nur in Spuren vorhanden, ferner sind nächst der Naht gelbbraune Flecken sichtbar, welche von milchweißen Partien des Grundtones besonders abstehen. Vor der Mündung steht ein Wulst, im Gaumen eine große Anzahl von Falten und ebenso auf den Calluspartien eine Fältelung.

Die Höhe der Schale beträgt 20, die Breite 10 mm, die Höhe der Mündung 9·5, die Breite desselben 5·5 mm.

Diese und die vorhererwähnten Nassa-Arten (thanmasia und steindachneri) gehören in eine Reihe und lassen sich etwa von N. gaudiosa Hinds ableiten.

11. Nassa munda m.

Taf. II, Fig. 4 a – b.

(Anz. kais. Akad. d. Wiss. Wien, Sitzg. mathem.-naturw. Cl. 5. Juli 1900, S. 200.)

Von den Stationen 135, 145 und 170 (332 – 800 m).

Das Gehäuse ist klein und festschalig, kegelig oval; von den 8 Umgängen sind die ersten gerundet und glatt, die übrigen stufig abgesetzt und mit zahlreichen Querwülsten (etwa 20 auf der Schlusswindung) ausgestattet, die von Spiralstreifen gekreuzt und gekerbt werden. Auch ist durch eine schärfer eingegrabene Spirallinie der oberste Theil jeder Windung als eine Reihe von Höckerchen abgesetzt. Auf dem Außenrande der Mündung stehen in der Regel 6—8 Zähnchen, von denen einige besonders hervortreten können.

Eine Andeutung von Bänderung ist nur selten zu beobachten.

---

[1] ξεστός = geglättet.

Die vorgenommenen Messungen ergaben folgendes Resultat

	Stat. 145		Stat. 135		
	Millimeter				
Höhe des ganzen Gehäuses	9	7½	8	8½	9¾
Breite des ganzen Gehäuses	4½	4½	4¾	4½	5
Höhe der Mündung	4½	3½	3½	4¼	4½
Breite der Mündung	2½	2½	2	2½	2¾
					(Taf. II, Fig. 4)

Von der soeben beschriebenen *N. munda* m. lassen sich die folgenden drei, eine Isolierung und besondere Benennung immerhin noch rechtfertigenden Formen (*N. lathraia*, *stiphra* und *sporadica*) unschwer ableiten.

12. Nassa sporadica m. [1]

Taf. II, Fig. 5*a* — *b*.

(Anz. kais. Akad. d. Wiss. Wien, Sitzg. mathem.-naturw. Cl. 5. Juli 1900, S. 201.)

Von der Station 54 (535 *m*), ein einziges Exemplar.

Das Gewinde dieser Form besteht aus 8½ Umgängen und ist oben stufig abgesetzt. Die Querwülste stehen bedeutend enger als bei jener Art, so dass auf der letzten Windung etwa 35 abzuzählen sind. Von einer Bänderung sind nur ganz geringe Spuren sichtbar. Der Außenrand der Mündung erweist sich als mehrfach und unregelmäßig gezähnt.

Die Höhe der Schale beträgt 11½, die Breite derselben 6½, die Mündungshöhe 6, die Mündungsbreite 3½ *mm*.

13. Nassa stiphra m. [2]

Taf. II, Fig. 3*a* — *b*.

(Anz. kais. Akad. d. Wiss. Wien, Sitzg. mathem.-naturw. Cl. 5. Juli 1900, S. 200 und 201.)

Von der Station 143 (212 *m*); 1 Exemplar.

Die gedrungene, kegelförmige Schale ist aus 7 gerundeten, durch eine tiefe Naht getrennten Umgängen aufgebaut, von denen das Embryonalgewinde schwach gekielt und glatt, die übrigen aber wie bei *N. munda* mit deutlichen Querwülsten ausgestattet sind (mit 22 Wülsten auf der Schlusswindung). Auch zarte Spirallinien treten auf, jedoch nur unter der Naht und im Umkreise des Nabels deutlich. Der Außenrand der Mündung trägt 6—7 Zähne, von denen ein mittlerer und der unterste kräftiger sind. Auf der letzten Windung stehen 2 gelbe Binden auf weißem Grunde.

Die Höhe der Schale misst 7·2, ihre Breite 4·2 *mm*, die Mündung 3·5 *mm* in der Höhe und circa 2 *mm* in der Breite.

14. Nassa lathraia m. [3]

Taf. II, Fig. 2*a* — *b*.

(Anz. kais. Akad. d. Wiss. Wien, Sitzg. mathem.-naturw. Cl. 5. Juli 1900, S. 200.)

Von den Stationen 48, 51, 54, 107, 114, 121, 127, 130 (439—748 *m*).

---

[1] σποραδικός 3 = vereinzelt.

[2] στιφρός 3 = gedrungen.

[3] λαθραῖος 3, 2 = unbemerkt, versteckt.

Diese Form ist von *N. munda* durch die bedeutend spärlicher vorhandenen, jedoch schärfer ausgeprägten Querrippen unterschieden, zwischen denen die Spiralstreifung deutlich sichtbar wird. Mit Ausnahme der glatten Anfangswindungen tragen die Umgänge oben nächst der Naht eine besonders abgesetzte Körnchenreihe. Es sind gewöhnlich 8 Windungen zu zählen.

Die Höhe des Gehäuses beträgt circa $7^1/_2$, die Breite circa $3^1/_2$ *mm*; die Mündung ist ungefähr $3^1/_2$ *mm* hoch und 2 *mm* breit.

Ein Exemplar von der Station 135 (332 *m*), welches die Maße $7 : 1 \cdot 3^1/_4 : 2^1/_4$ *mm* besitzt, vermittelt den Übergang von *N. lathraea* zu *N. stiphra*; es hat eine stufig abgesetzte Aufwindung und zeigt 17 Wülste auf dem letzten Umgange. Auf Taf. II, Fig. 1 *a* — *b*, wurde es zur Abbildung gebracht.

15. Mitra (Cancilla) filaris L.

Von den Stationen 87 und 88 (50 - 58 *m*).

Die gedredschten Exemplare stimmen mit den später (S. 37 [245]) zu erwähnenden Strandstücken von Nawibi vollständig überein. Aus dem Rothen Meere, und zwar von der Jubal-Insel wurde von Mc. Andrew *M. pura* A. Ad. angeführt, und Cooke hat später (Ann. Mag. Nat. Hist. XV, 1885, p. 334) diese Bestimmung in *M. filosa* Born umgeändert. Tryon wählt für die Born'sche Art den Linné'schen Namen und nimmt *M. circulata* Kien. als Varietät herein. Vielleicht ist auch *Mitra (Cancilla) tathnae* Jickeli von Massaua (Jahrb. Deutsch. Mal. Ges. I, 1874, S. 25, T. 2, Fig. 4) ein Synonym von *M. filosa-filaris*.

16. Mitra (Cancilla) annulata Rve.

Von den Stationen 87 und 88 (50 und 58 *m*).

17. Mitra (? Thala) gonatophora m. [1]

Taf. IV, Fig. 2.

Von den Stationen 48 (700 *m*) und 51 (562 *m*).

Der zunächst folgenden Beschreibung ist ein zur Abbildung gebrachtes Exemplar von der Station 48 zu Grunde gelegt, welches bei kaum 8 Umgängen $8 \cdot 2$ *mm* hoch und $2 \cdot 5$ *mm* breit ist, während die Mündungshöhe $4 \cdot 2$ und die Mündungsbreite $1 \cdot 5$ *mm* beträgt. Die Schale ist spindelförmig und an der Basis etwas zurückgebogen. Die Sculptur beginnt auf der 4. Windung, kurz nach Ablauf der dritten, und zwar mit 3 Spiralreihen von Knoten. Mit dem Beginne der vorletzten Windung setzt auch eine Spaltung der beiden unteren Knotenreihen in je 2 zartere Spiralreifen ein, so dass also auf der vorletzten Windung 1 breitere obere Knotenreihe und 4 zartere, darunter gelegene Spiralreifen abzuzählen sind. Auf der Schlusswindung verlaufen unter den genannten Knotenreihen noch 9 in gleichmäßigen Entfernungen voneinander getrennte Knotenreihen, welche am äußeren Mundrande endigen, und überdies noch einige um den untersten Theil der Schale gelagerte Spiralreifen. In den Zwischenräumen der Knotenreihen liegen regelmäßige Querstriche, so dass eine Cancellierung hervorgebracht ist. Das Gehäuse ist nicht ganz einfarbig braun, in der Mündung und ebenso in der ziemlich tiefliegenden Naht ist eine weiße Färbung erkennbar. Auf der Spindel, welche weiß ausgeschlagen ist, stehen 3 stärkere Querfalten und unter diesen eine schwächere; über ihnen erscheinen einige der Spiralreifen des letzten Umganges in Form von in das Spindelfeld hereinragenden Falten fortgesetzt.

Das zweite minder gut erhaltene Exemplar von Station 48 (700 *m*) lässt gleichwohl einige Ergänzungen der obigen Diagnose zu. Es misst $7^1/_2 : 2^1/_2$ *mm* und lässt einen schwachen Glanz des Embryonalgewindes

---

[1] τὰ γόνυ, ατος = Knoten
Sturany.

erkennen, sowie eine geringe Anzahl von Columellarfalten (nur 3 Hauptfalten und keine darübergelagerten Fortsetzungen der Spiralreifen bis ins Spindelfeld).

Mitra mirifica Rve. ist wohl eine der nächststehenden Verwandten.

18. Turricula (Costellaria) casta H. Ad.

Von den Stationen 88, 107, 117, 130, 143, 145 (58—800 m).

Mitra hastata Sow. ist ein Synonym von dieser Art. Die größten Exemplare der vorliegenden Reihe sind 12·2 mm hoch und 3·8 mm breit.

19. Ancillaria ? cinnamomea Lm.

Von den Stationen 117 (638 m) und 145 (800 m); je eine junge Schale.

Eine sichere Bestimmung der vorliegenden Schalen lässt sich nicht ausführen. Das Exemplar von Station 117 hat zwar große Ähnlichkeit mit *A. eburnea* Desh. (nach Tryon ≡ *cinnamomea* Lm.), da andere von Station 145 mit *A. striolata* Sow., welche ebenfalls in die Synonymie von *cinnamomea* gehören soll, aber die Sache wird complicirt, indem sich auch an den Formenkreis von *A. lineolata* A. Ad. (≡ *acuminata* Sow.) Anklänge finden.

20. Columbella (Mitrella) erythraeensis m.

Taf. I, Fig. 5.

(Anz. kais. Akad. d. Wiss. Wien, Sitzg. mathem.-naturw. Cl. 5. Juli 1900, S. 208 und 209.)

Von der Station 54 (535 m); ein Exemplar.

Die Schale ist spindelförmig, glänzend, weiß, mit Spuren von gelber Netzzeichnung; von den 8 Umgängen sind die ersten 2 milchweiß, glatt, zitzenförmig, die folgenden 1½ mit ziemlich entfernt voneinander stehenden, deutlichen und derben Querrippchen ausgestattet, die übrigen bis auf die fadenförmige Naht und eine allerfeinste mikroskopische Spiralsculptur, sowie die mit Spiralreifen umstellte Basis des letzten Umganges glatt. Mit Ausnahme der Embryonalschale sind die Windungen nahezu flach und ungefähr stufig abgesetzt. Die Mündung hat 6 Zähnchen am Außenrande (davon sind die zwei untersten nicht mehr sehr deutlich), eine Verdickung hinter denselben und schwache Höckerchen auf der Spindel.

Die Höhe des Gehäuses beträgt 12·5, die Breite 4·0 mm, die Höhe der Mündung 5·5 mm.

Als eine der nächststehenden Formen kann *C. (Mitrella) pacci* Sm. (Ann. Mag. Nat. Hist. XVI. 1895, p. 5, pl. I, fig. 7) angesehen werden.

21. Columbella (Mitrella) nomanensis m.

Taf. I, Fig. 6.

(Anz. kais. Akad. d. Wiss. Wien, Sitzg. mathem.-naturw. Cl. 5. Juli 1900, S. 209.)

Von der Station 170 (690 m); 1 Exemplar.

Die Schale ist spindel- bis eiförmig, matt glänzend und mit Spuren von orangegelben Flecken auf gelblich weißem Grunde bedeckt. Von den 8½ Umgängen sind die ersten 3½ milchweiß und glatt, die übrigen kaum gewölbt und mit ziemlich dichtstehenden Spiralstreifen ausgestattet, die an der Basis zu gröberen Spiralrippchen anwachsen. Die Naht ist fadenförmig. Am äußeren Mündungsrande sitzen 6 Zähnchen, an der Spindel schwache, undeutliche Höckerchen; der Mündungscanal ist breit, abgestutzt, zurückgebogen.

Die Höhe des Gehäuses misst 8·0, die Breite desselben 3·2 mm, die Höhe der Mündung 3·7 mm.

22. Conus aculeiformis Rve. f. torensis m.

Taf. IV, Fig. 5 a—b.

Von der Station 88 (58 *m*); einige wenige Exemplare.

Das langgestreckte, schlanke Gehäuse besteht aus einem Doppelkegel. Das Gewinde ist erhaben und ziemlich stufig abgesetzt; von dem glatten und glänzenden Embryonalgewinde, das sich von dem übrigen Theile des Gewindes ziemlich deutlich abhebt, fehlt in der Regel das oberste Spitzchen (ein Umgang oder mehr). Ungefähr auf der 3. Windung beginnt die Sculptur, welche aus einem unter der Mitte gegen die Naht zu gelegenen, breiten Spiralwulste und aus 2—3 über diesem in einem etwas ausgehöhlten Raume liegenden schwachen Spiralreifen besteht. Auf der Schlusswindung, die nach unten in einen langen, schmalen Kegel endigt, nimmt dann jener starke Spiralwulst den obersten Theil des Kegels ein und ist er ungefähr 1 *mm* von der Naht entfernt. Der letzte Umgang weist concentrische Spiralfurchen auf, und zwar stehen diese Vertiefungen an der Basis des Umganges dicht aneinander, dabei tiefer einschneidend, so dass die dazwischenliegenden Partien als Spiralrippen erscheinen, während in der Mittelpartie der Schlusswindung die Spiraleinschnitte weiter voneinander sich entfernen und seichter sind. Die Basalfurchen sind mit zahlreichen feinen Querstrichelchen ausgestattet, und ebenso ziehen über die einzelnen Umgänge des Gewindes zarte Querstriche. Die Farbe des Gehäuses ist hellgelb, auf dem Spiralwulste stehen in ziemlich regelmäßigen Entfernungen abwechselnd mit Weißfarbung dunkelgelbe oder gelbbraune Flecken, die sich oft nach oben zu ausdehnen, und auch in der Mitte der letzten Windung stehen ein paar Reihen größerer Flecken nebst den Spuren von kleineren, radialartig angeordneten. Der Außenrand der sehr engen, innen weiß gefärbten Mündung ist scharf und bildet einen stark vorgezogenen Bogen, der oben, entsprechend dem obersten vertieften Theile der Schlusswindung, einen concaven Einschnitt trägt.

Die Dimensionen sind die folgenden:

		Millimeter		Taf. IV, Fig. 5 a—b
Höhe der ganzen Schale .	24	25	27½	31½
Breite der ganzen Schale .	9	9½	10	11
Höhe der Mündung	19	19½	21½	25
Anzahl der Windungen	9 +	9 +	10 +	10 +

Ich halte die eben beschriebene Kegelschnecke für eine Localform des *C. aculeiformis* Rve. (Proc. Zool. Soc. 1843), als dessen Heimat bisher nur die indo-australischen Gewässer gegolten haben, und sehe auch in *C. sieboldi* Rve. (Icon. f. 269), *C. australis* auct. (Tryon, Man. of Conch. VI. p. 73) und *C. (Leptoconus) saccularis* Melvill (Manch. Mem. XLII, 1898, No. 4, p. 10 des Sep., t. 1, fig. 23) aus dem Persischen Golfe nahverwandte Arten.

23. Conus planiliratus Sow. var. batheon m.[1]

Taf. IV, Fig. 6 a—c, 7a—b.

Von den Stationen 127, 128, 143, 145 (212—800 *m*).

Das milchglasartige Embryonalgewinde ist glatt, etwas glänzend, blasenförmig. Auf den darauffolgenden Windungen ist ein wulstförmiger Kiel wahrzunehmen, der anfangs in der Mitte liegt und einige

---

[1] βάθος, ους = Tiefe.

Höcker trägt, dann aber diese letzteren verliert und, sich etwas nach unten verschiebend, nahtständig wird. Es erscheint mithin der Umriss des Gewindes stufenförmig. Zwischen dem Hauptwulste (Kiele) und der oberen Naht liegen 3—4 schwächere Längs- oder Spiralreifen. Auf der Schlusswindung bildet jener Hauptwulst die Kante; der Theil zwischen der Kante und der Naht ist etwas concav und es entspricht ihm am Mündungsrande oben eine einschnittartige Aushöhlung; die übrige mächtige Partie des letzten Umganges trägt eine grössere Anzahl von rippenförmigen Spiralreifen (und zwar sind diese gleich stark in gleichen Zwischenräumen gelegen oder zwei und zwei liegen zusammengedrängt oder es wechseln stärkere und schwächere ab, ganz selten bleiben sie in der oberen Partie der Schlusswindung, ungefähr von der Kante abwärts bis zur Hälfte, aus, indem sich hier bloß seichte Spiralfurchen vorfinden). Die Zeichnung besteht aus dunkelgelben Flecken auf hellgelbem oder weißem Grunde, die hauptsächlich auf dem Hauptwulste stehen, sich aber auch quer über die Windungen lagern und auf der letzten Windung zu zahlreichen, unregelmäßig gruppierten Spiralreihen von Flecken anwachsen, von denen wieder benachbarte verschmelzen können. Bei frischen Stücken ist eine häutige Epidermis zu finden, die aus quer über die Umgänge streichenden Lamellen besteht und dem darunterliegenden Kalktheile die Querstreifung mittheilt.

Die Mündung ist eng, innen weiß, scharfrandig.

| | St. IV | St. 128 (St. 14) | St. 128 | St. 14 |
	(313 m)	(1256)	(880 m)	(1356)	(395 m)
Anzahl der Windungen	10	11½	11	11+	11
			Millimeter		
Höhe (Länge) des Gehäuses	36	38½	40	41	41½
Breite des Gehäuses	18½	22	20	22	21
Höhe (Länge) der Mündung	31½	33½	24½	36	27½
	Taf. IV, Fig. 6 a—b			Taf. IV, Fig. 7 a—b	

Es fällt bei dieser Zusammenstellung auf, dass die Exemplare aus größeren Tiefen schlanker sind, indem das Gewinde höher aufgebaut ist.

Conus planiliratus wurde von Sowerby im Jahre 1870 ohne genaue Angabe eines Fundortes beschrieben (Proc. Zool. Soc. p. 255, t. XXII, fig. 1); nach der Abbildung zu urtheilen, hatte sein Exemplar die Dimensionen 41½ : 20 : 34½. — E. A. Smith, als Bearbeiter der «Investigator»-Mollusken, gibt für diese Art den Fundort «Off Calicut, west coast of South India, in 45 fathoms» an und erwähnt, dass das größte Exemplar ein Ausmass von 58 : 27 *mm* besitzt (Ann. Mag. Nat. Hist. (6) XIV, p. 159 [1894], pl III, fig 2).

Mit *Conus sulcatus* haben die beschriebenen Exemplare der «Pola»-Expedition die Berippung des letzten Umganges gemeinsam, während sie von ihm durch den geraden Verlauf des Kieles (Wulstes) gut unterschieden sind.

Als nahestehende Form wäre schließlich auch noch *Conus (Leptoconus) dictator* Melvill zu nennen (Manch. Mem. XLII, 1898, p. 9 des Sep., pl. 1, fig. 10), welche im Persischen Golfe in einer Tiefe von 10 Faden an der Sheikh Shuaib-Insel in der Größe von 47 : 20 *mm* gefunden wurde.

24. Pleurotoma marmorata Lm.

Taf. IV, Fig. 1 a—c.

Von den Stationen 88, 96, 127, 135, 143 (58—552 m).

25. Pleurotoma violacea Hinds.

Taf. III, Fig. 5 a—c.

Von den Stationen 114 (535 m) und 143 (212 m).
Im Tertiär finden wir im Formenkreise von *Pl. crispata* Jan. die nächststehenden Verwandten.

26. Pleurotoma (Gemmula) amabilis Jick.

Taf. III, Fig. 3 a—c.

Von den Stationen 48, 121, 135, 143 und 170 (212—700 m).
Von Tryon wurde diese Art mit Unrecht in die Synonymie von *Pl. gemmata* Hinds. gezwängt. Im Tertiär finden wir in der Formenreihe *Pl. subcoronata* Bell, für welche von Bellardi 1877 das Genus *Ronaltia* aufgestellt wurde, die Vorläufer der interessanten Species.

27. Pleurotoma (Drillia) flavidula l. m.

Taf. III, Fig. 7 a—c.

Von den Stationen 54, 94, 96, 117, 143, 145 (212—800 m).
Es ist dies eine bis China und Japan verbreitete Art, welche bisher im Rothen Meere bloß als Küstenbewohnerin gesammelt wurde. Das abgebildete Exemplar ist eine junge Schale aus der beträchtlichen Tiefe von 800 m.

28. Pleurotoma (Drillia) potti m.

Taf. III, Fig. 6 a—b.

(Anz. kais. Akad. d. Wiss. Wien, Sitzg. mathm.-naturw. Cl. 5. Juli 1900, S. 309 und 310.)

Von der Station 143 (212 m); ein einziges Exemplar.
Das spindelförmige, aus nahezu 8 Umgängen gebildete Gehäuse ist gelbbraun gefärbt und trägt geringe Spuren von etwa 6—7 braunen Spiralbändern, welche nur an dem Wulste vor der Mündung sichtbar sind. Die Anfangswindungen sind glatt, glänzend und gerundet, die übrigen mit 9—10 starken, schief gestellten und gewinkelten Querfalten verziert, so dass die ganzen Windungen gewinkelt erscheinen. Auf dem letzten Umgange schieben sich zwischen diese hier nur mehr in der 8. Zahl vorhandenen Querfalten einige undeutliche Nebenfalten ein; unmittelbar vor der Mündung steht eine gewaltige, von der Naht bis zur Basis verlaufende rippenartige Verdickung. An der Basis der Schlusswindung finden sich schief über den stielförmigen Canal verlaufende Linien als Andeutung einer Spiralsculptur. Die langgestreckte Mündung hat einen leicht zurückgebogenen Canal, einen scharfen, innen weiß gelippten Rand und oben einen runden Ausschnitt.
Die Höhe des Gehäuses beträgt 12·0, die Breite 4·5 mm, die Mündung ist 6·0 mm hoch und 2·2 mm breit.
Als verwandte Formen seien *P. pudica* Hinds und *P. undulosa* Morss. von recenten, *P. sandleri* Partsch von fossilen (tertiären) Arten genannt.

29. Pleurotoma (? Drillia) inchoata m.

Taf. III, Fig. 8 a—b.

(Anz. kais. Akad. d. Wiss. Wien, Sitzg. mathm.-naturw. Cl. 5. Juli 1900, S. 310.)

Von der Station 145 (800 m); 1 Exemplar.
Die abgestutzte, spindelförmige, hellgelbe Schale besteht aus 9½ Umgängen, deren jeder mit Ausnahme des Embryonalgewindes in seiner oberen Hälfte concav, in seiner unteren convex gebaut ist und

welche mit zahlreichen Spiralreifen und circa 15—16 wellenförmig verlaufenden Querrippen ausgestattet sind; überdies stehen zwischen den Querrippen noch mikroskopisch feine Anwachsstreifen. Unmittelbar vor der (leider mangelhaft erhaltenen) Mündung steht eine knotig angeschwollene und nach rechts vorgezogene Querrippe.

Die Höhe der Schale beträgt 21·3, die Breite 9·0 *mm*; die Mündung misst 9·1 *mm* in der Höhe.

Die neue Art ist mit *P. (Drillia) pallida* Sow. verwandt, und auch mit *Drillia cecchii* Jouss., welche ich am Berliner Museum zu sehen Gelegenheit hatte und welche aus Aden bekannt geworden ist, hat sie einige Ähnlichkeit; in der Form erinnert sie merkwürdigerweise an *Columbella angularis* Sow.

30. Pleurotoma (Clavus) siebenrocki m.

Taf. III, Fig. 9 *a–c*.

(Anz. kais. Akad. d. Wiss. Wien, Sitzg. mathem.-naturw. Cl. 5. Juli 1900, S. 210 und 211.)

Von der Station 76 (900 *m*); 1 Exemplar.

Die Schale ist gethürmt, geritzt, hellgelbbraun und besteht aus 12 Umgängen, welche mit Ausnahme des Embryonalgewindes mit 7—8 knotenartigen Rippen besetzt sind. In der tief eingeschnürten oberen, Partie der Umgänge verlaufen feine Spirallinien, im übrigen gröbere, mitunter unregelmäßig geknickte oder undulierte Leistchen; die zahlreichen feinen Anwachsstreifen sind meist nur in den concaven Partien sichtbar. Die Mündung zeigt oben einen tiefen, zungenförmigen Ausschnitt und trägt einen sehr kurzen zurückgebogenen Canal.

Die Höhe des Gehäuses beträgt 36·7, die Breite 11·0 *mm*; die Mündung ist 16·0 *mm* hoch und 5·5 *mm* breit.

Von der nächstverwandten Art, der mit ähnlicher Spiralsculptur ausgestatteten *P. (Clavus) dunkeri* Wkff., ist *P. siebenrocki* durch die gestrecktere Form und die minder -strombusartige- Mündung unterschieden; in der Gestalt hat sie mit *P. echinata* Lm. Ähnlichkeit.

31. Pleurotoma (Surcula) nannodes m. [1]

Taf. III, Fig. 2 *a–c*.

(Anz. kais. Akad. d. Wiss. Wien, Sitzg. mathem.-naturw. Cl. 5. Juli 1900, S. 209.)

Von den Stationen 48 (700 *m*) und 143 (212 *m*); je 1 Exemplar.

Die reinweiße, abgestutzt spindelförmige Schale besteht aus 9 Umgängen. Die Embryonalwindungen sind glatt, die übrigen Umgänge gegittert und knotig sculptiert: ein median angelegter, dominierend breiter, geperlter Spiralreifen, eine nächst der Naht verlaufende, schwächere Knotenreihe und 1 bis 2 feinste Spirallinien ober und unter der Mitte (auf dem letzten Umgange sind es naturgemäß deren mehr) werden nämlich von den zahlreichen, quer und bogig über die Umgänge gestellten Längsrippen gekreuzt. Der scharfe Mundrand hat einen zungenförmigen Ausschnitt nächst der Naht und eine halbkreisförmige Bucht an der Basis.

Die Maße der beiden vorliegenden Exemplare sind: Höhe der Schale 7·1, respective 8·4 *mm*; Breite derselben 2·7, respective 3·1 *mm*; Mündungshöhe 2·6, respective 3·0 *mm*; Mündungsbreite 1·2, respective 1·4 *mm*.

Die neue Art ist gewissermaßen eine Miniaturausgabe von *P. radula* Hinds; sie gehört vielleicht in dieselbe Gruppe wie *P. sinensis* Hinds.

---

[1] verműiz, 2 - zwergartig

32. Mangilia pertabulata m.

Taf. III, Fig. 1 a—c.

Von der Station 145 (800 m); ein einziges Exemplar.

Das spindelförmig gestaltete Gehäuse besteht aus 8 Windungen, es ist der Farbe nach weiß, nur geringe Spuren von gelbbrauner Färbung insbesondere am äußeren Mundrande und am Embryonalgewinde sind zu bemerken. Das Embryonalgewinde besteht aus einem zitzenförmigen, glatten Apex (ungefähr 1 Umgang) und 2 doppelt gekielten Umgängen (1 schnurförmiger Kiel steht in der Mitte, ein zweiter schwer auszunehmender läuft an der Naht). Die nun folgenden Umgänge haben eine mäßige Anzahl Spiralreifen, von denen regelmäßig der mittlere der stärkste und der am meisten vorgezogene ist (daher der fast rechtwinkelige Umriss jeder Windung!) und überdies Längs- und Querwülste, die in nicht allzu geringen Entfernungen von einander stehen und zwischen sich mikroskopisch feine, schief gestellte Querstrichelchen erkennen lassen. Bezüglich jener Spiralreifen sei noch bemerkt, dass 3–4 feine über dem stärkeren mittleren und 1 mittelstarker unter ihm liegen und dass auf der letzten Windung vom Hauptstreifen abwärts zur Basis der Schale 12 schwächere Spiralreifen vertheilt sind. Die Kreuzungsstellen der Reifen und Wülste sind naturgemäß spitzhöckerig vorgezogen. Die Mündung hat einen vorgezogenen, gewellten Mundrand, eine tiefe, halbmondförmige Bucht rechts oben und einen an der Basis etwas zurückgebogenen kurzen Canal; an der Mündungswand ist ein Höckerchen zu sehen.

Die Höhe der Schale beträgt 5·5, die Breite 2·5 mm; die Mündung ist circa 3 mm hoch und sehr schmal.

Für die systematische Stellung der neuen Art sei ihre Verwandtschaft mit der ähnlich gestalteten, jedoch viel größeren *Mangilia sparsa* Hinds (Moll. Voy. Sulph. p. 17, t. 5, fig. 14) und insbesondere mit *Mangilia albata* E. A. Smith aus dem Persischen Golfe (Ann. Mag. Nat. Hist. [5] X. 1882, p 210) maßgebend.

33. ? Pleurotoma beblammena m [1]

Taf. III, Fig. 1 a—b.

Von der Station 143 (212 m); eine unvollständige Schale.

Die milchweiße, durchscheinende Schale ist spindelförmig gebaut und besteht aus 8 Umgängen; die Mündung ist nicht vollständig ausgebildet. Das Embryonalgewinde besteht aus kaum 2 Umgängen, die zwar glatt erscheinen, bei starker Vergrößerung jedoch eine feine Gittersculptur erkennen lassen. Die folgenden 4–5 Umgänge besitzen 3 starke Spiralwülste, von denen der mittlere am meisten hervortritt, und überdies in den Zwischenräumen noch je einen schwachen Spiralreifen. Durch ziemlich engstehende, etwas bogig verlaufende Querwülste wird eine Durchkreuzung der Spiralsculptur, mithin eine Cancellierung des Gehäuses hervorgerufen. Auf der vorletzten Windung treten zu den erwähnten Spiralwülsten noch 2 feinere Spiralreifen unten nächst der Naht; auf dem letzten Umgange verlaufen viele solche Spiralreifen in dem Raume zwischen der Einlenkung des Mundsaumes und der Basis des Gehäuses; ein Abwechseln von stärkeren Spiralwülsten und zarteren Spiralreifen ist hier schon weniger deutlich erkennbar. Die Spindelgegend ist abgeglättet, die Basis der Spindel ist gedreht und etwas zurückgebogen.

Die Höhe der Schale beträgt 9·7, die Breite 3·6 mm.

Die systematische Stellung der beschriebenen Form ist im Hinblick auf die mangelhaft erhaltene Mündung problematisch.

[1] βλάπτω = schädigen, verletzen.

34. Terebra lima Desh. (= pretiosa Rve.)

Von den Stationen 94 (314 *m*) und 143 (212 *m*).

Diese Art ist für das Rothe Meer, und zwar für den Golf von Suez bereits constatiert worden (Mc Andrew); im übrigen ist ihre Heimat China. Das Durchschnittsmaß der gedrehten Schalen, bei denen leider der Apex fehlt, beträgt 30 *mm* Höhe und 6—7 *mm* Breite, liegt also weit unter dem Normale 78—11 *mm* bei Deshayes, Journ. de Conch. VI, 1857, p. 69).

35. Strombus (Gallinula) columba Lm.

Von den Stationen 87 und 88 (50—58 *m*); junge Schalen.

36. Cypraea (Trivia) oryza Lm.

Von der Station 143 (212 *m*).

37. Pyrula (Sycotypus) dussumieri Val.

Von der Station 143 (212 *m*); eine jüngere Schale.

Diese ursprünglich aus den chinesischen Gewässern bekannt gewordene Art wurde auch vom Investigator gedredscht, und zwar, wie Edgar A. Smith angibt, in der Bay of Bengal, lat 20° 18 N. long 90° 50′ E. in 65 fathoms (Ann. Mag. Nat. Hist., 6. ser., XIV, 1894, p. 164), und nun können wir sie auch als ein Faunenelement des Rothen Meeres verzeichnen.

38. Dolium spec.

Von den Stationen 44 (902 *m*) und 76 (900 *m*); fragmentarisch.

Die vorliegenden Schalenfragmente reichen leider nicht hin, die vermuthlich neue Art in einer erschöpfenden Beschreibung zu charakterisieren. Ich muss mich darauf beschränken, zu betonen, dass die Art wahrscheinlich einen großen Spielraum in der Größenentwicklung besitzt (denn eine im Embryonalgewinde schadhafte und ebenso bezüglich der Sculptur schwer definierbare Schale von Station 44 hat eine Höhe von 68, eine Breite von 47½, und eine Mündungshöhe von 51 *mm* erreicht, während ein zweites Exemplar von Station 76 bloß im ganzen 42 *mm* hoch ist und eine Mündungshöhe von 34 *mm* besitzt) und dass der Mündungsrand Falten entwickelt, was etwa die systematische Verwandtschaft der Art mit dem fossilen *D. denticulatum* Desh. andeutet.

39. Cassis (Semicassis) saburon Adans.

Von dieser Art liegen 2 Formen vor, deren Schalen aber nicht gut erhalten sind:

a) Von Station 145 (800 *m*): 1 Exemplar.

Dasselbe ist 56 *mm* lang und 34½ *mm* breit; die Höhe der Mündung beträgt 41½ *mm*.

Es erinnert sehr an die var. *bisulcata* Schub. et Wagn. aus Japan.

b) Von Station 143 (212 *m*); 2 Exemplare.

Diese Exemplare besitzen große Ähnlichkeit mit *C. pila* Rve. (nach Tryon einer Varietät von saburon); sie messen 23·3, respective 27·5 *mm* in der Höhe, 17·6, respective 19·6 *mm* in der Breite, 18·7, respective 21·5 *mm* in der Mündungshöhe.

40. Natica (Mamma) ? powisiana Recl.

Von den Stationen 88 (58 *m*) und 94 (314 *m*); ganz junge Schalen.

41. Turritella auricincta v. Marts.

Taf. V, Fig. 8—10.

Von den Stationen 1, 87, 88, 94 (50– 314 *m*).

Am Berliner Museum hatte ich Gelegenheit, die vorliegende Reihe von *Turritella*-Schalen mit den Originalexemplaren von *T. auricincta* von den Freundschaftsinseln zu vergleichen. Ich zweifle darnach nicht, dass alle hier in Betracht kommenden Exemplare, sei es, dass sie durch gelb gefärbte Spiralrippen ausgezeichnet sind oder nicht, und sei es, dass regelmäßig 3 Rippen über die anderen prävalieren oder dass die Spiralrippen alle gleich stark entwickelt sind, unter dem Martens'schen Namen anzuführen sind, der in den Sitzgsb. Ges. naturf. Frde. Berlin 1882, S. 107, mit der folgenden trefflichen Diagnose publiciert wurde: «Testa turrita, alba, costis spiralibus sat confertis, binis vel ternis in quovis anfractu magis prominentibus subgranulosis aureis sculpta, sutura saepius item aurea; anfr. 13, primi laeviusculi, unicarinati, sutura profundiore discreti; ultimus infra obtuse angulatus, basi planiuscula; apertura circa $^1/_6$ longitudinis aequans, quadrangula, margine columellari verticali, angulum rectum cum margine basali formante.» In der Größe übertreffen die Exemplare aus den Tiefen des Rothen Meeres diejenigen von Vavao, wie die folgende Zusammenstellung zeigt.

	Expl. von der Freund-schafts-insel Vavao	Exemplare aus dem Rothen Meere von							
		Stat. 1		Stat. 87			Stat. 88		
Anzahl der Windungen	13	15 +	18 +	11 +	16 +	18 +	15	16	18	16 +
					Millimeter					
Gehäusehöhe	19	17	25	24	28	31	16	22½	24	23½
Gehäusebreite	4½	3½	4	5½	5½	6	3½	4½		5
		(Fig. 10)		(Fig. 9)						(Fig. 8)

42. Onustus solaris (L.)

Von den Stationen 87 (50 *m*) und 143 (212 *m*).
Diese Art ist für die Fauna des Rothen Meeres neu.

43. Solarium perspectivum L.

Von der Station 94 (314 *m*); eine abgelegene, gebleichte Schale.

44. Janthina fragilis Lm.

Von der Station 145 (800 *m*); eine jüngere Schale.

45. Janthina globosa Swains.

Von den Stationen 128, 130, 138, 145 (430 –1308 *m*); schlecht erhaltene Schalen, oft nur fragmentarisch.

Die beiden hier genannten *Janthina*-Arten sind litoral bereits im südlichsten Theile des Rothen Meeres gefunden worden.

46. Cerithium pauxillum Ad.

Taf. IV, Fig. 3 a—c.

Von den Stationen 54 (535 m) und 88 (58 m); je eine Schale.

Abgebildet wurde das Exemplar von Station 54, welches aus 12½ Umgängen besteht und eine Totallänge von 9·4, eine Breite von 3·0 und eine Mündungshöhe von 2·3 mm besitzt. Die oberen Windungen sind mit 2, die folgenden mit 3 Spiralrippen versehen, auf welchen zahlreiche, Querlinien entsprechende Höcker stehen. Auf dem letzten Umgange findet sich noch eine größere Anzahl von Spiralrinnen bis zur canalartigen Basis der Schale hinab vertheilt. Der Mundrand ist gezackt, der Canal kurz und etwas zurückgebogen. Das zweite Exemplar (von Station 88) lehnt sich an die später (S. 53 [261]) zu besprechenden littoral gefundenen Schalen an.

C. pauxillum Ad. ist bisher nur von den Philippinen bekannt gewesen.

47. Solariella illustris m.

Taf. I, Fig. 7 a—c

(Anz. kais. Akad. d. Wiss. Wien, Sitzg. mathem.-naturw. Cl. 5. Juli 1900, S. 211 und 212.)

Von den Stationen 48 (700 m) und 145 (212 m); von letzterer sammt den Weichtheilen.

Das Gehäuse ist ziemlich festschalig, breit kegelig, weit und perspectivisch genabelt, oben weißlich mit unregelmäßig vertheilten gelben Flecken und irisierend, unten milchweiß mit glasig durchscheinenden Querstreifen (die allerdings nur bei frischen Stücken sichtbar sind und dann einen stark irisierenden Glanz besitzen); der Nabel ist braun eingefasst. Von den mäßig gewölbten 6—7 Windungen ist der Apex (1—1½ Umgänge) glatt, gelb oder mitunter rosig angehaucht; auf der folgenden Windung beginnt ein Mittelkiel, der sich bis zur Mündung verfolgen lässt, dort jedoch schon über die Mitte gerückt ist und welcher mitunter auf der vorletzten Windung von einem ganz nahe darunter entspringenden Kiel begleitet und schließlich an Stärke übertroffen wird. Auf den Schlusswindungen steht nächst der Naht eine Spiralreihe von Höckerchen, welche sich vor der Mündung wieder abschwächen, ferner ist die letzte Windung durch einige Spiralrippen oben und zahlreiche concentrische Spiralfurchen auf der Unterseite ausgezeichnet. Überall, und zwar am deutlichsten auf den nächst der Naht gelegenen Umgangspartien sind auch Anwachsstreifen in Form von Querriefen sichtbar. Der Nabel beträgt ein Drittel der Gehäusebreite und wird von einigen Reihen dichtstehender, durch zahlreiche Quereinschnitte regelmäßig gegitterter oder geperlter Rippen umstellt, die sich tief hinein verfolgen lassen.

Die oben vorgezogene Mündung ist innen perlmutterglänzend; der Deckel häutig, mit einigen concentrischen Ringen.

Die Größenverhältnisse wechseln wie folgt:

	von Stat. 145			von Stat. 48		
	Millimeter					
Größere Breite des Gehäuses	7·3	7·6	7·4	8·0	8·2	9·1
Kleinere Breite des Gehäuses	6·3	6·3	6·4	7·0	7·2	8·0
Höhe des Gehäuses bei senkrecht gestellter Columella	4·5	4·4	4·7	6·0	5·6	6·4
Höhe des Gehäuses bei schief gestellter Columella	3·7	3·7	3·8	4·4	4·3	5·0
Durchmesser (Länge) der Mündung	3·2	3·2	3·5	3·7	3·7	4·1
Breite der Mündung	3·2	3·0	2·9	3·3	3·1	3·6

48. Emarginula harmilensis m.

Taf. V, Fig. 12 a—b.

Von der Station 143 (212 m); 1 Exemplar.

Die Schale ist $7^{1}/_{2}$ mm lang, 4 mm hoch, $5^{1}/_{2}$ mm breit. Der stark nach rückwärts und etwas nach unten gekehrte Apex fällt fast mit dem Hinterende der Schale zusammen; die absolute Distanz des Wirbelendes zum Schalenende beträgt 2 mm, die relative (bei Projection derselben zur Basis) nur $^{3}/_{4}$ mm. Die schmutzigweiße bis gelbe Grundfarbe des Gehäuses erhält durch radiär angeordnete Fleckchen, Linien und Punkte von brauner bis grünlicher Farbe ein gesprenkeltes Aussehen. Milchweiß gefärbt sind die zahlreichen Hauptradiärrippen, zwischen denen zartere Rippen liegen, die mitunter dunkler erscheinen (zwischen je 2 Hauptrippen liegt eine Nebenrippe). Die erwähnten Rippen werden von vielen zarten Querlinien gekreuzt, an den Kreuzungsstellen der Hauptrippen sind perlenförmige Verdickungen ausgebildet. Der Einschnitt der Schale ist etwas länger als 3 mm; die Ränder derselben sind gerade und innen mit einem verdickten Belage versehen, der sich in Form einer immer stärker werdenden weißen Schwiele bis in die Wirbelgegend fortsetzt. Die Rinne zwischen der Wirbelhöhe und dem blinden Ende des Einschnittes ist stark vertieft, weiß gefärbt und quer gestreift.

Die neue Art ist mit *E. bellula* A. Ad. von den Philippinen verwandt.

49. Atys (Roxania) lithensis m.

Taf. VI, Fig. 2 a—b.

Von der Station 114 (535 m); ein einziges Exemplar.

Das kleine, weiße Gehäuse, dessen Gewinde eingesenkt ist, so dass eigentlich nur der letzte Umgang frei bleibt, ist stichförmig genabelt und besitzt zahlreiche, spiral angeordnete Reihen von Pünktchen. Die Mündung überragt oben ein wenig die Ebene des Gewindes und hat eine Höhe von $3^{1}/_{2}$ mm; die Breite der Schale beträgt $2^{1}/_{2}$ mm.

In Gestalt und Sculptur erinnert diese Conchylie lebhaft an die mediterrane *Atys (Roxania) utriculus* Brocchi einerseits und an die japanische *A. (Roxania) punctulata* A. Ad. anderseits, aber auch mit *Cylichna noronyensis* Watson könnte sie verwandt sein.

II. THEIL.

Litorale Aufsammlungen im Rothen Meere

A. Übersicht.

Von den 204 Gastropodenarten, die hier zur Aufzählung kommen, sind 11 für die Wissenschaft neu, nämlich: 1. *Nassa thaumasia*, 2. *Mangilia (Glyphostoma) epicharis*, 3. *Clathurella dictaeona*, 4. *Capulus camaranensis*, 5. *Eulima muelleriae*, 6. *Eulima orthoplyes*, 7. *Stylifer thielei*, 8. *Syrnola trivittata*, 9. *Elusa lalaibensis*, 10. *Triforis senafirensis*, 11. *Euchelus erythraeensis*. (Sie werden im Capitel C genauer beschrieben.)

Von den Arten, die außererythräisch schon bekannt waren, im Rothen Meere aber erst durch die Aufsammlungen der Herren Hofrath Steindachner und Custos Siebenrock entdeckt wurden, sind zu nennen: 1. *Triton (Epidromus) decapitatus* Rve., 2. *Mitra tenuis* Sow., 3. *Mitra (Chrysame) digitalis* (Chemn.) Dillw., 4. *Columbella reticulata* Lm., 5. *Columbella (Alitia) annboinensis* Gask. (var.), 6. *Columbella (Alitia) crinita* Rve. (var.), 7. *Conus literatus* L., 8. *Conus lignarius* Rve., 9. *Mangilia (Cythara) capillacea* Rve., 10. *Daphnella ticaonica* Rve., 11. *Terebra dimidiata* L., 12. *Terebra trisulcata* Gr.,

13. *Thyca edentula*, Sar., 14. *Turritella cingulifera* Sow., 15. *Scalaria alata* Sow., 16. *Cerithium ?parvillum* Ad., 17. *Triforis (Mastonia) monilifer* Hinds, 18. *Chiton ?marmoratus* Gmel., 19. *Cryptoplax ?striatus* Lm., 20. *Tethys leporina* L.?, 21. *Dolabrifera cuvieri* Ad., 22. *Pleurobranchaea meckelii* Blv.? 23. *Haplodoris ?tuberculata* Bgh.

Aus den gegebenen zwei Listen resultiert mithin ein Gesammtzuwachs von 34 Arten für die Kenntnis der Gastropodenfauna des Rothen Meeres.

Diejenigen Arten, welche auf das Rothe Meer s. str. beschränkt zu sein scheinen, sind unschwer aus der zum Schlusse folgenden Tabelle zu ersehen, wo sie mit einem * in der Rubrik »Bemerkungen« markiert sind. Wollen wir von ihnen diejenigen heraussuchen, welche nur die nördliche Hälfte des Rothen Meeres bewohnen (d. h. vorläufig wenigstens nur aus dieser vorliegen), so erhalten wir die Namen: 1. *Nassa thaumasia* Stur., 2. *Mitra (Costellaria) macandrewi* Sow., 3. *Mangilia (Glyphostoma) epicharis* Stur., 4. *Clathurella dichroma* Stur., 5. *Terebra castigata* Cooke, 6. *Scrinia trivittata* Stur. (aus dem Suezcanale, vielleicht mit einer mediterranen Form in Einklang zu bringen), 7. *Triforis (?Viriola) suaßrensis* Stur., 8. *Euchelus erythraeensis* Stur., 9. *Scutellina arabica* Rüpp., 10. *Submarginula arabica* A. Ad., 11. *Philine raillanti* Issel, 12. *Tethys aegus* Rüpp. u. Leuck., 13. *Marionia cyanobranchiata* Rüpp. u. Leuck., 14. *Chromodoris pantherina* Ehrnbg., 15. *Phyllidia arabica* Ehrnbg.

Einige von den für das Rothe Meer eigenthümlichen Arten bewohnen den mittleren Theil desselben, wenigstens hat man für sie bisher keine anderen Fundorte. Es sind dies die Novitäten *Eulima muelleriae* Stur., *Eulima orthopyxis* Stur., *Stylifer thielei* Stur. und *Elusa balaibensis* Stur., u. a.

Es erübrigte dann nur noch, auch diejenigen dem Rothen Meere eigenthümlichen Arten namhaft zu machen, welche bloß auf dessen südlichsten Theil beschränkt bleiben; merkwürdigerweise liegen mir aber außer dem neuen *Capulus camaranensis* m. solche nicht vor, was sich wohl damit erklären lässt, dass besondere Formen, die sich im Laufe der Zeit im südlichsten Theile des Rothen Meeres ausgebildet haben mögen, auch bis Aden hinaus und in den indisch-australischen Ocean vorgedrungen oder von dort her ins Rothe Meer eingewandert sind. Als solche dem südlichsten Theil des Rothen Meeres einerseits und den indo-australischen Gewässern anderseits gemeinsame Arten wären zu nennen: 1. *Pupura rudolphii* Chemn., 2. *Fasciolaria incrmis* Jonas (*filamentosa* Lm.), 3. *Nassa (Phrontis) obockensis* Jouss., 4. *Mitra (Chrysame) rotundilirata* Rve. (= *tabanula* Lm.), 5. *Marginella (Gibberula) monilis* L., 6. *Columbella (Anachis) terpsichore* Sow., 7. *Clathurella tincta* Rve., 8. *Terebra nassoides* Hinds (über Aden hinaus nicht bekannt), 9. *Cancellaria (Merica) asperella* Lm. var. *melanostoma* Sow., 10. *Cypraea vitellus* L., 11. *Pyrula ficus* L., 12. *Natica forskalii* Chemn., 13. *Turritella cingulifera* Sow., 14. *Turritella columnaris* Kien., 15. *Janthina vulgaris* L., 16. *Scalaria lamellosa* Lm., 17. *Cerithium (Vertagus) obeliscus* Brug., 18. *Nerita plexa* Chemn., 19. *Turbo (Marmorostoma) hemprichi* Troschel (= *coronatus* Gmel.) 20. *Euchelus proximus* A. Ad. (= *asper* Gm.), 21. *Acmaea saccharina* L. var. *stellaris* Q. u. G., 22. *Solidula sulcata* Gmel., 23. *Notarchus savignyanus* Aud.

B. Verzeichnis der Localitäten.

1. Ismailia am Timsah-See, 17. October 1895   }   Suezcanal.
2. Bittersee, 18. October 1895   }

3. Suez, Januar, Februar und Ende März 1896
4. Zafarana, 16.—18. März 1896
5. Ras Mallap, 5. März 1896
6. Ras Abu Zenima (Zenibme), 5.—7. März 1896   }   Golf von Suez.
7. Ras Gharib, 13. März 1896
8. Tor, 10. März 1896

Gastropoden des Rothen Meeres

9. Akabah, 11—16. April 1896
10. Nawibi, 9.—10. April 1896
11. Bir al Mashiya, 18—19. April 1896
12. Dahab (Mersa Dahab), 6. April 1896
13. Senafir-Insel, 23—24. April 1896
14. Sherm Sheikh, 1. April 1896
15. Ras Muhammed, 1. April 1896
16. Shadwan-Insel, 18—20. Februar 1896
17. Noman-Insel (Ras Abu Massaheb), 7.—11. Februar 1896
18. Ras Abu Somer, 15—16. Februar 1896
19. Brothers-Insel (The Brothers), 27—28. October 1895
20. Sherm Habban (Abban), 12. Jänner 1896
21. Koseir, 16. Januar 1896 und 25. Februar 1898
22. Mersa Dhiba, 2—3. Januar 1896
23. Dädalus Riff, September 1897
24. Hassani-Insel, 5.—7. Januar 1896
25. Sherm Sheikh (Mersa Sheikh), 30—31. December 1895
26. Yenbo (Jembo), 26. December 1895
27. Port Berenice, 24—26. November 1895
28. St. Johns-Insel, 21. November 1895
29. Sherm Rabegh, 3—4. December 1895
30. Mersa Halaib, 18. November 1895
31. Judda (Djeddah), 3—8. November, 10 und 16. December 1895, 1. Februar 1898
32. Raveiya (Mahommed Ghul), 29—30. September 1897
33. Lith, 8. October 1897
34. Sawakin (Suakim), 15. October 1897 und 22. Januar 1898
35. Kunfidah (Kunfodah), 16—17. Januar 1898
36. Akik Seghir, 19—21. October 1897
37. Ras Turfa, 11. Januar 1898
38. Sarso-Insel, 8. Januar 1898
39. Harmil-Insel, 1. und 11. Januar 1898
40. Kadhu-Insel, 2. Januar 1898
41. Massawa (Massaua), 16. November 1897 und 28—31. December 1897
42. Dahalak-Insel, resp. Nakhra Khor Insel, 19—20. November 1897
43. Kamaran-Insel, 1—3. November 1897
44. Zebayir-Insel (Zebejir), 23. December 1897
45. Ghuleifaka (= Landzunge Ras Mujamelat), 20—21. December 1897
46. Hanfela-Insel, 23. November 1897
47. Jebel Zukur Insel (Djebel Zukur), 17. December 1897
48. Abayil-Insel, 27—28. November 1897
49. Asab, 1. December 1897
50. Perim-Insel, 3—4. December 1897

Golf von Akabah.

Nördlichster Theil des großen Rothen-Meer-Beckens. 28.°—26.° NBr.

26.°—24.° NBr

24.°—22.° NBr

22.°—20.° NBr

20.°—18.° NBr

18.°—16.° NBr.

16.°—14.° NBr.

Vom 14.° NBr. bis zur Straße Bab el Mandeb.

Die Localitäten 1, 7, 10, 12, 16, 18, 19, 21, 22, 25, 27, 28, 30, 32, 34, 36, 39, 40, 41, 42, 46, 48, 49 liegen an der ägyptischen Küste, die Localitäten 5, 6, 8, 11, 17, 20, 24, 26, 29, 31, 33, 35, 37, 38, 43, 44, 45, 47 an der arabischen Küste; alle übrigen sind Endpunkte (z. B. 3, 9, 50) oder sind in der Mitte des Rothen Meeres gelegene Inseln (z. B. 13 und 23).

C. Systematische Aufzählung und Besprechung der litoral aufgesammelten Arten.[1]

1. Murex scolopax Dillw.

Von den Localitäten 21 und 45.

2. Murex tribulus L.

Von den Localitäten 1, 3, 4, 6, 8, 9, 11, 12, 13, 16, 18, 20, 27, 48.

3. Murex (Chicoreus) corrugatus Sow. (= palmiferus Sow.).

Von der Localität 3.

4. Murex (Chicoreus) erythraeus Fischer (= anguliferus Lm.).

Von den Localitäten 8, 14, 15, 18, 21, 22, 24, 27, 29, 30, 34, 36, 45.

5. Murex (Chicoreus) ramosus L.

Von den Localitäten 8, 9, 10, 12, 13, 18, 20, 27.

Diese Art ist von der vorigen in der Schale gut unterschieden durch die dendritisch verzweigten Fortsätze der Querwülste, ferner durch den Mangel der feineren Sculptur, die sich bei *M. erythraeus* besonders auf dem letzten Umgange erkennen lässt, und schliesslich dadurch, dass die Querwülste der benachbarten Umgänge nicht genau übereinanderstehen.

6. Murex (Ocinebra) cyclostoma Sow.

Von den Localitäten 20, 30 und 49.

7. Murex (Ocinebra) contractus Rve.

Taf. VI, Fig. 1a, 1b.

Von den Localitäten 9 und 46.

Das abgebildete Exemplar von Akabah ist 21½ mm hoch und 10 mm breit, seine Mündung misst 12 mm in der Länge (Höhe) und 5 mm in der Breite. Von den 6—7 Umgängen, welche die Schale besitzt, ist der letzte mit 8 Querwülsten ausgestattet und zahlreichen Längs- oder Spiralrippen, welche halbmond-förmige schuppige Fältchen dicht aneinander gereiht als besondere Sculptur tragen. Die Farbe der Schale ist stark ausgebleicht, nur an den Querwülsten lassen sich die Spuren von einigen gelbbraunen Spiralbinden constatiren.

Tryon zieht wohl mit Recht *Buccinum funiculatum* Rve. und *Buccinum ustulatum* Rve. in das Bereich dieser Art, welche von Sioptland unter dem Namen *Pollia contracta* für Aden angegeben wird (Proc. Mal. Soc. V, 1902, p. 171).

[1] Benennung der Arten nach dem Tryon-Pilsbry'schen Manual of Conchology.

8. Purpura rudolphii Chemn.

Von der Localität 18.

9. Purpura (Thalessa) savignyi Desh.

Von den Localitäten 6, 8, 10, 11, 12, 13, 14, 16, 17, 18, 22, 24, 15, 18, 19, 50.
Tryon (Man. of Conch. II) bringt diese Localform bei *P. hippocastanum* Lm. unter.

10. Jopas sertum Brug.

Von den Localitäten 9, 10, 13, 14, 16, 18, 19, 20, 21, 22, 25, 30, 41, 44, 45.

11. Ricinula ricinus (L.)

Von den Localitäten 9, 11, 12, 16, 18, 19, 20, 21, 22, 33, 44; liegt mir übrigens auch von Dahalak vor (Coll. Jickeli).

12. Ricinula horrida Lm.

Von den Localitäten 8, 18, 19.

13. Ricinula digitata Lm.

Von der Localität 30 liegt mir die var. *lobata* Blainv., von Dahalak (Coll. Jickeli) die typische Form vor.

14. Ricinula (Sistrum) morus Lm. (incl. var. aspera Lm.)

Von den Localitäten 10, 11, 12, 14, 19, 21, 25, 28, 30 der "Pola"-Expeditionen und von Asab, Insel Fathme (Coll. Levander).

15. Ricinula (Sistrum) tuberculata Blainv.

Von den Localitäten 10, 12, 13, 14, 16, 17, 18, 19, 20, 21, 24, 25, 28 der "Pola"-Expeditionen und von Massaua (Coll. Jickeli).

16. Ricinula (Sistrum) ochrostoma Blainv. (incl. spectrum Rve.)

Von den Localitäten 10, 12, 13, 14, 16, 18, 19, 20, 21, 22, 23, 24, 25, 27, 28, 30, 31, 32, 33, 38.

17. Ricinula (Sistrum) fiscellum (Chemn.)

Von den Localitäten 6, 8, 13, 16, 24, 30, 36, 45.
Diese Schnecke ist zumeist mit der Bezeichnung *Murex decussatus* Rve. in den Sammlungen vertreten.

18. Rapana bulbosa (Sol.)

Von den Localitäten 1, 14, 45.

19. Rhizochilus (Coralliophila) neritoidea (Lm.).

Von den Localitäten 14, 24, 25; überdies in der Coll. Jickeli von Massaua. Shopland führt diese Art unter dem Namen *violacea* Kien. von Aden an.

20. Rhizochilus (Coralliophila) galea (Chemn.)

Ein kleines Exemplar von der Localität 25.

21. Rhizochilus (Coralliophila) madreporarum (Sow.)

Von den Localitäten 13, 14, 18, 19, 23, 25, 26, 27, 28, 30, 31, 32, 33.

Ich habe nach einigem Überlegen auch 2 Exemplare von Lith. welche sich in der Gestalt an *Rh. neritoidea* anschliessen und auf der Schale wellige Spiralstreifen deutlich erkennen lassen, hieher genommen.

22. Magilus antiquus Lm.

Ein junges Exemplar von der Localität 31.

23. Triton tritonis L.

Von den Localitäten 12, 16, 31.

24. Triton (Simpulum) pilearis L.

Von den Localitäten 9, 10, 12, 13, 14, 17, 18, 25, 30, 45.

Ein Exemplar von Ghuleifaka, dessen Schale 39 *mm* hoch und 27, respective 21 *mm* breit ist, während die Länge der Mündung 36 *mm* beträgt, entbehrt der charakteristischen Querwülste fast vollständig; nur die vorletzte Windung trägt einen schiefgestellten Varix. Es liegt hier eine unverkennbare Ähnlichkeit mit *Triton beccarii* Tapp. (Ann. Mus. Civ. Stor. Nat. Genova VII. 1875, p. 587, t. XIX, fig. 7) vor, wiewohl diese noch bedeutend kleiner ist (15 : 17 *mm*).

25. Triton (Simpulum) rubecula L.

Von den Localitäten 10, 11, 20.

26. Triton (Gutturnium) trilineatus Rve.

Von den Localitäten 8, 11, 12, 13, 14, 16, 17, 18, 20, 21, 25, 27, 30, 36, 41, 45.

27. Triton (Epidromus) decapitatus Rve.

Ein Exemplar von der Localität 31.

Diese Art wurde bisher aus dem Rothen Meere nicht bekannt; sie hat ihre Verbreitung hauptsächlich im Grossen Ocean. Das vorliegende Exemplar ist stark decolliert; nur 3 Umgänge sind erhalten, welche zusammen eine Höhe von 11½ *mm* besitzen.

28. Distorsio anus L.

Von den Localitäten 9, 10, 11, 13, 14, 16, 17, 18, 20.

29. Ranella spinosa Lm.

Von der Localität 43.

30. Ranella (Lampas) lampas L.

Von den Localitäten 10, 13, 17, 18, 31.

31. Ranella (Lampas) granifera Lm.

Von den Localitäten, 9, 10, 11, 13, 14, 15, 16, 17, 18, 20, 22, 30, 41.

32. Ranella (Argobuccinum) concinna Dkr. (= pusilla Brod.)

Von den Localitäten 31, 32, 33, 38.

33. Fusus australis Quoy

Von den Localitäten 3, 4, 18

Indem ich für die vorliegenden Exemplare den Quoy'schen Namen wähle, bin ich der Auffassung Tryon's gefolgt, der sowohl *Fusus marmoratus* Phil. (Bestimmung von Vaillant für Schalen aus dem Rothen Meere), wie *Fusus tuberculatus* Chemn. (im Sinne Tapparone's) als Synonym für *F. australis* anführt.

34. Fusus polygonoides Lm.

Von den Localitäten 1, 4, 6, 7, 8, 9, 10, 11, 12, 13, 14, 16, 17, 18, 20, 21, 22, 24, 30, 31.

Das in Ras Gharib gesammelte Exemplar besitzt eine besonders kurz und breit gerathene, vom Typus also stark abweichende Schale.

35. Fasciolaria inermis Jonas (= filamentosa Jonas)

Von der Localität 38.

36. Fasciolaria trapezium L. (incl. Audouini Jonas)

Von den Localitäten 14, 18, 25, 31, 48.

37. Peristernia forskalii Tapp (= nassatula Lm.)

Von den Localitäten 9, 14, 25, 28, 30, 31, 33, 38, 41, 43, 44, 49, 50.

38. Peristernia incarnata Desh.

Von den Localitäten 10, 12 und 33 je ein Stück, und zwar passt das Exemplar von Lith gut zur Abbildung von *Ricinula pulchra* im Reeve (Fig. 20), die eben nach Tryon Man. of Conch. III, p. 81, zu *Peristernia incarnata* einzuziehen ist, die beiden anderen Schalen von Nawibi und Dahab nähern sich der var. *elegans* Dkr. (Tryon III, p. 81).

39. Latirus polygonus Gmel.

Von den Localitäten 12, 18, 21, 44, 48.

40. Latirus turritus Gmel.

Von den Localitäten 10, 19, 21.

41. Melongena paradisiaca Rve.

Von den Localitäten 3, 8, 13, 16, 17, 18, 20, 22, 24, 28, 30, 35, 36, 40, 45, 49.
Sturany.

42. Pisania ignea Gmel.

Taf. VI, Fig. 6.

Von den Localitäten 13, 26 und 32.

Das abgebildete Exemplar von Yenbo ist 30$^3/_2$ *mm* hoch und 12 *mm* breit; die Mündung misst entsprechend 16·6 *mm*. Es sind bloß 7 Umgänge vorhanden, das oberste Spitzchen der Schale fehlt. Die oberen Umgänge sind mit Quer- und Längsfalten ausgestattet, die letzten 2—3 Umgänge entbehren der Querfalten vollständig, und auch die Längsfalten sind hier nur mehr andeutungsweise erhalten. Umso lebhafter aber ist auf den unteren Windungen die Färbung ausgeprägt: auf gelbbraunem Grunde stehen dunkelbraune, mehr oder minder quadratische Flecken in Längsbinden angeordnet. Die Spindelgegend ist milchweiß, die Mündung im Innern blauweiß bis violett gefärbt.

Etwas verschieden vom Yenbo-Exemplar ist das in Raveiya gefundene Stück. Die Spiralreifen sind bis zur Mündung hin erhalten und die spiral angeordneten dunklen Flecken gruppieren sich mit benachbarten zu Querstriemen.

Ein prächtiges Exemplar wurde mir von Herrn Prof. K. M. Levander (Helsingfors) eingeschickt. Es wurde im Hafen von Massaua gesammelt, seine Schale ist mit einer leicht abstreifbaren Epidermis überzogen, die Mündung derselben ist vollständig ausgebildet, mithin verdickt und am Rande ein wenig gezackt; die Höhe der ganzen Schale beträgt 40$^3/_2$ *mm*, die Breite 16 *mm*.

43. Cantharus fumosus Dillw. var. rubiginosus (Rve.), f. minor, unicolor Tapp.

Von den Localitäten 13, 14, 25, 27, 30, 31, 36, 38, 41, 43, 44, 47, 48, 50.

Ich wählte für diese im Rothen Meere weitverbreitete Form die Tapparone'sche Bezeichnung (Ann. Mus. Civ. Stor. Natur. Genova, VII, 1875, p. 622).

44. Cantharus puncticulatus Dkr.

Taf. VII, Fig. 4 *a—c*.

Von den Localitäten 12, 14, 16, 18, 25, 30, 33.

Das abgebildete Exemplar wurde an der Shadwan-Insel gefunden; es ist 10·2 *mm* hoch und 4·5 *mm* breit, die Mündung misst 5·2 *mm* in der Höhe und 2·8 *mm* in der Breite. Auf den oberen Windungen ist je 1 dunkle Fleckenreihe an den Nähten zu verzeichnen, die untere Reihe theilt sich später, auf dem letzten Umgange kommen noch mehrere solcher Spiralfleckenreihen hinzu, von denen etwa 3 schwächere um den Mündungscanal gestellt sind. Der Apex des Shadwaner Exemplares fehlt, trotzdem sind noch 7 Umgänge zu zählen. Die Größe der Schalen wechselt bedeutend; ich habe für Exemplare von Mersa Sheikh 11 : 5, respective 11·5 : 4$^1/_2$ *mm* notiert, für ein Stück aus Mersa Halaib 11$^1/_2$: 5$^3/_2$, für eines von Ras Abu Somer 12 : 5$^1/_2$ *mm*. Pagenstecher hat sogar Exemplare bis zur Höhe von 20 *mm* vor sich gehabt (Zool. Erg. Reise in die Küstengebiete des Rothen Meeres II, S. 54).

45. Cyllene pulchella Ad. & Rve.

Von den Localitäten 17 und 50.

46. Nassa coronata Brug.

Von den Localitäten 14, 20, 25, 27, 50.

Nassa bronni Phil. wird allgemein zu *coronata* Brug. genommen, *N. rumphii* Desh. von Cooke mit diesen beiden vereinigt, *rumphii* Hombr. & Jacq. jedoch von Tryon zu *N. pullus* gestellt, mit welch letzterer Art vielfach auch *N. arcularia* als identisch gehalten wird (Tryon und Pagenstecher).

47. Nassa pullus L.

Von den Localitäten 10, 13, 14, 16, 17, 18, 20, 22, 24, 25, 28, 30, 36, 39, 43, 45, 49, 50.

48. Nassa thaumasia [1] m.

Taf. II, Fig. 8 *a*, 8 *b*.

Von der Localität 18.

Die Beschreibung dieser neuen Art wurde von mir ganz kurz in einer vorläufigen Mittheilung gegeben (Anz. kais. Akad. d. Wiss. Wien, Sitzg. d. math.-naturw. Cl. vom 5. Juli 1900, S. 198 und 199. Von den beiden Exemplaren, die in Ras Abu Somer gefunden wurden und welche den Ausgangspunkt in der Betrachtung einer Reihe von gedrechsten Exemplaren (s. oben S. 14 [222]) bilden, ist nur das abgebildete gut erhalten. Es besteht aus einem festschaligen Gehäuse, das aus 10½, langsam anwachsenden, schwach stufig abgesetzten Windungen kegelig aufgebaut erscheint. Im Gegensatze zu dem glatten Embryonalgewinde sind die darauf folgenden Umgänge mit breiten Querwülsten und 4—5 Spiralreihen ausgestattet, während wieder die 2½, oder mehr Schlusswindungen bis auf eine zur Naht parallel ziehende Spiralfurche und eine Reihe von Spirallinien in der Nabelgegend (im Umkreise des Ausschnittes der Mündungsbasis) abgeglättet sind. Auf gelblichweißem Grundtone erscheinen gelbbraune Querstriemen in unregelmäßiger und spärlicher Vertheilung und auf dem letzten Umgange sind zwei breite gelbbraune Längsbinden mehr oder weniger stark ausgebildet. Knapp vor dem äußeren Mündungsrand steht ein dicker Wulst, im Gaumen sowie auf dem Wulste der Spindel und der Mündungswand eine größere Anzahl von Falten; der untere Theil des äußeren Mündungsrandes ist etwas ausgezackt.

Die Höhe der abgebildeten Schale beträgt 27·2, die Breite 13·0, die Höhe der Mündung 14·0, die Breite derselben 7·5 *mm*. Das zweite Exemplar von der genannten Localität ist nicht ganz ausgewachsen, es ist stärker in der Schale und wäre zweifellos höher und breiter geworden.

Von verwandten Arten wäre beispielsweise *N. gaudiosa* Hinds zu nennen, welche in die Gruppe *Telasco* gehört, dann besonders *N. canaliculata* Lm und *N. elegans* Rve (= *taenia* Gmel.) aus der Section *Zeuxis*.

49. Nassa (Phrontis) obockensis Jouss. [1]

Von den Localitäten 13 und 19.

50. Nassa (Phrontis) tiarula (Kien.)

Von den Localitäten 27 und 30, ferner von Dahalak (Coll. Jickeli) und Massaua (Coll. Levander) Die vorliegenden Exemplare stimmen in Größe und Sculptur vorzüglich mit *N. delicata* A. Ad. überein, die im Reeve'schen Werke sehr gut abgebildet ist (Fig. 180) und von Tryon ebenso wie *coronula* A. Ad. als synonym mit *tiarula* Kien. behandelt wird.

51. Nassa (Hima) paupera Gld.

Von den Localitäten 13, 14, 16, 18, 25, 30, 31, 32, 41

Von den *Nassa*-Formen, die bis heute für das Rothe Meer angeführt wurden, gehören *dermestina* Gould (von Shopland für Aden constatiert) und *unifasciata* var. (von Caramagna in Assab gefunden) nach Tryon Man. of Conch. IV. zu den Synoymen *N. paupera* Gld. Die mir vorliegenden Exemplare sind

---

[1] *θαυμάσιος* = befremdend.
[1] Mém. Soc. Zool. France 1888, p. 184.

fast durchwegs von weißer Farbe und zeigen in den Größenverhältnissen eine ziemlich große Mannigfaltigkeit. Das größte Exemplar von Massaua mißt 12:5·7 mm, kleinere Schalen bewegen sich in der Höhe zwischen 5·7 und 7 mm, in der Breite zwischen 3 und 3·5 mm.

52. Nassa (Hima) concinna Powis.

Von der Localität 20; ferner von Dahalak (Coll. Jickeli).

Es liegt von dieser im Rothen Meere bisher bloß in seinem südlichsten Theile gefundenen Schnecke nur ein Exemplar vor. Die betreffende Schale besitzt auf dem letzten Umgange 3 dunkelrothbraune Binden, auf dem vorletzten sind bloß 2 schmale sichtbar, die Höhe der Schale beträgt 12·7, die Breite derselben 6·1 mm.

53. Nassa (Hima) sinusigera A. Ad. (var.).

Von den Localitäten 10, 13, 16, 18, 40, 45, 50.

Einige von den vorliegenden Exemplaren — es sind dies Stücke von Nawibi und Ras Abu Somer — erinnern bereits sehr an N. coronula A. Ad. (= ?Nassa Kien.) und bilden gewissermaßen den Übergang zu dieser systematisch in einer anderen Untergattung untergebrachten Art.

54. Nassa (Niotha) albescens Dkr. var. fenestrata Marrat.

Von den Localitäten 9, 10, 11, 13, 14, 16, 17, 18, 20, 22, 24, 25, 26, 27, 28, 30, 31, 32, 33, 36, 38, 40, 41, 43, 44, 50.

Aus der stattlichen Reihe von Exemplaren, die mir vorliegen, seien als Beispiele für die Veränderlichkeit des Gehäuses im Ausmaße, in der Färbung und der Sculptur erwähnt: 1. Exemplar von Mersa Dhiba, 20·5 mm hoch, 12·2 mm breit, bunt gefärbt durch 2, respective 3 unregelmäßig ausgebildete, verschieden breite, stellenweise unterbrochene Binden; 2. Exemplar von Dhiba im Ausmaße von 19·3 : 11·2 mm, mit einer Falte auf der Mündungswand; 3. Exemplar von Berenice, 13 mm hoch, 8 mm breit, fast reinweiß in der Farbe, mit sehr verdickter schwieliger Spindel, stufig abgesetzten Windungen und spärlich auftretenden, jedoch mehr hervortretenden Querwülsten; 4. Exemplar von Massaua im Ausmaße von 16·9 mm, mit dunkel roth- bis schwarzbrauner Färbung, die über den letzten Umgang versprengt ist, also nicht bloß in Spiralbinden auftritt, sondern auch quer über die Windungen verläuft; 5. Exemplar von Ras Abu Somer, auffallend schlank im Gehäuse, nämlich 20 mm lang und 10·4 mm breit. Im Gegensatze zu den regelmäßig gegitterten Schalen sind die mit wenig Querwülsten ausgestatteten gewöhnlich stufenförmig abgesetzt (Beispiel 3).

55. Nassa (Niotha) kieneri Desh.

Von den Localitäten 27, 32, 35, 37, 45, 50.

56. Nassa (Niotha) gemmulata Lm.

Von der Localität 10.

57. Mitra variegata Rve.

Von der Localität 41.

58. Mitra tenuis Sow. f. minor m.

Taf. VII, Fig. 7.

Von den Localitäten 10 und 21.

Das zur Abbildung gebrachte gelbbraune Gehäuse von Koseir ist 11·5 mm hoch und 3·5 mm breit. Besitzt eine Mündung von 6 mm Höhe und besteht aus 10 Umgängen. Die Anfangswindungen sind glatt, zitzenförmig, hellgelb gefärbt, die folgenden Umgänge mit einer fadenförmigen, hellfarbigen Verdickung an der oberen Naht und einigen Spirallinien ausgestaltet. Auf dem letzten Umgange läuft eine mediane helle Binde, die ebenso wie die erwähnte lichte Nahtpartie sich schärfer von der sie umgebenden Färbung abheben kann (beispielsweise bei einem etwas kleineren Exemplare von Nawibi). Die Spindel ist mit einer stärkeren und einigen schwächeren Falten versehen.

Für das Rothe Meer ist *M. tenuis* noch nicht bekannt gewesen. Das Berliner Museum besitzt sie von Mauritius und ebendaher stammt die nahverwandte *M. flexilabris* Sow.

59. Mitra (Scabricola) pretiosa Rve.

Von den Localitäten 9 und 10.

Tryon hat *M. pretiosa* als Jugendform von *M. crenifera* Lm. aufgefasst. Cooke diese Idee jedoch verworfen.

60. Mitra (Scabricola) scabriuscula L.

Von den Localitäten 18 und 30.

Die Bestimmung der vorliegenden Exemplare als *granatina* Lm. (bei Tryon u. A. = *scabriuscula* L.) erfolgte nach der Berliner Sammlung. Aus dem Rothen Meere s. str. ist die Art noch nicht bekannt geworden, wohl aber von Aden (Shopland).

61. Mitra (Cancilla) filaris L.

Von der Localität 10.

Die vorliegenden 2 Exemplare stimmen fast vollständig mit den erbeuteten Tiefseestücken überein (s. oben S. 17 [227]).

62. Mitra (Cancilla) annulata Rve.

Von der Localität 9.

Das einzige Stück, das vorliegt, ist nicht völlig erwachsen (Höhe 14... und auch mit *M. interlirata* Rve. und *M. novaehollandiae* Sow. (2 Synonymien von *M.* ... eine entfernte Ähnlichkeit.

63. Mitra (Chrysame) rotundilirata Rve. (= tabanula Lm.)

Von der Localität 40.

64. Mitra (Chrysame) rüppellii Rve. (= solandri Rve.).

Von den Localitäten 13, 26, 31, 32, 44.

65. Mitra (Chrysame) digitalis (Chemn.) Dillw.

Von der Localität 22.

Am Berliner Museum ist es mir gelungen, das hier in Betracht kommende Exemplar, welches leider im Mundrande nicht vollständig ist und an der Naht keine Knoten erkennen lässt, als *M. millepora* Lm. zu bestimmen. Nach Reeve und Tryon ist *millepora* Lm. für identisch mit der bisher im Rothen Meere noch nicht gefundenen *M. digitalis* anzusehen.

66. Mitra (Strigatella) maculosa Rve.

Von den Localitäten 9 und 30.

Diese Bestimmung wurde an der Hand der reichen *Mitra*-Collection des Berliner Museums ausgeführt, wo ganz gleichgestaltete Stücke von Massaua mit dem Namen *M. arabica* Dohrn aufbewahrt sind (Tryon fasst *M. arabica* als Synonym von *maculosa* auf).

67. Mitra (Strigatella) litterata Lm.

Von den Localitäten 16 und 19.

68. Mitra (Costellaria) judaeorum Dohrn.

Von der Localität 10.

69. Mitra (Costellaria) deshayesii Reeve.

Von der Localität 27.

70. Mitra (Costellaria) macandrewi Sow.

Von den Localitäten 10 und 27.

Im Berliner Museum befindet sich die Art aus Suez. Im Vergleiche zu den von Nawibi vorliegenden Stücken sind die Schalen aus Suez etwas höher aufgebaut und durch etwas mehr stufenförmig abgesetzte Anfangswindungen ausgezeichnet.

71. Mitra (Costellaria) exasperata Gmel.

Von der Localität 13.

72. Mitra (Costellaria) cadaverosa (Rve.).

Von der Localität 10.

73. Mitra (Pusia) pardalis Kstr.

Von den Localitäten 10, 14, 25, 27, 30.

74. Mitra (Pusia) kraussii Dkr. (= microzonias Schrenck, non Lam.)

Von den Localitäten 10, 12, 14, 20, 21, 25, 30.

Es sind meist junge Exemplare, die ich mit der obigen Bezeichnung versehe. Die Bestimmung stützt sich hauptsächlich auf die im Berliner Museum für Exemplare von Hakodate angewandte (= microzonias Lm. var. kraussii Dkr.), sowie auf die Bemerkungen in der Literatur (Lischke, Japan. Meeres-Conch. 1871, II, S. 60; Jickeli, Jahrb. Mal. Ges. 1874, S. 48; Schrenck, Reis. u. Forsch. Amurland II 1859—1867, S. 451).

75. Mitra (Pusia) amabilis Rve.

Taf. VII, Fig. 9.

Von der Localität 10.

Ich habe mich im Berliner Museum von der Richtigkeit der obigen Bestimmung überzeugt und gebe eine Abbildung dieser, wie es scheint, recht variablen Form mit dem Bemerken, dass die betreffende Schale aus $6^1/_2$ Umgängen besteht, ihre Gesammthöhe 9·2 mm, ihre Gesammtbreite 5·2 mm und die Mundungshöhe ebenfalls 5·2 mm beträgt. Die Querwülste der Schale sind wenig scharf markiert, die gewellten Spirallinien in gelber und dunkelbrauner Farbe abwechselnd.

76. Cylindra crenulata Gmel.

Taf. V, Fig. 11 a—b.

Von den Localitäten 11 und 30.

Schon Jickeli (Jahrb. I, 1874, S. 53) betont, dass die crenulata-Exemplare des Rothen Meeres hinter der gewöhnlichen Größe dieser Art zurückstehen, und gibt die Maße seines größten Exemplares mit

$1\frac{5}{3}/_4$ (Höhe) und 6 (Breite) an. Das hier abgebildete Stück von Akik Seghir ist bloß 13 mm hoch un 5 mm breit.

77. Vasum turbinellum L.

Von den Localitäten 14, 16, 17, 18, 24, 46.

78. Marginella (Gibberula) monilis I.

Von den Localitäten 30 und 50.

79. Oliva inflata Lm.

Von den Localitäten 18, 20, 37, 39, 40, 45, 48, 49, 50.

80. Ancillaria cinnamomea Lm.

Von der Localität 13.

81. Ancillaria acuminata Sow. (incl. lineolata Ad.

Von den Localitäten 9, 10, 14, 16, 25, 27, 30, 50.

82. Harpa minor Lm.

Von den Localitäten 3, 9, 10, 11, 12, 13, 15, 17, 18, 22, 30.

83. Columbella reticulata Lm. (? = rustica L.).

Von den Localitäten 22, 31, 43, 44.

84. Columbella poecila Sow. (= varians Sow..

Von den Localitäten 12, 13, 14, 16, 25, 26, 27, 28, 30, 31, 32, 33, 35, 38, 41, 50.

85. Columbella (Mitrella) albina Kien.

Von der Localität 10.

86. Columbella (Atilia) mindoroënsis Gask. var.

Taf. V, Fig. 2 *a—b.*

Von den Localitäten 27 und 30.

Das zur Abbildung gebrachte glatte und glänzende Exemplar wurde in Mersa Halaib gesammelt; die Spitze der Schale fehlt. 7 Umgänge sind erhalten. Auf orangefarbigem Grundton verlaufen braune Querlinien, welche etwas gezackt sind und da und dort zu netzförmiger Zeichnung sich verbinden. Auf der letzten Windung ist ein median verlaufendes weißes und unter der Naht ein zweites, allerdings verwischtes helles Band zu bemerken. Der braun tingirte Mundsaum ist verdickt und gezähnt, die Basis der Mündung wird von Spiralfurchen umzogen. Höhe der Schale 6 mm, Breite derselben 2·4 mm Höhe der Mündung 2·7 mm (das Exemplar von Berenice etwas größer, 7·2 : 2·8 mm).

C. mindoroënsis Gask. ist bisher nur von den Philippinen bekannt geworden. Nach Tryon gehört die ebendaher sehr ähnlich aussehende C. doriae Issel aus dem Persischen Golfe zu mindoroënsis, nach Kobelt (Conch. Cab. III, 1 d) zu blanda Sow. Die Beschreibung, welche Kobelt l. c. p. 109 von mindoroënsis Gask. gibt, passt recht gut zu dem oben besprochenen Exemplar aus dem Rothen Meere, die Abbildung jedoch (Taf. 10, Fig. 10—11) gar nicht.

87. Columbella (Atilia) conspersa Gask.

Taf. V, Fig. 1 *a*—*b*.

Von der Localität 10.

Das hier abgebildete Exemplar besteht aus 9 Umgängen, von denen die obersten einen dunkel gefärbten Apex bilden, und lässt an der Naht da und dort weiße Flecken erkennen, die mit dunkelgelben alternieren. Auf der Schluss-windung verläuft median ein helles Band auf gelbem Grunde. Die Höhe der Schale beträgt 12, die Breite derselben 4·5, die Höhe der Mündung 5·7 *mm*.

Auch im Berliner Museum befindet sich diese Art aus dem Rothen Meere, von Shopland ist ihr Vorkommen für Aden festgestellt.

88. Columbella (Atilia) eximia Rve. var.

Taf. V, Fig. 3 *a*—*b*.

Von den Localitäten 9 und 10.

Bisher nur aus den australischen Gewässern bekannt, ist diese Schnecke jedenfalls eine interessante Erscheinung im Rothen Meere. Die abgebildete Schale aus Akabah lässt die von den Autoren als charakteristisch bezeichneten zwei Reihen undurchsichtiger weißer Flecken nicht deutlich erkennen, sie sind bei ihr verwischt, während sie andere Stücke, beispielsweise eines von Nawibi, neben einer braunen Netzzeichnung und einer Spirallinie von braunen Strichen besitzen. Die Höhe der Schale beträgt 9—9·3, die Breite 3·1—3·6, die Höhe der Mündung 4·2 *mm*.

89. Columbella (Atilia) exilis Phil.

Von der Localität 9.

90. Columbella (Anachis) terpsichore Sow.

Taf. V, Fig. 4 *a*—*b*.

Von der Localität 48.

Das abgebildete Exemplar besitzt eine sehr lebhaft gefärbte Schale, bei der dunkelrothbraune und milchweiße Flecken ziemlich unregelmäßig abwechseln und sich sowohl auf die Faltenrippen, wie auf die Zwischenräume vertheilen; es ist 14·2 *mm* hoch und 5·8 *mm* breit und besitzt eine Mündung von 5·7 *mm* Höhe. Ursprünglich für Westindien angeführt, hat diese Art nach den neuesten Angaben von Prof. v. Martens auch in den ostindischen Gewässern eine weitere Verbreitung. Shopland führt die Schnecke von Aden an, die ·Pola·-Expedition brachte sie nun auch aus dem Rothen Meere s. str.

91. Columbella (Conidea) tringa Lm.

Von den Localitäten 14, 25, 48.

92. Columbella (Conidea) flava Brug.

Von den Localitäten 7 und 31; ferner von Massaua (Coll. Levander).

93. Engina trifasciata (Rve) (= reevei Tryon).

Von den Localitäten 14, 25, 31, 36; ferner von Massaua (Coll. Jickeli).

94. Engina mendicaria Lm.

Von den Localitäten 10, 11, 12, 13, 14, 16, 17, 18, 19, 20, 21, 22, 24, 25, 30.

95. Conus (?) literatus L.

Von der Localität 21.

96. Conus tessellatus Born.

Von den Localitäten 9, 10, 14, 15, 16, 18, 20, 21.

97. Conus arenatus Hwss.

Von den Localitäten 9, 10, 12, 13, 14, 16, 17, 18, 20, 21, 25, 30, 15, 30.

98. Conus miliaris Hwss.

Von der Localität 18.

99. Conus taeniatus Brug.

Von den Localitäten 11, 13, 14, 16, 17, 18, 20, 22, 24, 25, 30.

100. Conus acuminatus Hwss.

Von den Localitäten 15, 16, 30.

101. Conus maldivus Hwss.

Von den Localitäten 10, 13, 18.

102. Conus sumatrensis Lm.

Von der Localität 20.

103. Conus virgo L.

Von der Localität 27.

104. Conus flavidus Lm.

Von den Localitäten 10, 11, 12, 14, 17, 18, 20, 22, 24, 31.

105. Conus lividus Hwss.

Taf. IV. Fig. 5.

Von den Localitäten 10, 12, 14, 18, 21, 22, 25, 26, 30.
Von jungen Schalen ist die abgebildete von Merss, Sheikh en Aatrun besonders bemerkenswert.

106. Conus lineatus Chemn.

Von den Localitäten 18 und 27.

107. Conus ? lignarius Rve.

Von der Localität 10.

108. Conus erythraeensis Beck.

Von den Localitäten 15 und 50.

109. Conus catus Hwss. var. **nigropunctatus** Sow.

Von den Localitäten 9, 10, 12, 13, 14, 18, 22, 30; ferner von Massaua (Coll. Levander).

110. Conus nussatella L.

Von den Localitäten 10, 16, 21.

111. Conus striatus L.

Von den Localitäten 10, 14, 16, 17, 18, 21.

112. Conus tulipa L.

Von den Localitäten 27 und 31.

113. Conus geographus L.

Von den Localitäten 10, 12, 18, 20.

114. Conus textile L.

Von den Localitäten 10, 12, 13, 14, 16, 17, 18, 20, 21, 27.

115. Conus pusillus Chemn., non Lm. (= **ceylonensis** Hwss. var.).

Von den Localitäten 10, 11, 12, 13, 14, 18, 20, 22, 28, 30, 31, 48.

116. Pleurotoma cingulifera Lm.

Von den Localitäten 10, 11, 12, 13, 16, 18, 27, 30.

117. Pleurotoma erythraea Jick.

Von der Localität 13.

118. Pleurotoma (Drillia) crenularis Lm.

Von der Localität 30.

Die vorliegenden 2 Exemplare haben auch mit *Pleurotoma (Drillia) baynhami* Sm. (Proc. Zool. Soc. 1891, p. 404, t. 33, fig. 2) eine Ähnlichkeit.

119. Pleurotoma (Drillia) formosa Rve.

Von den Localitäten 13, 14, 16, 25, 26.

Tryon hat *D. formosa* Rve. bei *D. laela* Hinds untergebracht, Cooke diese Zusammenfassung jedoch nicht angenommen. Mit den vorliegenden Exemplaren in vieler Hinsicht correspondierend ist auch, was E. Smith als *Pleurotoma (Drillia) dispecta* beschrieben hat (Ann. Mag. Nat. Hist. [6] II, 1888, p. 308). Ein hier mit Vorbehalt als *D. formosa* Rve. angesprochenes Exemplar von Senafir ist auch mit *D. augasi* Crosse zu vergleichen.

120. Mangilia (Cythara) capillacea Rve.

Von den Localitäten 16 und 30.

Schon M'Andrew hat diese Art aus dem Rothen Meere angeführt, seine Bestimmung wurde jedoch von Cooke (Ann. Mag. Nat. Hist. [5] XVI, p. 30) als unrichtig bezeichnet. S. M. Schiff «Pola» hat von Mersa Halaib 1 Exemplar, von der Insel Shadwan 4 Exemplare gebracht, die ich trotz ihrer hinter dem

Normale zurückbleibenden Größe zu *M. capillacea* Rve. rechnen möchte. Jenes Exemplar von Halaib ist 7·4 *mm* hoch, 3·1 *mm* breit und besitzt eine Mündung von der Ausdehnung 4·1 : 2·1 *mm*; es ist aus 7 Umgängen aufgebaut, von denen der letzte außer der rippenartigen Verdickung des Mundsaumes noch mit 7 Querrippen ausgestattet ist. Auf der 4. Windung beginnt ein median gelegenes gelbes Band, das auf der Schlusswindung von einem zweiten begleitet wird. Der letzte Umgang ist überdies mit feinen Längs- (Spiral-) Streifen geziert. Die Exemplare von Shadwan haben eine Höhe von 10, respective 8·7, 8·0 und 7·4 *mm* und eine Breite von 4·2, respective 4·1, 3·5 und 3·1 *mm*; die hier an dritter Stelle genannte Schale hat 7 Umgänge und auf dem mit 9 Rippen versehenen letzten Umgang zahlreiche verwischte Längs- (Spiral-) Binden.

Von anderen Arten, die bei der Bestimmung noch in Betracht gekommen sind, wäre bloß noch *M. pallida* Rve. zu nennen (speciell für das vereinzelte Exemplar von Halaib).

121. Mangilia (Glyphostoma) rubida Hinds var.

Taf. VII. Fig. 3 *a—b.*

Von den Localitäten 13 und 44.

Die zur Abbildung gebrachte Schale von der Insel Zebayir ist 9 *mm* hoch und 3·7 *mm* breit, eine andere von Senafir misst 8·2 : 3·3. Beide Exemplare haben 7½ Umgänge und bei beiden beträgt die Höhe der Mündung ungefähr die Hälfte der Totalhöhe.

122. Mangilia (Glyphostoma) epicharis[1] m.

Taf. VII. Fig. 2 *a—b.*

Von der Localität 16.

Das einzige Exemplar, welches zur Aufstellung der neuen Art Anlass gegeben hat, besitzt eine große Ähnlichkeit mit *Glyphostoma melanoxytum* Herv. von Lifou (Journ. de Conch. XLIV, 1896, p. 78, t. 3, fig. 19). Die Färbung, das Embryonalgewinde und die Größe der Hervier'schen Art stimmt, wie ich mich im Berliner Museum an einem typischen Exemplar überzeugen konnte, mit den entsprechenden Verhältnissen der neuen Art vollständig überein, hingegen bildet das tiefe Einschneiden der Windungen, also die tiefgelegene Naht bei *G. melanoxytum* ein wesentliches Unterscheidungsmerkmal.

Das aus 4 Umgängen bestehende Embryonalgewinde ist eine dem übrigen Gewinde gewissermaßen aufgesetzte Mütze von gelber bis brauner Farbe. Die beiden ersten heller gefärbten Umgänge sind nur scheinbar glatt, denn sie weisen, unter dem Mikroskope betrachtet, eine feinste Punktierung auf; auf sie folgen braunfärbige Umgänge mit einer aus schief gekreuzten Linien gebildeten Gittersculptur. Die nun folgenden 4 Hauptwindungen sind stufig abgesetzt, mit Spiral- und Querwülsten ausgestattet, weiß in der Grundfarbe und mit unregelmäßig verlaufenden braunen Quer- und Spirallinien geziert. Das ganze Gehäuse ist 4·6 *mm* hoch und 2 *mm* breit.

123. Clathurella tincta Rve. var.

Taf. VII. Fig. 1 *a—b.*

Von den Localitäten 32 und 33.

Die abgebildete, von Raveiya stammende Schale, deren Gesammthöhe 8 *mm* und deren Gesammtbreite ebenso wie die Mündungshöhe 3·5 *mm* beträgt, ist aus 8½ Umgängen aufgebaut. Die 3 ersten Windungen sind hornbraun gefärbt und glatt, die übrigen im allgemeinen weiß und mit einer aus Spiralleisten und Querwülsten gebildeten Sculptur ausgestattet, welche an den Kreuzungspunkten etwas knotig

---

[1] ἐπίχαρις = gefällig, einnehmend.

aus-gebildet erscheint. Gelbbraune Flecken als Reste von farbigen Spirallinien sind ebenfalls an jenen Kreuzungspunkten der Sculpturlinien zu erkennen.

Die von den erwähnten Localitäten vereinzelt vorliegenden Stücke stehen auch der *C. granicostata* Rve. sehr nahe.

124. Clathurella dichroma[1] m.

Taf. V, Fig. 5 a – b.

Von der Localität 25.

Die neue Art, bloß in 2 Exemplaren vorliegend, hat große Ähnlichkeit und Verwandtschaft mit *C. rubroguttata* H. Ad. (nach Tryon einem Synonym von *tincta* Rve.). Die Schale besteht aus 8 Windungen, von denen die 3 ersten einen braunen Apex bilden; auf den Apex folgt ein Umgang in weißer Farbe, auf diesen erst die mit dunkel- oder rothbrauner Färbung gezierte Gehäusepartie. Es sind hier die Knoten, welche die 3 Längs- (Spiral-) rippen mit den Querwülsten an den Kreuzungsstellen bilden, abwechselnd weiß und rothbraun gefärbt. Der äußere Mundrand trägt oben einen Einschnitt. Die Höhe der Schale beträgt kaum 4 mm, die Breite 1·7 mm, die Mündung ist nicht halb so hoch wie das ganze Gehäuse.

125. Daphnella ? ticaonica Rve.

Taf. VII, Fig. 5 a – c.

Von den Localitäten 25 und 31; je 1 Exemplar.

Das abgebildete Exemplar von Jidda (Djedda) misst 13·3 mm in der Höhe (wobei bloß 6 Umgänge erhalten sind) und 5 mm in der Breite, seine Mündung hat die Höhe von 6 mm erreicht; bei dem zweiten der vorliegenden Stücke (von Mersa Sheikh) fehlt ein noch größerer Theil des Gewindes, es sind bloß die 3 Schlusswindungen (zusammen 12 mm messend) erhalten, seine Totalbreite beträgt 5·3 mm.

Es existirt in der Literatur eine Anzahl von Artnamen für zweifellos zusammengehörige Formen. Tryon, Man. of Conch. VI, p. 304, betont dies ebenfalls, die Frage der Artberechtigung der einen oder anderen Form liesse sich aber doch nur an der Hand eines reichen Materiales lösen. *Daphnella ticaonica* Rve. scheint aus dem Rothen Meere noch nicht constatirt zu sein.

126. Terebra crenulata L.

Von den Localitäten 9, 10, 14, 17, 18, 20, 21, 28, 30.

127. Terebra maculata Lm.

Von den Localitäten 13, 17, 18, 21.

128. Terebra dimidiata L.

Von den Localitäten 10, 13, 14.
Diese Art ist für das Rothe Meer neu.

129. Terebra subulata L. var. consobrina Desh.

Von den Localitäten 14, 18, 25, 30, ferner von Jidda und Massaua (Coll. Jickeli).

130. Terebra affinis Gr.

Von den Localitäten 10, 13, 14, 16, 18, 20, 22, 25, 30.

---

[1] δίχροος = zweifarbig.

131. Terebra duplicata L.

Von den Localitäten 13, 17, 18, 50.

132. Terebra babylonia Lm.

Von den Localitäten 9, 10, 11, 13, 18, 30; ferner von Massaua und Dahalak (Coll. Jickeli).

133. Terebra triseriata Gr.

Von der Localität 10, 1 Exemplar.
Die Art ist neu für das Rothe Meer.

134. Terebra nassoides Hinds.

Von den Localitäten 37, 39, 45.

135. Terebra caerulescens Lm. var. nimbosa Hinds.

Von der Localität 22, ferner von Dahalak (Coll. Jickeli).

136. Terebra castigata Cooke.

Von der Localität 17.

137. Cancellaria (Trigonostoma) ? scalarina Lm.

Taf. VI, Fig. 3,4, 34.

Von der Localität 13.

Das einzige Exemplar, welches an der Insel Senase gefunden wurde, ist für *C. scalarina* auffallend klein; die Höhe der Schale beträgt 14·2, die Breite derselben 10mm, während die Mündung eine Ausdehnung von 8·5 : 6mm besitzt; die 6 Umgänge des Gehäuses sind weiss gefärbt und haben einen Stich ins Gelbe; die Spindel trägt 3 Falten.

C. scalarina wird von Shopland als in Aden vorkommend angeführt. *C. crenifera* Sow., welche nach Tryon zu *scalarina* zu stellen ist, wurde von Dr. Levander in Massaua gefunden.

138. Cancellaria (Merica) asperella Lm. var. melanostoma Sow.

Von der Localität 50.

139. Strombus (Monodactylus) tricornis Lm.

Von den Localitäten 3, 4, 6, 8, 9, 10, 11, 12, 13, 14, 16, 17, 18, 20, 21, 24, 26, 27, 31, 35, 43, 45, 49.

140. Strombus (Gallinula) columba Lm.

Von den Localitäten 4, 6, 18.

141. Strombus (Gallinula) fusiformis Sow.

Von der Localität 12.

142. Strombus (Canarium) dentatus L.

Von den Localitäten 9, 10, 12, 13, 20, 30, 31, 45.

Einige von den vorliegenden Exemplaren (Localität 20 und 30) können als var. *erythraeus* Chemn. angesehen werden. Auch in Massaua kommt diese Varietät vor (Coll. Levander).

143. Strombus (Canarium) floridus Lm.

Von den Localitäten 9, 10, 11, 12, 13, 14, 16, 18, 20, 24, 25, 30, 31, 36.

144. Strombus (Canarium) fasciatus Born.

Von den Localitäten 5, 12, 13, 14, 16, 17, 18, 20, 21, 24, 25, 27, 28, 30, 32, 40, 41, 45, 46.

145. Strombus (Canarium) gibberulus L.

Von den Localitäten 9, 10, 11, 12, 13, 14, 16, 17, 18, 20, 21, 22, 27, 28, 30, 31, 32, 50.

146. Strombus (Canarium) terebellatus Sow.

Von der Localität 18.

147. Pterocera bryonia Gm.

Von den Localitäten 9, 10, 11, 12, 14, 16, 18, 24, 27, 31.

148. Rostellaria curvirostris Lm.

Von den Localitäten 21, 31, 35, 37, 41, 43, 45, 46.

149. Terebellum subulatum Lm.

Von der Localität 12.

150. Cypraea isabella L.

Von den Localitäten 9, 18, 31, 41.

151. Cypraea carneola L.

Von den Localitäten 9, 10, 11, 14, 21, 27, 30, 31, 32, 33, 36, 38, 41, 44, 46, 50.

152. Cypraea talpa L.

Von den Localitäten 14 und 21.

153. Cypraea fimbriata Gmel.

Von den Localitäten 6, 18, 27, 30, 31, 32, 35, 36, 38, 41, 43, 44.

154. Cypraea caurica L.

Von den Localitäten 10, 13, 20, 27, 30, 31, 32, 33, 35, 38, 41, 43.

155. Cypraea erythraeensis Beck.

Von den Localitäten 14, 26, 27, 31, 41, 43.

156. Cypraea arabica L.

Von den Localitäten 8, 10, 11, 12, 13, 14, 17, 18, 20, 21, 31, 33, 44, 46, 48.

157. Cypraea annulus L.

Von den Localitäten 11, 18.

158. Cypraea tigris L.

Von den Localitäten 8, 12, 17, 24, 27, 30, 31, 32, 43, 48, 49.

159. Cypraea pantherina Soland.

Von der Localität 31.

160. Cypraea vitellus L.

Von den Localitäten 10, 45.

161. Cypraea camelopardalis Perry.

Von der Localität 17.

162. Cypraea lynx L.

Von den Localitäten 21, 28, 31, 43.

163. Cypraea erosa L.

Von den Localitäten 9, 10, 11, 15, 16, 21, 31, 33, 36, 38, 41, 43, 44.

164. Cypraea turdus L.

Von den Localitäten 4, 6, 8, 9, 10, 38, 41, 45, 46, 48, 50.

165. Cypraea (Pustularia) nucleus L.

Von der Localität 18.

166. Cypraea (Trivia) oryza Lm.

Von den Localitäten 10, 12, 15, 16, 18, 20, 21, 25, 27, 30, 31, 32, 33, 34, 35, 38, 43, 44.

167. Dolium variegatum Lm.

Von den Localitäten 11, 14, 25.

168. Dolium perdix L.

Von den Localitäten 11, 12, 15, 14, 16, 18, 21.
Diese Art wurde bisher im Rothen Meere nicht gefunden.

169. Pyrula ficus L.

Von der Localität 45.

170. Dolium (Malea) pomum L.

Von den Localitäten 6, 9, 10, 11, 12, 15, 14, 16, 17, 18, 21, 25.

171. Cassis (Casmaria) torquata Rve.

Von den Localitäten 8, 9, 10, 11, 12, 14, 17, 18, 21, 30, 48.

172. Natica forskalii Chemn.

Von der Localität 45.

173. Natica marochiensis Gmel.

Von den Localitäten 10, 12, 30, 31, 36, 40.

174. Natica (Mamma) powisiana Recl.

Von den Localitäten 4 und 6, ferner von Dahalak (Jickeli).

175. Natica (Mamma) mamilla Lm.

Von den Localitäten 9, 10, 11, 12, 13, 14, 16, 17, 18, 20, 25, 28, 30, 45, 50.

176. Natica (Mamilla) melanostoma Lm.

Von den Localitäten 9, 10, 11, 12, 13, 14, 16, 17, 18, 20, 25, 28, 30, 48.

177. Sigaretus (Eunaticina) papilla Gmel.

Von den Localitäten 13 und 50.

178. Capulus camaranensis m.

Taf. VII, Fig. 11 a—c.

Die erwachsene Schale besteht im ganzen aus 3 Umgängen; die ersten 2 glashellen Windungen bilden einen aufwärts gerichteten Apex, der jedoch nicht immer deutlich erkennbar ist, die letzte Windung den Haupttheil des Gehäuses. Die große querovale Mündung ist unten vorgezogen und hat einen breiten, verdickten Spindelrand. Die weiße Grundfarbe der Schale wird von mehreren verschieden breiten Längs- oder Spiralbändern von gelbbraunem bis orangefarbigem Ton verdrängt. An der Unterseite der Schluss- windung und gegen den Mundrand zu treten bei diesen Binden häufig Verschmelzungen zu Flecken- partien auf.

Junge Schalen sind einfarbig weiß und haben die Gestalt von C. hungaricus; die Mündung ist kreisrund, der aufwärts gekehrte Apex steht noch näher zum Spindelrande, erst mit dem Anwachsen der Schale werden sie voneinander durch einen weiteren Raum getrennt.

Die Art wurde von der Localität 13 (Kamaran-Insel) gebracht, und zwar sitzen die meisten Exemplare auf Stacheln von Goniocidaris canaliculata A. Ag.[1] Einige junge Schalen haben sich auf älteren Exemplaren derselben Art angesetzt. Das Ansetzen geschieht unter Ausbildung eines festen, dicken, kalkigen Basalstückes, das genau in die Mündung der Schale passt und 2 neben einander liegende, annähernd ovale Flecken als Muskelabdrücke erkennen lässt.

---

[1] Die Bestimmung dieses Echinodermen hat Dr. v. Marenzeller ausgeführt.

Die Messungen an den vorliegenden Exemplaren ergaben die folgenden Zahlen.

	Junge Schalen				Mehr oder minder erwachsene Schalen				
					Millimeter				
Totalbreite der Schale	3·6	4·2	4·2	5·0	8·2	8·2	8·3	13·0	14·0
Höhe der Schale (= Höhe der Mündung)	3·0	3·2	3·3	4·2	4·5	5·1	4·6	8·0	7·2
Mündungsbreite	2·7	4·0	3·8	4·4	6·0	5·0	6·7	8·3	9·5
					(abgeb. Taf. VII, Fig. 11)				

179. Thyca ectoconcha Sar.

Taf. VII, Fig. 10 a—b.

Von der Localität 31; ein auf *Linckia multiflora* L.m.[1] sitzendes Exemplar. Das 5·6 *mm* breite Gehäuse besitzt eine große Mündung (4·3 *mm* breit und 3·6 *mm* hoch); der Apex der durchscheinenden Schale ist eingerollt, die Oberfläche der Umgänge durch Spiralriefen in zahlreiche Spiralpartien zertheilt, die mit Körnchensculptur ausgestattet sind. Die Spindel ist flach verbreitert, etwas kantig am Innenrande.

Mit der längst bekannten *T. crystallina* (Gld.) ist das vorliegende Exemplar nahe verwandt, mit der Sarasin'schen Art (Erg. nat. F. Ceylon, I. Bd., I. Heft, 1887, S. 27, Taf. I, Schale Fig. 3) identisch; die letztere ist bisher im Rothen Meere noch nicht gefunden worden.

180. Hipponyx australis Quoy.

Von den Localitäten 14, 22, 25, 30, 31.

181. Mitrularia equestris L.

Von der Localität 18.

182. Vermetus inopertus (Rüpp.)

Von den Localitäten 9, 10, 12, 16, 18, 30, 33.

183. Turritella cingulifera Sow.

Von der Localität 30. Die Art scheint also nach im Rothen Meere s. str. vorzukommen.

184. Turritella columnaris Kien.

Von der Localität 45.

185. Turritella trisulcata L.m.

Von den Localitäten 4, 11, 12, 18, 48.

---

1 Die Bestimmung hat Dr. v. Marenzeller ausgeführt.

Sitzung.

186. Eulima ? lactea A. Ad.

Taf. VI, Fig. 9 a, b.

Von der Localität 16.

Es liegt nur eine einzige Schale vor. Dieselbe ist schneeweiß und glänzend; das oberste Spitzchen der Schale fehlt. 11 Windungen sind erhalten. Das Gewinde ist etwas nach rechts geneigt; jeder Umgang trägt an der rechten Seite eine quergestellte Anwachslinie, doch stehen diese Linien nicht genau übereinander. Die Höhe der ganzen Schale beträgt 10, die Breite 4, die Höhe der Mündung circa 3 *mm*.

Eulima lactea A. Ad. wurde bisher aus dem Rothen Meere bloß einmal gefunden, Caramagna gibt nämlich Assab als Fundplatz an.

187. Eulima muelleriae m.

Taf. VI, Fig. 10.

Von der Localität 31.

Die neue Art gründet sich auf ein einziges in *Mülleria mauritiana* Q. & G. gefundenes Exemplar (Dr. v. Marenzeller hat die Schale bei der Bestimmung jener Holothurie entdeckt). Sie ist nahe verwandt mit *E. modicella* A. Ad. von Japan und den Philippinen, von ihr jedoch in einigen Punkten verschieden. Das Gehäuse ist stark nach rechts geneigt (mithin links concav, rechts oben convex gebaut) und besteht aus etwa 11 allmählich anwachsenden Umgängen; die Höhe der Schale beträgt 3·4, die Breite 1·2, die Höhe der Mündung circa 1 *mm*.

188. Eulima orthophyes [1] m.

Taf. VI, Fig. 8.

Von der Localität 32; ein einziges Exemplar.

Die glatte, stark glänzende, weiß gefärbte Schale ist nahezu gerade gewachsen, der Apex ist nur minimal nach rechts geneigt. Es sind 11 Umgänge vorhanden, die durch eine fadenförmige Naht voneinander getrennt werden, das Ausmaß der Schale beträgt 7·4 : 2·6 *mm*, die Mündung ist ungefähr 2$\frac{1}{2}$ *mm* hoch.

Der Gestalt nach hat die neue Art eine gewisse Ähnlichkeit mit *Stylifer acicula* Gld., im Gehäuseaufbau auch mit *E. solidula* Ad. u. Rve. von den Sandwich-Inseln (Berliner Museum[1]).

189. Stylifer thielei m.

Von der Localität 31; ein einziges Exemplar.

Die merkwürdig gestaltete und insbesondere auch durch den geschweiften Mundrand ausgezeichnete Schale ist aus 5 Umgängen aufgebaut und besitzt einen zitzenförmigen Apex. Sie entbehrt jedweder Sculptur, ist matt im Glanze und weiß der Farbe nach. Höhe der Schale 5$\frac{1}{2}$, Breite 3$\frac{1}{2}$ *mm*. Herr Prof. Dr. Johannes Thiele in Berlin war so freundlich, die Weichtheile dieser Schnecke zu untersuchen und vor der nothwendig gewordenen Zertrümmerung der Schale die beigegebenen Zeichnungen anzufertigen. Zufolge des Fehlens einer Radula gehört das Thier zur Gattung *Stylifer* Brod.

190. Pyramidella (Lonchaeus) sulcata A. Ad.

Von den Localitäten 12, 13, 16, 18.

Tryon gibt für diese Schnecke auch das Rothe Meer als Fundort an und betrachtet *P. pratii* Bern. (von Shopland seither für Aden angeführt) als synonym mit *P. sulcata* A. Ad.

191. Pyramidella (Otopleura) mitralis A. Ad.

Von den Localitäten 10, 13, 17, 18.

192. Syrnola trivittata m.

Taf. VII, Fig. 8 a—b.

2 Exemplare aus dem Bittersee im Suezcanale.

Das abgebildete Gehäuse ist 5½ mm hoch und 1½ mm breit und besteht aus 10 flachen Umgängen. Die Anfangswindungen sind glashell und geben dem Gehäuse einen kugeligen Abschluss nach oben; die darauffolgenden Umgänge haben eine gelblichgrüne Binde auf weißem Grunde, der besonders oben gegen die Naht zu bindenförmig hervortritt (die Naht sieht hier fadenförmig aus); noch weiter nach unten treten 2, auf der Schlusswindung sogar 3 Spiralbinden von der genannten Färbung auf. Die Mündung ist ungefähr 1 mm hoch und trägt eine schwache Falte auf der Spindel.

Das zweite Exemplar misst 6 : 2 mm, hat 11 Umgänge und undeutliche Spiralbinden.

Die besprochene Form ist am ehesten mit *S. tincta* Ang. (Australien) zu vergleichen, die ich am Berliner Museum zu sehen Gelegenheit hatte.

193. Elusa halaibensis m.

Taf. VI, Fig. 11 a—b.

Von der Localität 30; eine einzige Schale.

Von der langgestreckten Schale sind 11 langsam anwachsende Umgänge erhalten, das Spitzchen fehlt. Unregelmäßig angeordnete Flecken von brauner bis violetter Farbe, welche wohl aus aufgelösten Spiralbinden hervorgegangen sind, finden sich über das Gehäuse verbreitet, die violette Farbe ist besonders auf dem letzten Umgange ausgeprägt. Das ganze Gehäuse misst 12 mm in der Höhe, 3·7 mm in der Breite, die Mündung ist sehr schmal und 3·5 mm hoch; die Spindel ist mit einer größeren Falte und 2 ganz kleinen unter dieser gelegenen Falten besetzt.

Die neue Art ist mit *E. brunneo-maculata* Melv. (Mem. Proc. Manch. Lit. et Philos. Soc. 1896/97, p. 13, pl. 6, fig. 5) nahe verwandt.

194. Solarium perspectivum L.

Von den Localitäten 21, 45, 48.

195. Torinia variegata Gmel.

Von den Localitäten 13, 16, 27, 30, 44.

196. Janthina fragilis Lm.

Von der Localität 30.

197. Scalaria alata Sow.

Von der Localität 30; 1 Exemplar.

Die Bestimmung der vorliegenden jungen Schale als *S. alata*, die bisher nicht im Rothen Meere gefunden wurde, erfolgte auf Grund des zum Vergleich herangezogenen Materiales im Berliner Museum.

198. Scalaria lamellosa Lm.

Unter diesem Namen führe ich eine Schale von der Localität 48 auf; sie gehört in den Formenkreis *monocylindra-perplexa*, der von Tryon ebenso wie *S. clathrus* L. bei *S. lamellosa* Lm. untergebracht wird.

199. Cerithium erythraeonense Lm.

Von den Localitäten 3, 4, 6, 8, 9, 10, 11, 13, 14, 17, 18, 20, 25, 27, 30.

200. Cerithium echinatum Lm.

Von der Localität 10.

201. Cerithium columna Sow.

Taf. VI, Fig. 4 a—c und 7 a—c.

Von den Localitäten 9, 10, 11, 12, 13, 18, 28, 30; ferner von Massaua (Coll. Jickeli et Levander). Diese Art ist sehr variabel. Nicht selten treten die Querfalten zurück, besonders auf den letzten Windungen, und es entstehen dann Formen, die ihre Zugehörigkeit zu *D. columna* nur durch die charakteristische Spiralsculptur und durch den stets vorhandenen schiefen Varix links auf der letzten Windung documentiren. Zwei dieser vom Typus abweichenden Formen wurden abgebildet: 1. ein Exemplar von Ras Abu Somer (Taf. VI, Fig. 4 a—c), $22^{1}/_{4}$ mm hoch, $9^{1}/_{4}$ mm breit, aus 9 Umgängen aufgebaut, mit einem Mündungsdurchmesser von $9^{1}/_{2}$ mm (wobei das Maß schief von rechts oben bis links unten am Ende des Canals gelegt wurde) und 2. ein besonders hochgewachsenes, langgestrecktes Stück von Dahab im Golfe von Akabah (Taf. VI, Fig. 7 a—c), 31 mm hoch, 12 mm breit, aus 11 Umgängen aufgebaut, mit einem Mündungsdurchmesser von 12 mm.

202. Cerithium rueppellii Phil.

Von den Localitäten 13, 14, 24, 25, 27, 30; ferner von Massaua (Coll. Levander) und Dahalak (Coll. Jickeli).

203. Cerithium scabridum Phil.

Taf. VII, Fig. 6 a—c.

Von den Localitäten 1, 2, 30.

Die Ansicht Tryon's, dass die Philippi'schen Arten *C. scabridum* und *C. rueppellii* zu vereinigen sind, hat Kobelt im Conch. Cab. (I. 26, 1898, p. 150—151) verworfen. Was nun vom Suezcanal vorliegt, passt ausgezeichnet zu der Kobelt'schen Figur (l. c. t. 28, fig. 8—9), weniger das Exemplar von der Perim-Insel. Es ist dies eine Schale von $11^{1}/_{2}$ mm Länge und nahezu 5 mm Breite, über deren Umgänge die stärker hervortretenden Querwülste etwas unregelmäßig vertheilt sind und deren Spiralsculptur nur mehr die Spuren von Braunfärbung erkennen lasst. Diese Form, welche eine gewisse Ähnlichkeit mit *C. egenulum* Köb. besitzt (Conch. Cab. I. 26, p. 225, t. 30, fig. 26), wurde auf Tafel VII, Fig. 6 a—c zur Abbildung gebracht.

204. Cerithium caeruleum Sow.

Von den Localitäten 5, 6, 7, 8, 13, 14, 17, 18, 22, 24, 25, 30, 36, 40.

205. Cerithium rostratum Sow.

Von den Localitäten 9, 10, 24, 30, 31.

206. Cerithium petrosum Wood (= tuberculatum L..).

Von den Localitäten 16, 18, 19, 22.

207. Cerithium morus Lm.

Von den Localitäten 7, 9, 11, 12, 13, 14, 16, 17, 18, 20, 22, 24, 36, 40, 49, 50.

Die Form *C. bifasciatum* Sow. (von Tryon als *morus*-Varietät aufgefasst) liegt sehr hübsch von den Localitäten 11 und 16 vor, ferner *C. moniliferum* Dufr. (ebenfalls hieher gehörig) von Localität 36. Bezüglich einiger Stücke von der Insel Senafir bleibt es noch dahingestellt, ob sie nicht besser als *C. rugosum* Wood zu bezeichnen wären.

208. Cerithium ? pauxillum Ad.

Von der Localität 9.

Die vorliegenden, mit Vorbehalt als *C. pauxillum* bestimmten Schalen haben auch große Ähnlichkeit mit dem indo-australischen, jedoch auch schon von Suez bekanntgewordenen *C. icarus* Boyle; eine Identificierung mit dieser letzteren Art glaubte ich nicht vornehmen zu sollen, weil 2 scharfe Spiralreifen über die Windungen laufen, während *C. icarus* ziemlich dicht spiralgereift ist. Das oben (S. 26 [240]) beschriebene und abgebildete typische Exemplar *C. pauxillum* Ad., in größerer Tiefe gedredst, ist durch den Besitz von 3 Spiralreifen ausgezeichnet; bei den litoral gefundenen Exemplaren ist der 3. Spiralreifen nur durch eine feine, zwischen den beiden erwähnten Reifen gelegene Linie angedeutet.

Die Exemplare von Akabah schwanken in der Höhe zwischen 7 und 9 *mm*, in der Breite zwischen $2^{1}/_{2}$ und 3 *mm*.

209. Cerithium rarimaculatum Sow.

Von den Localitäten 10, 14, 16, 18, 19, 25.

210. Cerithium (Liocerithium) lacteum Kien.

Von den Localitäten 10, 18, 19, 25, 28, 30, 31, 32, 41, 44.

211. Cerithium (Vertagus) obeliscus Brug.

Von der Localität 45.

212. Cerithium (?Vertagus) Kochii Phil.

Von den Localitäten 9, 27, 35; ferner von Dahalak (Coll. Jickeli) und Massaua (Coll. Levander).

213. Cerithium (? Vertagus) recurvum Sow.

Taf. VI, Fig. 5 a—c.

Von den Localitäten 10, 11, 12, 13, 14, 16, 18, 22, 25, 27, 50.

Cooke hat sich entschieden für eine Vereinigung von *C. recurvum* und *C. kochii* ausgesprochen (Ann. Mag. Nat. Hist. [5] XVI, 1885, p. 45), Pilsbry eine solche nicht angenommen (Tryon's Man. of

Conch. IX, p. 147). Es scheint mir wirklich noch fraglich, ob eine Synonymie vorliegt, denn es lassen sich immerhin die Schalen mit kaum zurückgebogenem Mündungscanal (*C. kochii*) unschwer von dem übrigen Materiale trennen, das als *C. recurvum* zurückbleibt; bei *C. kochii* sind auch die Knoten an den Kreuzungsstellen von Spiral- und Querleisten viel mehr spitzhöckerig und es fehlen die für die meisten *recurvum*-Exemplare charakteristischen braunen Spirallinien, welche zwischen den Spiralleisten laufen. Besonders elegant sehen gerade durch die erwähnten Spirallinien Exemplare von Nawibi aus, welche ich unbedingt als *C. recurvum* ansprechen möchte (Taf. VI, Fig. 5 a—c). Diese Schalen messen $24^{1}/_{2}$—$25^{1}/_{2}$ mm in der Länge und circa $7^{1}/_{2}$ mm in der Breite; ihre Mündung hat einen Durchmesser (von rechts oben zum Ende des Canals links unten gelegt) von $9^{1}/_{2}$ mm. Zwischen den verhältnismäßig breiten Spiralleisten, welche zahlreiche runde Höckerchen von weißer Farbe tragen und gewöhnlich in der 3-Zahl vorhanden sind, laufen 2—3 braune Linien in entsprechenden Vertiefungen.

214. Cerithium (Vertagus) asperum L.

Von den Localitäten 29, 31; ferner von Dahalak (Coll. Jickeli).

215. Cerithium (Vertagus) fasciatum Brug.

Von den Localitäten 13, 14, 18, 25; ferner von Dahalak und Massaua (Coll. Jickeli).

216. Potamides (Pirenella) conica Blainv.

Von den Localitäten 1, 2, 13, 16.

217. Potamides (Pirenella) cailliaudi Pot. et Mich.

Von den Localitäten 2, 8, 12, 13, 14, 17, 18, 20, 40, 45.

218. Triforis (Mastonia) ruber Hinds.

Von den Localitäten 17, 31, 32, 38, 41.

Diese Art scheint fürs Rothe Meer bisher noch nicht constatiert worden zu sein.

219. Triforis (Mastonia) monilifer Hinds.

Von der Localität 25.

Die Bestimmung dieser Schnecke wurde von mir am Berliner Museum ausgeführt; *Triforis monilifer* ist ursprünglich von der Straße von Malacca bekannt geworden, für die Fauna des Rothen Meeres ist die Art neu.

220. Triforis (Viriola) corrugatus Hinds.

Von den Localitäten 38, 41, 44.

221. Triforis (? Viriola) senafirensis m.

Taf. V, Fig. 7 a, 7 b.

Von der Localität 13; ein einziges Exemplar.

Das 5 mm hohe und $1^{1}/_{2}$ mm breite Gehäuse ist zierlich gebaut und lässt die Naht, welche einem zwischen Spiralrippen laufenden Raum gleichkommt, schwer erkennen. Es bilden ungefähr 5 feinsculptierte Umgänge das mützenförmig gestaltete, blasig aufgetriebene Embryonalgewinde, und darauf folgen die 9—10 Hauptumgänge der Schale. Auf jenem Embryonalgewinde werden zahlreiche Querlinien von 2 spiral angeordneten Rippchen gekreuzt, auf den übrigen Schalenwindungen laufen zuerst 2, dann 3 Spiralrippen von milchweißer Farbe und flachgedrückter Oberfläche, zwischen denen mikroskopisch feine Querstrichelchen erkennbar sind. Die Gesammtfarbe des Gehäuses ist dunkelrothbraun. Die Mündung ist entsprechend dem Gattungscharakter gestaltet und trägt oben am Außenrande einen kleinen Ausschnitt.

Die Form ist ähnlich der als *T. hilaris* Hinds. bekannten Art von Zebu (Berliner Museum!) und dem Pacifischen Ocean (Tryon-Pilsbry).

222. Littorina (Melaraphe) scabra L.

Von der Localität 14; auch von Dahalak (Coll. Jickeli).

223. Tectarius armatus Issel.

Von den Localitäten 9 und 30.

224. Tectarius subnodosus Phil. (= nodosus Gr.).

Von den Localitäten 13, 17, 19, 22.

225. Tectarius granularis Gr.

Von den Localitäten 16, 19, 22, 23, 24, 27, 28, 30.

226. Modulus tectum Gmel.

Von den Localitäten 13, 14, 18, 25; ferner von Massaua (Coll. Levander).

227. Planaxis sulcatus Born. var. savignyi Desh.

Von den Localitäten 3, 7, 10, 11, 12, 13, 14, 16, 17, 18, 19, 20, 22, 24, 25, 36, 40, 50, 50.

228. Planaxis punctostriatus E. A. Smith.

Von den Localitäten 10, 16, 19; ferner von Asab, Insel Fathme (Coll. Levander).

229. Litiopa (Diala) semistriata Phil.

Von den Localitäten 2 und 30.

230. Rissoina pusilla Brocchi.

Von den Localitäten 14, 19, 25, 30.

Ich habe die Art im Sinne von Schwartz von Mohrenstern und Jickeli aufgefasst. Pilsbry (Tryon's Man. of Conch.) nimmt *R. pusilla* Schwartz non Brocchi zu *R. ambigua* Gld.

231. Rissoina plicata A. Ad.

Von den Localitäten 14, 20, 25, 30, 32, 33, 41.

232. Rissoina (Phosinella) clathrata A. Ad.

Von der Localität 30.

233. Rissoina (Phosinella) erythraea Phil.

Von der Localität 20.

234. Rissoina (Morchiella) spirata Sow.

Von den Localitäten 16, 19.

235. Rissoina (Zebina) tridentata Mich.

Von den Localitäten 10, 11, 25, 30, 31, 33.

236. Nerita plexa Chemn.

Von der Localität 50.

237. Nerita forskalii Recl. (= albicilla L.).

Von den Localitäten 3, 5, 6, 7, 8, 9, 10, 11, 12, 13, 14, 16, 17, 18, 19, 20, 22—24, 25, 27, 28, 30, 48, 49, 50; ferner von Jidda (Coll. Jickeli).

238. Nerita (Odontostoma) polita L. var. **rumphii** Recl.

Von den Localitäten 8, 9, 10, 11, 12, 13, 14, 16, 17, 18, 19, 20, 22, 25, 28, 42, 49, 50; ferner von Jidda (Coll. Jickeli).

239. Nerita (Pila) undata L. var. **quadricolor** Gmel.

Von den Localitäten 13, 16, 17, 18, 20, 22, 24, 28, 40, 42, 43, 48, 49, 50, ferner von Jidda (Coll. Jickeli).

240. Neritina (Smaragdia) rangiana Recl.

Von der Localität 16.

241. Phasianella (Orthomesus) variegata Lm.

Von den Localitäten 8, 10, 16, 27, 30.

242. Turbo petholatus L.

Von den Localitäten 13, 17, 18, 21.

243. Turbo chemnitzianus Rve. (= radiatus Gmel.)

Von den Localitäten 3, 4, 8, 9, 10, 11, 12, 13, 14, 16, 17, 18, 19, 20, 21, 22, 23, 25, 26, 27, 28, 30, 31, 32, 33, 35, 36, 38, 41, 43, 44, 49.

244. Turbo (Marmorostoma) heinprichi Troschel (= coronatus Gmel.)

Von den Localitäten 48, 49.

245. Trochus (Cardinalia) virgatus Gmel.

Von den Localitäten 1, 10, 17, 21.

246. Trochus (Tectus) dentatus Forsk.

Von den Localitäten 6, 13, 14, 17, 20, 21, 24, 25, 27, 30, 31.

247. Trochus (Infundibulum) maculatus L.

Von der Localität 10.

248. Trochus (Infundibulum) erythraeus Brocchi.

Von den Localitäten 3, 4, 9, 10, 12, 13, 14, 16, 17, 18, 24, 25, 27, 28, 30, 31, 45, 48.

249. Trochus (Clanculus) pharaonis L.

Von den Localitäten 6, 8, 9, 10, 11, 13, 16, 17, 20, 21, 22, 26, 28, 30, 31, 33, 41, 44, 48.

250. Monodonta dama Phil.

Von den Localitäten 7, 9, 10, 11, 12, 13, 14, 16, 18, 20, 22, 25, 48, 49, 50.

251. Gibbula declivis Forskål.

Von den Localitäten 9, 10, 30, 31; ferner von Dahalak (Coll. Jickeli).

252. Minolia gradata Sow.

Von den Localitäten 10, 30 und 41.

Wiewohl die Exemplare, welche mir von diesen drei Fundorten vorliegen, verschiedenartig in der Sculptur und Färbung sind, möchte ich sie doch unter dem Sowerby'schen Namen vereinigen. *Minolia gradata*, von Sowerby in Proc. Mal. Soc. London, I, 1893/95, p. 270, t. XVIII, fig. 5 und 6, aus Kurachi publiciert, scheint sich hauptsächlich an diejenige Form (»adult specimen«) von *M. solariiformis* Sow. anzulehnen, die von Pilsbry im Man. of Conch. XI, 1889, pl. 67, fig. 73, abgebildet wurde und von den im übrigen als *M. solariiformis* geltenden Schalen (l. c., pl. 39, fig. 44, 45) beträchtlich abzuweichen beginnt, und ebenso haben die hier zu besprechenden Stücke eine unverkennbare Ähnlichkeit mit der citierten Abbildung bei Pilsbry.

a) Von der Localität Nawibi liegen mir 2 Schalen vor (5·6 und 6·3 mm hoch, 5·8 und 6·2, respective 5 und 5·6 mm breit, mit einem Mündungsdurchmesser von circa 3 mm), die sich durch enge Nabelung ausgezeichnet sind und zwischen der Peripherie der Basis und dem Nabel 6 concentrische Rippen tragen.

b) Eine Dredschung im Hafen von Mersa Halaib lieferte 1 Schale, welche einige sehr auffallende Merkmale aufweist. Von den 7 Umgängen, aus denen dieselbe aufgebaut ist, sind die ersten glatt. Auf der 2. Windung beginnt ein Kiel, dem sich bald ein zweiter zugesellt. Diese beiden Kiele sind recht auffallend und übertreffen auch auf dem vorletzten und letzten Umgang die noch hinzukommenden Nebenkiele an Stärke. Die Basis der Schale ist mit 10 concentrisch angeordneten Rippen ausgestattet. Die Querstreifung, die zwischen den erwähnten Rippen oder Kielen zu sehen ist, kann eine ziemlich grobe, enge genannt werden. Das gelblichweiße Gehäuse besitzt zahlreiche, quer (radial) verlaufende und ziemlich regelmäßig angeordnete Fleckenbinden von brauner Farbe, die besonders auf dem letzten Umgange, wo sie sich nach der Basis wenden und gegen den Nabel zu spitz auslaufen, eine hübsche Zeichnung hervorrufen.

c) Aus Massaua hat mir nicht bloß die Pola-Expedition, sondern insbesondere auch die Levander'sche Sammlung ein paar Exemplare verschafft. An dieser Localität erreichen die Schalen eine Höhe von fast 7 mm, einen größeren Durchmesser von 7·4 und einen kleineren von 6·7 mm und einen Mündungsdurchmesser von 3·5 mm. Das größte Exemplar (ex coll. Levander) besitzt 7 Umgänge: am 4. Umgange beginnt der zweite Hauptkiel, und zwar erscheint er sofort gewissermaßen verdoppelt; übrigens gesellt sich auch zu dem ersten, bereits auf der 2. Windung beginnenden Hauptkiel bald ein feiner Begleitkiel. Das gelbgrüne, irisierende Gehäuse ist von einer Menge kleiner Flecken besetzt, die in quergestellten Zickzacklinien angeordnet sind; die Basis ist jedoch davon frei, und nur die Peripherie des letzten Umganges ist noch von diesen sich hier zu Radiärflecken gruppierenden Linien besetzt.

Vergleicht man die Exemplare der verschiedenen Funde untereinander, so muss man constatieren, dass das Halaib-Exemplar durch die gröbere Querstreifung und die zahlreichen Längsrippen auf der letzten Windung etwas isoliert steht.

Verwandte Formen von nahegelegenen Fundorten sind: *Minolia caifassii* Caramagna (Boll. Soc. Mal. It. XIII, 1888, p. 126, t. 8, fig. 1 [Assab]) und *Minolia nedyma* Melvill (Manch. Proc. & Mem. Lit & Philos. Soc. XLI, 1897, p. 17, pl. 7, fig. 23 [Perim]).

253. Euchelus proximus A. Ad. (= asper Gmel.)

Von der Localität 49.

254. Euchelus erythraeensis m.

Taf. V, Fig. 6.

Von den Localitäten 10 und 25.

Das abgebildete Exemplar stammt von Nawibi und weist die folgenden Dimensionen auf: Höhe der Schale 6·5 *mm*, Breite derselben 6 *mm*, Höhe (Länge) der Mündung 3·6, Breite derselben 2·5 *mm*. Von den 6 Umgängen sind bloß die beiden ersten frei von einer Sculptur, auf dem 3. Umgange sind bereits 3 Spiralrippen, auf dem 5. deren 4 bis 5 zu sehen. Diese Spiralrippen, nicht gleich in der Stärke, sondern meist etwas variabel, tragen zahlreiche Knoten von weißer oder gelbbrauner Farbe. Die Grundfarbe des Gehäuses ist weiß, Flecken von gelbbrauner oder olivengrüner Farbe finden sich ohne Regelmäßigkeit und häufig in Zickzacklinien quer über die letzten Umgänge vertheilt. Die Basis der Schale trägt zwischen der Peripherie und dem perspectivischen Nabel 7 concentrische Knotenreihen von gemischter Farbe.

Mit *E. foveolatus* A. Ad. ist diese Form nahe verwandt.

255. Vitrinella meneghinii Caramagna.

Von der Localität 10.

Im Berliner Museum befindet sich die Art aus Aden. Caramagna hat sie (Boll. Soc. Mal. It. XIII. 1888, p. 127, t. 8, fig. 2) aus Assab publiciert.

256. Stomatia duplicata Sow.

Von der Localität 10.

257. Stomatia rubra Lm.

Von der Localität 12.

258. Gena varia A. Ad.

Von den Localitäten 12, 16, 24.

259. Haliotis pustulata Rve. var. scutulum Rve.

Von den Localitäten 9, 10, 11, 12, 13, 16, 18, 20, 21, 30, 32.

260. Scutellina (?) arabica Küpp.

Von der Localität 20.

261. Glyphis rueppellii Sow.

Von den Localitäten 12, 14, 16, 17, 18, 25, 26, 27, 28, 31, 32, 38, 41.

262. Subemarginula tricarinata Born.

Von der Localität 13.

Unter dem Namen *S. panhicnsis* Sow. ist diese Form bereits aus dem Rothen Meere angeführt worden.

263. Subemarginula arabica A. Ad.

Von der Localität 30.

264. Scutus unguis L.

Von den Localitäten 20 und 31.

265. Acmaea saccharina L. var. stellaris Q. & G.

Von der Localität 31, 1 Exemplar.

266. Helcioniscus rota Gmel.

Von den Localitäten 3, 6, 7, 10, 13, 14, 16, 18, 20, 22, 24.

267. Chiton ? marmoratus Gmel.

Von den Localitäten 20, 18. Diese westindische Art ist allerdings im Rothen Meere eine auffällige Erscheinung.

268. Chiton affinis Issel.

Von den Localitäten 7, 10, 16, 27, 32; ferner von Dahalak (Coll. Jickeli) und Massaua (Coll. Levander).

269. Acanthopleura spiniger Sow.

Von den Localitäten 3, 14, 16, 17, 18, 19, 20, 22, 24, 41, 43, 46, 48; ferner von Asab (Coll. Levander).

270. Acanthochites fascicularis L.

Von der Localität 16; ferner von Massaua (Coll. Levander).

271. Cryptoplax ? striatus Lm.

Von den Localitäten 18 und 27; junge Exemplare.
Diese Art wurde im Rothen Meere bisher nicht gefunden.

272. Solidula solidula L.

Von der Localität 30.

273. Solidula sulcata Gmel.

Von der Localität 31; ferner von Massaua (Coll. Levander).

274. Smaragdinella andersoni Nevill.

Von der Localität 16.

275. Atys naucum L.

Von der Localität 10.

276. Atys cylindrica Helbl.

Von den Localitäten 10, 16, 18, 24, 27, 50; ferner von Massaua (Coll. Levander).

277. Bulla ampulla L.

Von den Localitäten 4, 9, 10, 12, 13, 14, 18, 45, 48, 50.

278. Hydatina physis L.

Von der Localität 18.

279. Phi'ine vaillanti Issel.

Von der Localität 3.

280. Cryptophthalmus smaragdinus Leuck.

Von den Localitäten 30, 44.

281. Tethys leporina L.

Von der Localität 3.
Es ist dies eine wohl aus dem Mittelmeer eingewanderte neue Erscheinung im Rothen Meere.

282. Tethys argus Rüpp. & Leuck.

Von den Localitäten 16, 18, 21, 22.

283. Dolabrifera cuvieri Ad.

Von den Localitäten 8, 13, 16, 18, 22.
Die Art ist neu für die erythräische Fauna.

284. Notarchus savignanus Aud.

Von den Localitäten 37, 48.

285. Dolabella gigas Rang.

Von den Localitäten 8 und 31; je 1 (jüngeres) Exemplar.

286. Pleurobranchaea meckelii Blainv.

Von der Localität 48.
Es ist dies eine mediterrane Art, die wohl durch Einwanderung ins Rothe Meer gelangt ist. (Auffallend bleibt nur ihr Vorkommen im südlichsten Theil des Rothen Meeres.)

287. Marionia cyanobranchiata Rüpp. & Leuck.

Von der Localität 12.

288. Hexabranchus suezensis Abraham.

Von der Localität 31.
Nach R. Bergh ist die Art mit *H. praetextus* Ehrenbg. synonym.

289. Doris quadricolor Rüpp.

Von der Localität 32.

Nach R. Bergh fällt diese Form mit *Chromodoris* zusammen.

290. Chromodoris ? pantherina Ehrnbg.

Von der Localität 21.

291. Crepidodoris ? plumbea Pagenst.

Von der Localität 32; 1 Exemplar.

Im Berliner Museum befindet sich, dieser Form am nächsten stehend, *Chromodoris rosans* Bgh. von Mauritius.

292. Baptodoris ? tuberculata Bgh.

Von der Localität 25; 1 Exemplar.

Diese Bestimmung habe ich im Berliner Museum ausgeführt, wo ein nahezu gleichgestaltetes Exemplar aus Mauritius aufbewahrt ist.

293. Phyllidia arabica Ehrnbg.

Von der Localität 30.

294. Onchidium (Peronia) peronii Cuv.

Von der Localität 20; ferner von Massaua (Coll. Levander).

D.

Mit *P* sind die Funde der »Pola«-Expeditionen, d. h. die litoralen Aufsammlungen der Herren Hofr. Dr. Steindachner und Custos Dr. Jickeli, mit *L* Funde von Dr. K. M. Levander. — In der Rubrik »Bemerkungen« sind Synonyme verzeichnet; ferner besagt d. h., wenn nichts Gegentheiliges hinzugefügt ist, im Allgemeinen eine indoaustralische

Nummer	Art-Namen	Suez-Canal	Golf von Suez	Golf von Akabah	28.—26.° N.Br.
1	Murex elegans Dillw.				P
2	tribulus L.	A, P	A, P	P	P
3	(Chicoreus) corrugatus Sow. (= palmiferus Sow.)		A, P	A	
4	erythraeus Fischer (= anguliferus Lm.)	A	A, P	A	P
5	ramosus L.		A, P	P	P
6	(Ocinebra) cyclostoma Sow.				P
7	contractus Rve.		A	P	P
8	Purpura rudolphi Chem.				
9	(Thalessa) savignyi Desh.		A, P	A, P	P
10	Jopas sertum Brug.		A	A, P	P
11	Ricinula ricinus (L.)		A	P	P
12	horrida Lm.		A, P		P
13	digitata Lm.		A	—	
14	(Sistrum) morus Lm.		A	P	P
15	tuberculata Blv.		A	A, P	A, P
16	ochrostoma Blv.		A	P	P
17	fiscellum (Chem.)		A, P	—	
18	Rapana bulbosa (Sol.)		A, P		P
19	Rhizochilus (Coralliophila) neritoidea (Lm.)		—		P
20	galea (Chem.)		A	—	—
21	madreporarum (Sow.)		A		P
22	Magilus antiquus Lm.		A		—
23	Triton tritonis L.		A	P	P
24	(Simpulum) pileare L.		A	A, P	P
25	rubecula L.		A	P	P
26	(Gutturnium) trilineatus Rve.		A, P	P	P
27	(Epidromus) decapitatus Rve.				
28	Distorsio anus L.		A	A, P	P
29	Ranella spinosa Lm.		A		A
30	(Lampas) lampas (L.)	—	A	A, P	A, P
31	granifera Lm.		A	P	P
32	(Argobuccinum) concinna Dkr. (= pusilla Brod.)		A		A
33	Fusus australis Quoy	A	A, P	A	P
34	polygonoides Lm.	P	A, P	P	P
35	Fasciolaria riecensis Jonas (= filamentosa Lm.)				
36	trapezium L.		—	A	P
37	Peristernia forskalii Tapp. (= nassatula Lm.)			P	P
38	incarnata Desh.		A	P	—
39	Latirus polygonus Gmel.		A	P	P
40	turritus Gmel.		A	A, P	P
41	Melongena paradisiaca (Rve.)	A	A, P		P
42	Pisania ignea Gmel.		—		P

Tabelle.

Fr. Siebenrock eingetragen, mit *A* die bisherigen Angaben der Autoren, mit *J* bisher noch unpublicierte Aufsammlungen von hier ein ➤➤➤, dass die betreffende Art auch außererythräisch, und zwar über den Meerbusen von Aden hinaus verbreitet ist. Verbreitung hat; ein ∗, dass die Art bisher nur im Rothen Meere s. str. gefunden wurde.

26.—22° N.Br.	22—18° N.Br.	18.—14° N.Br.	14.° N.Br. bis Bab el Mandeb	Meerbusen von Aden	Bemerkungen	Nummer
...	—	A, P	A	A	➤➤➤	1
P	...	A, P	A	A	incl. *crassispina* Lm. ➤➤➤	2
—	—	A	A	-	➤➤➤	3
P	P	A, P	A	A	➤➤➤	4
P	—	A	A	A	Syn. *inflatus* i. m., *incrassatus* Reit. ➤➤➤	5
P	—	A	A, P	A	➤➤➤	6
...				A	Syn. *funiculatus* Rve. *ustulatus* Rve. ➤➤➤	7
...		P	A	A	➤➤➤	8
		A, P	A, P	A	➤➤➤ (Pers. Golf)	9
P		A, P	A	A	➤➤➤	10
P	P	J, P		A	➤➤➤	11
						12
P	...	J	...	A	incl. var. *ebura* Rve. ➤➤➤	13
P			J.		incl. var. *agrestis* Lm. ➤➤➤	14
P	—	J	—	A	incl. *granulata* Dacl. ➤➤➤	15
P	P	P		A	incl. *spectrum* Rve. ➤➤➤	16
P	P	P	—	A	➤➤➤	17
—	—	P	A, P	A	➤➤➤	18
P	...	J	-	P	incl. *erosicos* Kien. ➤➤➤	19
P	...	—			➤➤➤	20
P	P				➤➤➤	21
...	P	A	A	A	➤➤➤	22
	P	...			➤➤➤	23
P		A, P	A	A	➤➤➤	24
...	—			A	➤➤➤	25
P	P	A, P	A	A	➤➤➤	26
P	—	...	-	A	➤➤➤	27
...		...				28
	—	A, P	-	A	incl. *echinata* Link ➤➤➤	29
	P				incl. *histrio* Schum. ➤➤➤	30
P	...	A, P	A	A	incl. *affinis* Brod. ➤➤➤	31
	P	A, P	A	A	➤➤➤	32
...	A	—	—	-	incl. *marmoratus* Phil., *tuberculatus* Chem. ➤➤➤	33
P	P	...	—		➤➤➤	34
	—	A, P	A	A	➤➤➤ (*filamentosa*)	35
P	P	A, P	A	A	incl. *andamiri* Jon.	36
P	P	A, P	P	A	➤➤➤ (*passatula*)	37
...	P	...	-		incl. var. *elegans* Dkr. ➤➤➤	38
—	—	A, P	A	A	➤➤➤	39
—	—	-	-	A	➤➤➤	40
P	P	A, P	A, P	A	➤➤➤	41
P	P	A, L	-	A	➤➤➤	42

26.–22° NBr.	22.–18.° NBr.	18.–14° NBr.	14° NBr. bis Bab el Mandeb	Meerbusen von Aden	Bemerkungen	Nummer
P	P	A. P	A. P	A		43
P	P	—	—	—	»—→ »Rothes Meer« (A)	44
—	—	—	P	A	Syn. *grayi* Rve. »—→	45
P	—	—	A. P	A	incl. *cuspho* Desh. »—→	46
P	P	P	A. P	A	»—→	47
—	—	—	—	—	·	48
—	—	P	P	A		49
P	—	J. L.	—		»—→	50
P	P	P	A	A	incl. *dermestina* Gld. und *nitastrata* · »—→	51
—	—	J	A	A	»—→	52
—	—	P	P		»—→	53
P	P	P	P	A	»—→	54
P	P	P	P		»—→	55
—	—	—	—	A	»—→	56
—	—	P	—	A	»—→	57
—	—	—	—		»—→	58
—	—	A	—	A	»—→	59
P	—	—	—	A	Syn. *granatina* Lm. »—→	60
—	—	? A	—	A	»—→	61
—	—	A	—	? A	Syn. ? *enlereus* A. Ad. »—→	62
—	—	A. P	—	A	»—→	63
P	P	A. P	—	A	»—→	64
P	—	—	—		»—→	65
P	—	A	—		incl. *arabica* Bohm. »—→	66
—	—	—	—	A	»—→	67
—	—	—	—		»—→ und »Rothes Meer« (A)	68
P	·	A	—		Syn. *michaudi* C. & F. und *rigida* Rve. »—→	69
P					·	70
—					»—→	71
—	A	A	·	A	»—→	72
P	—			—	»—→	73
P	—	A	—	—	= *microgenus* Schrenk, non Lm. »—→	74
—	A	A		A	»—→	75
—	P	A	A	A	»—→	76
P	A	A. P	—	A	»—→	77
—	P	—	A. P	A	Syn. *terereeasa* Less. »—→ (W. Afr., Seb.-tras.)	78
—	·	P	A. P	A	»—→	79
—	—	—	A	A	»—→ Pers. Golf, Zanzibar	80
P	P	A	P	A	incl. *bimedata* Ad.	81
P	—	—	—	A	Syn. *crassa* Phil. »—→	82
P	P	P	? A	—	? = *rustica* L. (W. Ind., W. Afr., Medit.)	83
P	P	P	P		»—→	84
—	—	—	A	A	»—→	85
—	—	—	—	—	»—→	86
·				A	»—→	87

Nummer	Art-Namen	Suez-Canal	Golf von Suez	Golf von Akabah	28.-26.* Nr.
88	Columbella (Atilia) eximia Rve. (var.) . . .			P	
89	" " exilis Phil . . .		A	P	—
90	" (Anachis) terpsichore Sow.	—	.	—	.
91	" (Conidea) tringa Lm.		A		P
92	" " flava Brug.		A, P		—
93	Engina trifasciata Rve. (= recexi Tryon) . . .				P
94	" mendicaria Lm. .		A	A, P	P
95	Conus (?) literatus L.			—	P
96	" tessellatus Born		A	A, P	A, P
97	" arcuatus Hwss. .		A	A, P	A, P
98	" sutturis Hwss. .		A	—	A, P
99	" taeniatus Brug. .		A	A, P	A, P
100	" acuminatus Hwss. .		.	A	—
101	" maldivus Hwss. . .		A	P	A, P
102	" sumatrensis Lm.		A	—	A, P
103	" virgo L. . . .		A		A
104	" flavidus Lm.		A	A, P	A, P
105	" lividus Hwss. .		A	P	A, P
106	" lividus Rve. . .		A		P
107	" (?) ignatius Rve. . .			P	—
108	" erythraensis Beck	—	A		
109	" catus Hwss. var. nigropunctatus Sow.		A	A, P	A, P
110	" musutella L. . . .		A	P	A, P
111	" striatus L.			P	A, P
112	" tulipa L. . .				
113	" geographus L.			P	A, P
114	" textile L. . .			P	P
115	" pusillus Chemn., non Lm. .		A	P	A, P
116	Pleurotoma cingulifera Lm.		A	A, P	P
117	" erythraea Jick .		A	—	P
118	" (Drillia) crenularis Lm. .	?	A		
119	" formosa Rve.		A		P
120	Mangilia (Cythara) capillacea Rve. .		—		P
121	" (Glyphostoma) rubida Hinds. var.		A		P
122	" " epicharis Stur . .				P
123	Clathurella tincta Rve. (var.			—	
124	" dichroma Stur. .	—			
125	Terebra (?) Rve. . .	—			
126	Terebra crenulata L.		A	A, P	P
127	" maculata Lm. . .		A	A	P
128	" fasciata L.		—	P	P
129	" subulata Lm. var. consobrina Desh.		A		P
130	" affinis var. .		A	P	P
131	" duplicata L.		A	A	P
132	" babylonia Lm.		A	P	P
133	" tessericula Stur.			P	

26.—22.° NBr.	22.—18.° NBr.	18.—14.° NBr.	14.° NBr. bis Bab el Mandeb	Meerbusen von Aden	Bemerkungen	Nummer
—			—		⟶	88
—				.1	⟶	89
—		P	—	.1	⟶	90
P		P	.1		⟶	91
—	P	L	.1	.1	⟶	92
P	P	J		.1	incl. *alicolata* Kren. ⟶	93
P		.1	.1	.1	⟶	94
—					⟶	95
—				.1	⟶	96
P	.1	A, P	A, P	.1	⟶	97
—			—	.1	⟶	98
P		.1	P	.1	⟶	99
—		A, P	A, P	.1		100
—		—		.1	= *generula* L. var. ⟶	101
		.1	.1	.1	⟶	102
		—		t		103
P		.1		.1	⟶	104
P		—		.1	⟶	105
P		.1	—	.1	⟶	106
—	—	—	—	—	⟶	107
—		A, P	A, P	.1		108
P	.1	L	? .1	.1	incl. *adansoni* Rve. ⟶	109
—		—	.1	.1	⟶	110
—		.1	—	.1	⟶	111
P	P	A	—		⟶	112
—	.1	.1	.1	.1	⟶	113
P	—	.1	.1	.1	incl. *roseus* Lm. ⟶	114
P	A, P	A, P		.1	= *ceylonicus* Hwss. var. ⟶	115
P	—	.1	—	.1	⟶	116
—		.1	—	—		117
—			A, P	.1	⟶	118
P		—		—	⟶	119
P		—		—	⟶	120
—		P			⟶	121
—		—				122
—	P	—	—	.1	⟶	123
P	—					124
P	P	—	—		⟶	125
P	—	—	—		⟶	126
—		—	—		⟶	127
—		—			⟶	128
P	J	J	—	.1	⟶	129
P	—	—	—	—	⟶	130
—		—	A, P	.1	incl. *lamarcki* Kren. ⟶	131
P	—	J	—		⟶	132
—		—			⟶	133

Nummer	Art-Namen	Suez-Canal	Golf von Suez	Golf von Akabah	28.-26.° NBr.
134	*Terebra assumilis* Hinds		..	..	..
135	caerulescens Lm. var. *nimbosa* Hinds.		A	A	—
136	• *castigata* Cooke		A	—	P
137	*Cancellaria* (*Trigonostoma*) *scalarina* Lm.		—	—	P
138	• (*Merica*) *asperella* Lm. var. *melanostoma* Sow.		...	—	—
139	*Strombus* (*Monodactylus*) *tricornis* Lm.	A	A, P	A, P	A, P
140	• (*Gallinula*) *columba* Lm.		? A	A	P
141	• *fusiformis* Sow.		A	A, P	—
142	(*Canarium*) *dentatus* L.		A	A, P	P
143	• • *floridus* Lm.		A	A, P	A, P
144	• • *fasciatus* Born.		A, P	A, P	P
145	• • *gibberulus* L.		A	A, P	A, P
146	• *terebellatus* Sow.		A	—	P
147	*Pterocera bryonia* Gm.		A	P	P
148	*Rostellaria curvirostris* Lm.		A	P	—
149	*Terebellum subulatum* Lm.		A	P	—
150	*Cypraea isabella* L.		A	A, P	P
151	• *caurica* L.		A	P	P
152	• *talpa* L.		A	..	P
153	*fimbriata* Gmel.		A, P	—	A, P
154	• *caurica* L.		A	A, P	P
155	*erythraeensis* Beck		A	—	P
156	• *arabica* L.		A, P	A, P	A, P
157	*annulus* L.		A	A	..
158	*tigris* L.		P	A, P	P
159	*pantherina* Soland.		A	A	A
160	*vitellus* L.		...	—	—
161	• *camelopardalis* Perry		—	—	P
162	*lynx* L.		A	—	P
163	• *erosa* L.		A	A, P	A, P
164	*insdus* L.		A, P	A, P	..
165	(*Pustularia*) *nucleus* L.		A	—	P
166	(*Trivia*) *oryza* Lm.		A	P	P
167	*Ovulum verrugatum* Lm.		A	A, P	P
168	*gracilis* L.		..	P	P
169	*Pirula ficus* L.				
170	*Dolium* (*Malea*) *pomum* L.		A, P	A, P	P
171	*Cassis* (*Casmaria*) *torquata* Rve.		A, P	P	P
172	*Natica forskalii* Chemn.			..	—
173	• *marochiensis* Gmel.		A	P	—
174	(*Mammaea*) *parisiana* Rech.		A, P	..	..
175	• *mamilla* Lm.		A	A, P	P
176	*melanostoma* Lm.		A	A, P	P
177	*Sigaretus* (*Eunaticina*) *papilla* Gmel.		A		P
178	*Capulus canaanensis* Sturr.				—
179	*Thyca ochracea* Sar.				

26.–22.° NBr.	22.–18.° NBr.	18.–14.° NBr.	14.° NBr. bis Bab el Mandeb	Meerbusen von Aden	Bemerkungen	Nummer
.		P		A		134
P	–	J		A	➤	135
–	..	...			.	136
–		L		A	incl. *crenata* Sow. ➤→	137
.	..	–	P	A	➤→	138
P	P	A. P	A. P	A	➤→	139
–	...			A	➤→	140
–				A	➤→	141
P	P	L. P	A	A	incl. var. *crybtarius* Chemn. ➤→	142
P	A. P	A	A	A	➤→	143
P	P	A. P	A	A	➤→	144
P	P	A	A. P	A	➤→	145
.	..	–	–	A	➤→	146
P	P	? A	A	A	➤→	147
–	P	A. P	A	A	incl. *magnus* Searot. ➤→→	148
–	–				➤→	149
–	P	P	.	A	➤→	150
P	P	A. P	A. P	A	➤→	151
–	–	..	A	A	➤→	152
P	P	A. P	.	A	➤→	153
P	P	P		A	➤→	154
P	P	P	A	A		155
–	P	A. P	A	A	➤→	156
–		A. P	A	A	➤→	157
P	P	A. P	P	A	➤→	158
	A. P	A		A	➤→	159
	..	P		A	➤→	160
		A	A		Syn. *melanostoma* Leathes. .	161
P	P	P	A	A	➤→	162
–	A. P	A. P	A	A	➤→	163
–	A	A. P	A. P	A	➤→	164
–	–	..		A	➤→	165
P	P	I	A	–	➤→	166
P	.	..			➤→	167
–			A		➤→	168
–		P		A	➤→	169
P	–		A	–	➤→	170
I		P		A	➤→	171
.		P		A	➤→	172
P	P	P	A	A	➤→	173
–	–	J		A	incl. *cumingiana* Reel. ➤→→	174
P	–	P	A. P	A	➤→	175
P	–	P	A	A	➤→	176
–	–		P	A	➤→	177
	–	P			.	178
	P				➤→	179

Nummer	Art-Namen	Suez-Canal	Golf von Suez	Golf von Akabah	28.—26.° NBr.
180	*Hipponyx australis* Quoy		A	--	P
181	*Mitrularia equestris* L.		A	--	P
182	*Vermetus imperius* (Rüpp.)	A	A	P	P
183	*Turritella cingulifera* Sow.		--		—
184	» *columnaris* Kien.			--	—
185	» *tristulcata* Lm.		A, P	P	P
186	*Eulima (?) lactea* A. Ad.			·	P
187	» *muelleriae* Star.			--	—
188	» *orthopleura* Star.		--		—
189	*Styliter thieica* Star.		--		--
190	*Pyramidella (Longchaeus) sulcata* A. Ad.		A	P	P
191	» *(Obeliscus) nivalis* A. Ad.		A	P	A, P
192	*Syrnola tricrstata* Star.	P		--	—
193	*Elusa kalalaensis* Star.		--		—
194	*Solarium perspectivum* L.				P
195	*Torinia variegata* Gmel.		A		P
196	*Ianthina fragilis* L.		--		—
197	*Scalaria alata* Sow.				—
198	» *lamellosa* Lm.				—
199	*Cerithium erythraeonense* Lm.	A	A, P	A, P	P
200	» *echinatum* Lm.		--	P	--
201	» *obtusum* Sow.		A	P	P
202	» *rueppelii* Phil.		A	--	P
203	» *scabridum* Phil.	A, P	A	--	--
204	» *caeruleum* Sow.	--	A, P		P
205	» *costratum* Sow.		A	P	—
206	» *petrosum* Wood (= *tuberculatum* L.)		A	A	P
207	» *morus* Lm.		A, P	A, P	P
208	» *? pusillum* Ad.		--	P	—
209	» *caerinaculatum* Sow.		A	P	P
210	» *(Liocerithium) lacteum* Kien.		A	P	P
211	» *(Vertagus) obeliscus* Brug.		--		--
212	» *(? Vertagus) Kocht* Phil.		A	P	--
213	» *(? Vertagus) recurvum* Sow.		A	P	P
214	» *(Vertagus) asperum* L.		A		P
215	» *fasciatum* Brug.		A	A	P
216	*Potamides (Pirenella) conica* Blainv.	A, P			P
217	» » *caillaudi* Pot. & Mich.	A, P	A, P	P	P
218	*Triforis (Mastonia) ruber* Hinds.	--	A	--	P
219	» *monilifer* Hinds.		--	--	--
220	» *(Viriola) corrugatus* Hinds.		A	--	--
221	» *(? Viriola) senaficensis* Star.				P
222	*Litterina (Melaraphe) scabra* L.		A	--	P
223	*Tectarius armatus* Issel		A	P	
224	» *subnodosus* Phil. (= *nodosus* Gra.)		A	--	P
225	» *granularis* Gr.		A		P

26.—22.° Nbr.	22.—18.° Nbr.	18.—14.° Nbr.	14.° Nbr. bis Bab el Mandeb	Meerbusen von Aden	Bemerkungen	Nummer
P	P			A	→→	180
–	–		A	A	→→	181
P	P				.	182
–			P		→→	183
		P		A	→→	184
		P			.	185
			A		→→	186
	P				.	187
	P	–			.	188
–	P				.	189
–	A			A	incl. *prota* Bernard →→	190
–		A		A	→→	191
					.	192
P					.	193
		P	A	A	→→	194
P		P	A	A	→→	195
–			A, P	A	→→	196
P					→→	197
–		P		A	incl. *clathrus* L. →→ auch mediterr..	198
P		A	A	A	.	199
–		–	…	A	→→	200
P		J, L	–	A	→→	201
P		J, L	A	A	.	202
–		A	P	A	.	203
P	P	A, P	–	A	→→	204
P	P	–	A	A	→→	205
P		A	A	P	→→	206
P	P	P	A, P	A	incl. *bicostatum* Sow. und *monoterma* Duc. →→	207
–					→→	208
P					→→	209
P	P	P	A	…	→→	210
–		P		A	→→	211
P	P	J, L		A	.	212
P		–	P	A	.	213
–	P	J		A	→→	214
P	–	J		A	→→	215
–					auch mediterran!	216
–		A, P	A		.	217
–	P	P	.		→→	218
P		–			→→	219
–		P		A	→→	220
–					.	221
–	…	J	A	A	incl. *intermedia* Phil. →→	222
P	–	…	A		.	223
P				A	→→	224
P	–				Syn. *mollegrana* Phil. →→	225

Nummer	Art - Namen	Suez-Canal	Golf von Suez	Golf von Akabah	28.—26.° N.Br.
226	Modulus tectum Gmel.		A	—	P
227	Planaxis sulcatus Born. var. savignyi Desh.		A, P	P	P
228	» punctostriatus E. A. Smith		A	P	P
229	Litiopa (Diala) semistriata Phil.	P	A	—	—
230	Rissoina pusilla Brocchi	—	—	—	P
231	» plicata A. Ad.		A	—	P
232	(Phosinella) clathrata A. Ad.	—	A	—	—
233	» erythraea Phil.		A	—	P
234	(Morchiella) spirata Sow.		A	—	P
235	» (Zebina) tridentata Mich.		A	P	P
236	Nerita plexa Chemn.		—	—	P
237	» forskali Recl. (= albicilla L.)		A, P	A, P	P
238	» (Amphitonus) polita L. var. rumphii Recl.		A, P	A, P	P
239	» (Pila) undata L. var. quadricolor Gmel.		A	—	P
240	Neritina (Smaragdia) rangiana Recl.	—	A	—	P
241	Phasianella (Orthomesus) variegata Lm.		A, P	A, P	P
242	Turbo petholatus L.		A	—	P
243	» chemnitzianus Rve. (= radiatus Gmel.)	A	A, P	A, P	P
244	(Marmarostoma) hemprichi Troschel (= coronatus Gmel.)		—	—	—
245	Trochus (Cardinalia) virgatus Gmel.	P	A	A, P	P
246	(Tectus) dentatus Forsk.	—	A, P	A	P
247	(Infundibulum) maculatus L.	—	A, P	—	—
248	» erythraeus Brocchi	—	A, P	A, P	P
249	» (Clanculus) pharaonis L.	A	A, P	A, P	P
250	Monodonta dama Phil.	—	A, P	A, P	P
251	Gibbula declivis Forsk.	A	A	A, P	—
252	Minolia gradata Sow.	—		P	—
253	Euchelus proximus A. Ad. (= asper Gm.)	—	—	—	—
254	» erythraeensis Stur.	—		P	—
255	Vitrinella meneghinii Caramagna	—	—	P	—
256	Stomatia duplicata Sow.	—	A	P	—
257	» rubra Lm.	—	—	P	—
258	Gena varia A. Ad.	—	A	P	P
259	Haliotis pustulata Rve. var. scutulum Rve.	—	A	P	P
260	Scutellina (?) arabica Rüpp.	—	A	—	P
261	Glyphis rueppelli Sow.	—	A	P	P
262	Subemarginula tricarinata Born.	—	—	—	P
263	» arabica A. Ad.	A	—	—	—
264	Scutus unguis L.	—	A	—	P
265	Acmaea saccharina L. var. stellaris Q. & G.	—	—	—	—
266	Helcioniscus rota Gmel.	—	A, P	A, P	P
267	Chiton (?marmoratus Gmel.	—	—	—	P
268	» affinis Issel	—	A, P	P	P
269	Acanthopleura spiniger Sow.	—	A, P	—	P
270	Acanthochites fascicularis L.	—	—	—	P

26—22.° Nbr.	22.—18.° Nbr.	18.—14.° Nbr.	14.° Nbr. bis Bab el Mandeb	Meerbusen von Aden	Bemerkungen	Nummer
P	—	L	A	A	→→	226
P	P	A, P	A, P	A	→→ (Pers. Golf)	227
—	—	—	L		"	228
P	—	—			Syn. *ruta* A. Ad. →→	229
P	A	A			"	230
P	P	P		A	→→	231
—	—	—	P	A	→→	232
—	A	A	—	A	→→	233
—	A	A	A	A	→→	234
P	P	—	—	A	→→	235
—	—	—	A, P	A	→→	236
P	J	A, P	A, P	A	→→	237
P	J	A, P	A, P	A	→→	238
P	J	A, P	P	A	→→	239
—	—	A	A	A	? incl. *fenditeis* Nod. →→	240
P	—	P	—	A	→→	241
—	—	—	A	A		242
P	P	P	A, P	A	→→	243
—	—	A, P	A, P	A	→→	244
—	—	—	A	A	→→	245
P	P	A	A	A	→→	246
—	—	—	A		→→	247
P	P	P	A	A		248
P	P	P	A	A		249
P	—	P	A, P	A		250
P	P	J	—	—	"	251
P	—	P	—		→→ (Kurachi)	252
—	—	—	P	A	→→	253
P	—	—	—	—	"	254
—	—	—	A	A		255
—	—	—	—	—	→→	256
—	—	—	—			257
—	—	—	—	A	→→	258
P	P	—	—	—	→→	259
—	—	—	—	—	"	260
P	P	P	A	A	→→	261
—	—	—	—	—	Syn. *penicentus* Quoy →→ und «Rothes Meer» A...	262
P	—	—	—		"	263
—	P	—	—	A	→→	264
—	P	—	A	—	→→	265
P	—	—	A		→→	266
—	—	P	—		→→ (Westind.)	267
—	P	J, L	? A	—		268
P	—	P	L	A	→→	269
—	—	L	—		→→ mediterr. und nordatl.	270

Nummer	Art-Namen	Suez-Canal	Golf von Suez	Golf von Akabah	28.-26.° Nitu.
271	Cypraea *isellata Lm.				P
272	Solarius soldatis L.		A		
273	...ulcata Gmel.				
274	Scissurginella andersoni Nevill.		A		P
275	Mya asunciata L.		A	P	..
276	...cylindrica Hellbl.		A	P	P
277	Bulla ampulla L.		A. P	P	P
278	Hydatina physis L.		A		P
279	Phaline cuillanti Issel.		A. P		
280	Cryptophthalmus smaragdinus Leuck.		A		
281	Tethys leporina L.		P		
282	...argus Rüpp. & Leuck.		A		P
283	Dolabrifera oweni Ad.		P		i
284	Notarchus sanguineus Aud.				
285	Dolabella agria Rang.		P		
286	Pleurobranchus meckelii Bls.				
287	Marionia cymbodonioma Rüpp. u Leuck.		A	P	
288	Hexabranchus niettenex Abraham.		i		
289	Doris quadricolor Rüpp.		A		
290	Chromodoris *pantherina Ehrnbg.		A		P
291	Cryphidoris splendens Fagenst.				..
292	Baptodoris tuberculata Bgh.				
293	Phyllidia varians Ehrnbg.		A		
294	Onchidium (Peronia) peronii Cuv.		A		P

26—22° NBr.	22—18.° NBr.	18—14.° NBr.	14.° NBr. bis Bab el Mandeb	Meerbusen von Aden	Bemerkungen	Nummer
P					➡➡➡	268
			P	A	auch var. *maculosa* ➡➡➡	269
	P	L			*Pyrgulina* Ad. ➡➡➡ und *medio-staminea*	270
			A	A	➡➡➡	271
P	A	L	P	A	➡➡➡	272
		P	A, P	A	➡➡➡	273
			A	A	➡➡➡	274
P		P			➡➡➡	275
					➡➡➡ *mediterr.*	276
P						277
P					➡➡➡	278
		P			➡➡➡	279
	P			A	➡➡➡ und *Rothes Meer*	280
		P			➡➡➡ *mediterr.*	281
	P				*profunda* Hedl.	282
	P					283
						284
P					➡➡➡	285
P						286
	A	L			➡➡➡	287

Tafel I.

Tafel 1.

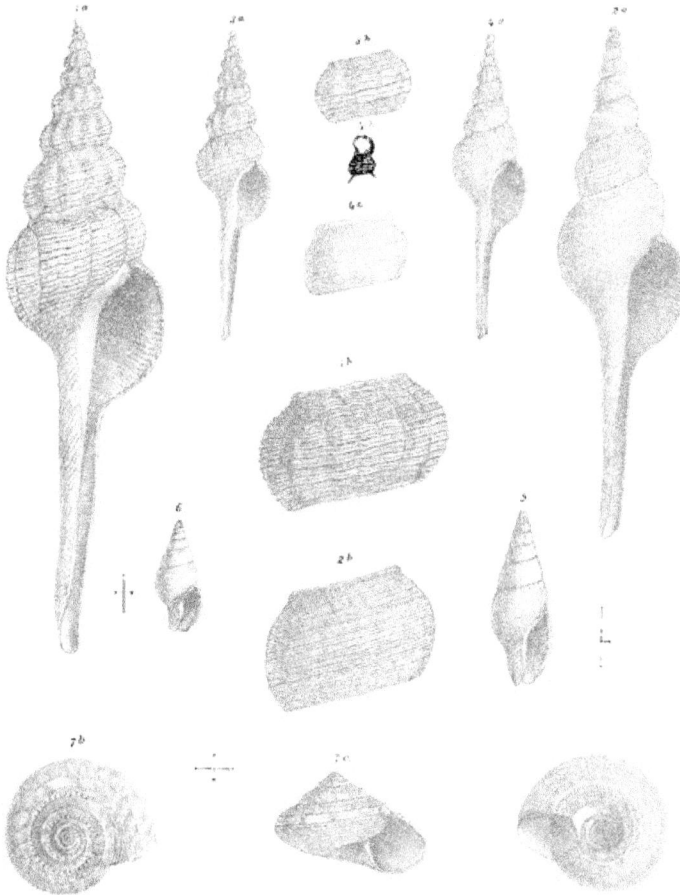

A. Swoboda lith.

Druck v. A. Berger, Wien, VII.

Denkschriften d. kais. Akad. d. Wiss. math.-naturw. Classe, Bd. LXXIII.

Tafel II.

Tafel II.

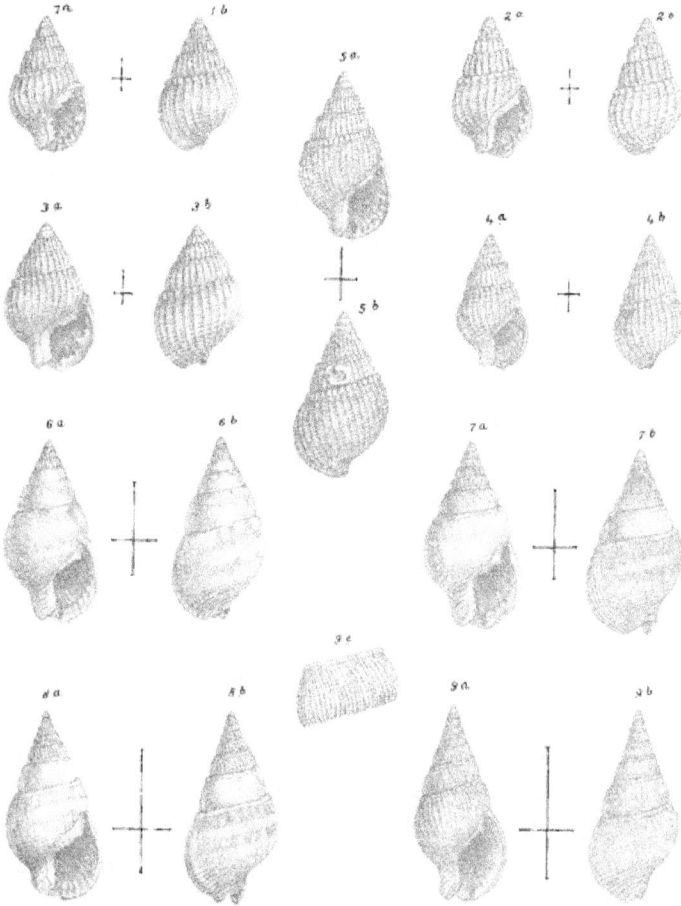

A. Swoboda lith.

Druck v. A. Berger, Wien, VIII.

Denkschriften d. kais. Akad. d. Wiss. math. naturw. Classe, Bd. LXXIII.

Tafel III.

Tafel III.

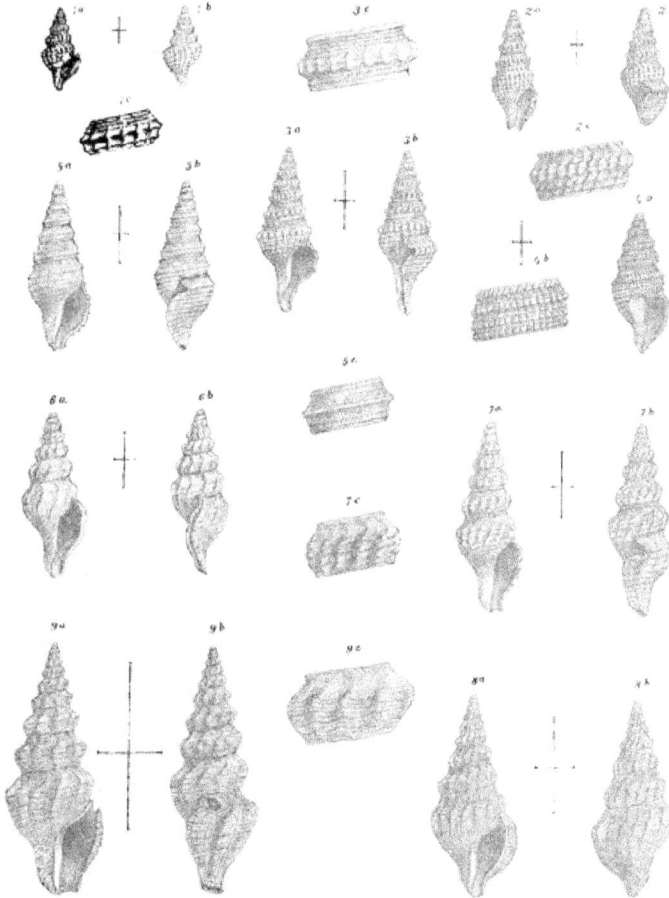

A. Swoboda lith.

Druck v. A. Berger, Wien, VIII.

Denkschriften d. kais. Akad. d. Wiss. math. naturw. Classe, Bd. LXXIII.

Tafel IV.

Tafel IV.

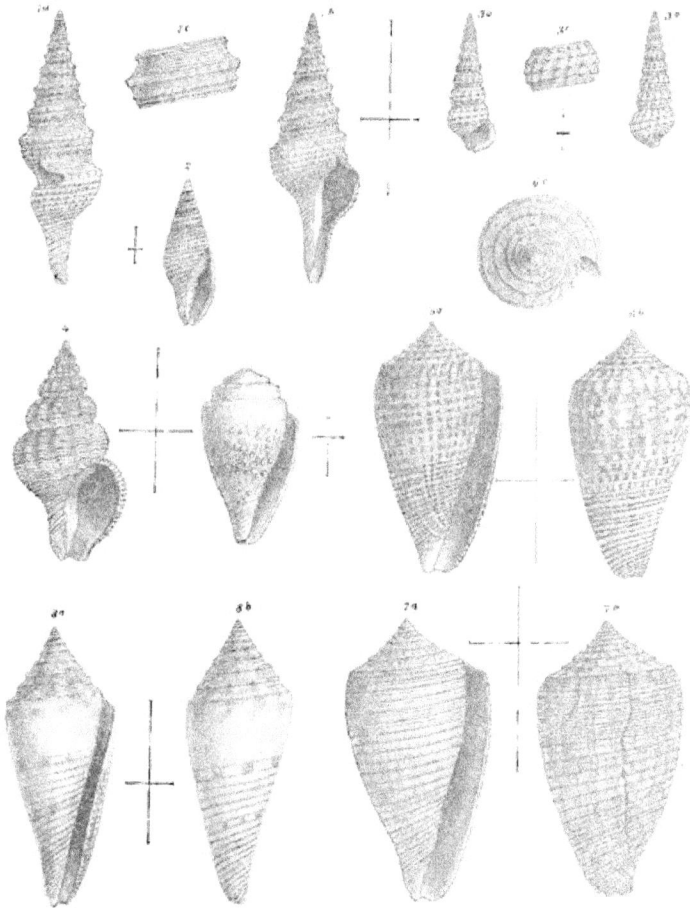

A. Swoboda lith.

Druck v. A. Berger, Wien, VIII.

Denkschriften d. kais. Akad. d. Wiss. math.-naturw. Classe, Bd.LXXIII.

Tafel V.

Tafel V.

Fig. 1 *a—b*: *Columbella (Atilia) conspersa* Gask., von Nawibi. S. 40 [248].

Fig. 2 *a—b*: *Columbella (Atilia) mindoroënsis* Gask. var., von Mersa Halaib. S. 39 [247].

Fig. 3 *a—b*: *Columbella (Atilia) eximia* Rve. var., von Akabah. S. 40 [248].

Fig. 4 *a—b*: *Columbella (Anachis) terpsichore* Sow., von der Insel Abayâ. S. 40 [248].

Fig. 5 *a—b*: *Clathurella dichroma* m., von Sherm Sheikh (Mersa Sheikh) [Local. 25]. S. 44 [252].

Fig. 6: *Euchelus erythraeensis* m., von Nawibi. S. 58 [266].

Fig. 7 *a—b*: *Triforis (? Viriola) senafirensis* m., von der Insel Senafir. S. 54 [262].

Fig. 8, 9, 10: *Turritella auricincta*, v. Marts., und zwar Fig. 8 Exemplar von Station 88 (58 m), Fig. 9 Exemplar von Station 87 (50 m), Fig. 10 Exemplar von Station 1 (48 m). S. 25 [233].

Fig. 11 *a—b*: *Cylindra crenulata* Gmel., von Akik Seghir. S. 38 [246].

Fig. 12 *a—b*: *Emarginula harmileensis* m., von Station 143 (212 m). S. 27 [235].

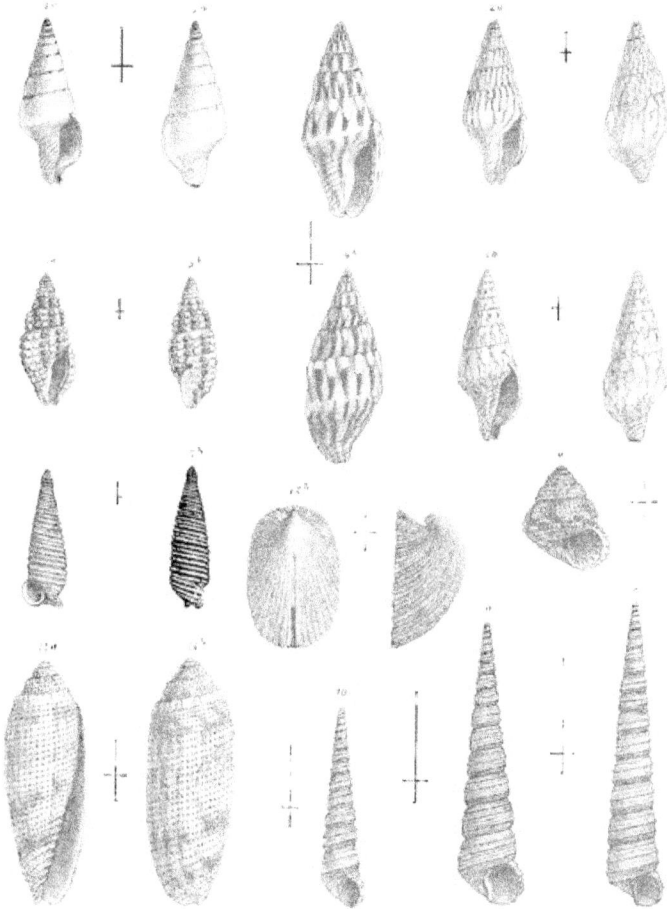

A. Swoboda del.   Druck v. A. Berger, Wien, VIII.

Denkschriften d. kais. Akad. d. Wiss. math. naturw. Classe, Bd. LXXIII.

Tafel VI.

Tafel VI.

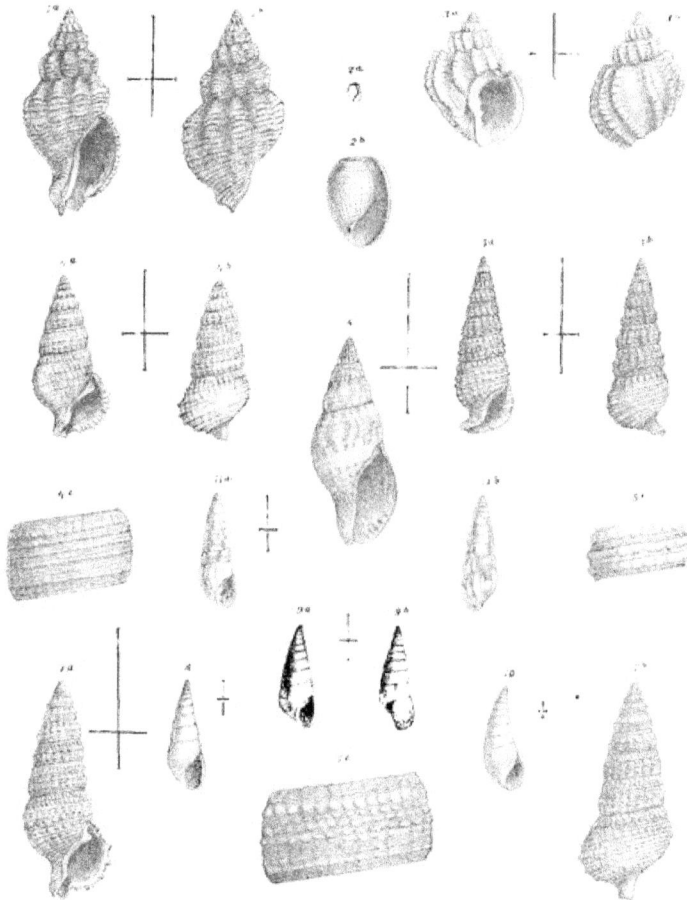

A. Swoboda lith.

Druck v. A. Berger, Wien, VIII 2.

Denkschriften d. kais. Akad. d. Wiss. math.-naturw. Classe, Bd. LXXIIII.

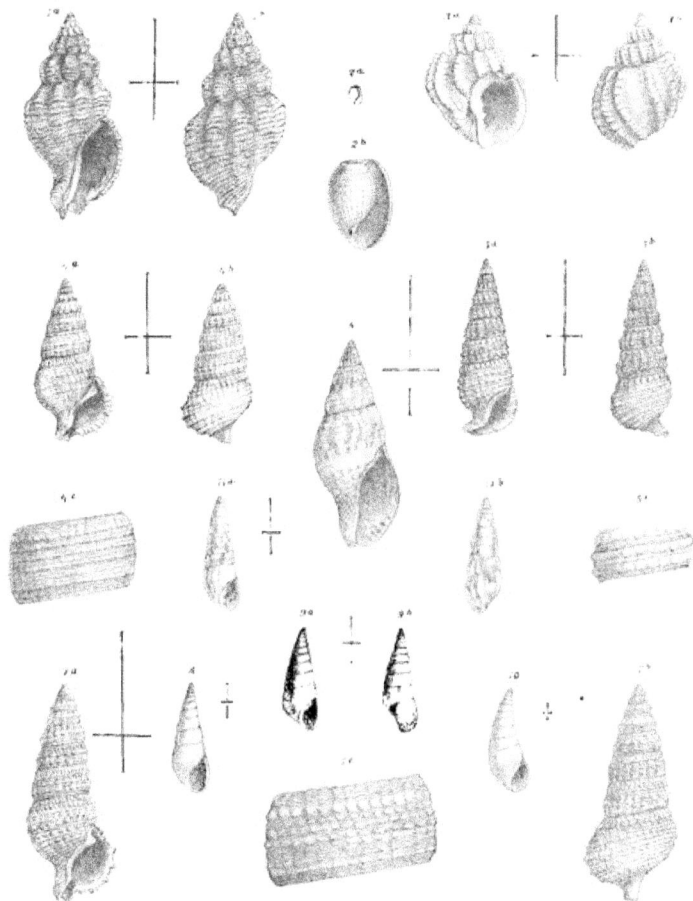

A. Swoboda lith.

Druck v. A. Berger, Wien, VIII 2.

Denkschriften d. kais. Akad. d. Wiss. math.-naturw. Classe, Bd. LXXIIII.

Tafel VII.

Tafel VII.

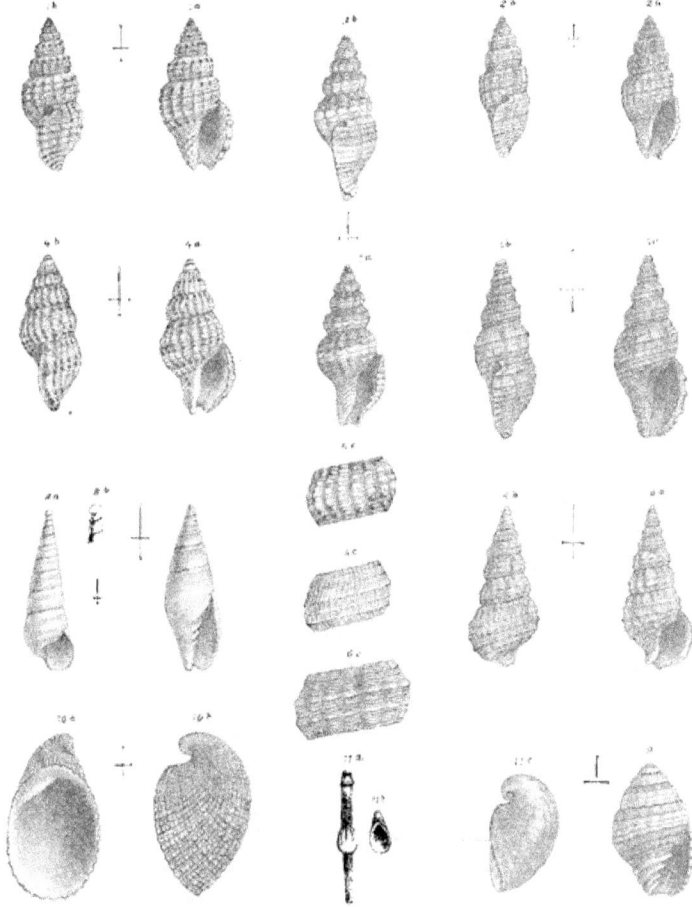

A. Swoboda lith. Druck v. A. Berger, Wien, VII. 1.

Denkschriften d. kais. Akad. d. Wiss. math.-naturw. Classe, Bd.LXXIIII.

www.ingramcontent.com/pod-product-compliance
Lightning Source LLC
Chambersburg PA
CBHW021515210326
41599CB00012B/1260